21世紀の化学シリーズ⑭

戸嶋直樹
渡辺　正
西出宏之　編集
碇屋隆雄
太田博道

化学工学

酒井清孝　松本健志
望月精一　谷下一夫
氏平政伸　石黒　博　［著］
吉見靖男　小堀　深

朝倉書店

シリーズ編集委員

戸　嶋　直　樹	山口東京理科大学基礎工学部　物質・環境工学科	
渡　辺　　　正	東京大学生産技術研究所　物質・環境部門	
＊西　出　宏　之	早稲田大学理工学術院　応用化学専攻	
碇　屋　隆　雄	東京工業大学大学院理工学研究科　応用化学専攻	
太　田　博　道	慶應義塾大学理工学部　生命情報学科	

＊本巻の担当編集委員

執筆者

＊酒　井　清　孝	早稲田大学理工学術院　応用化学専攻　[1,4 章]	
松　本　健　志	大阪大学大学院基礎工学研究科　機能創成専攻　[2.1～2.5 節]	
望　月　精　一	川崎医療短期大学　臨床工学科　[2.1,2.6,2.7 節]	
谷　下　一　夫	慶應義塾大学理工学部　システムデザイン工学科　[3.1,3.6 節]	
氏　平　政　伸	北里大学医療衛生学部　医療工学科　[3.2～3.4 節]	
石　黒　　　博	九州工業大学大学院生命体工学研究科　生体機能専攻　[3.5 節]	
吉　見　靖　男	芝浦工業大学工学部　応用化学科　[5 章]	
小　堀　　　深	早稲田大学理工学術院　応用化学専攻　[6 章]	

＊本巻の執筆責任者

まえがき

　化学工学とはどういう学問であろうか．「21世紀の化学シリーズ」に『化学工学』が取り上げられたのは，フラスコレベルでの研究成果を最終的にわれわれの身の回りで役立てることが大切だからであろう．フラスコレベルで発見された新しい化合物がたとえ化学の素晴らしい研究成果であっても，化学工学のフィルターを通らなければ化学製品にはならないし，その成果は世間に見えてこない．知恵を文明に変えることができるのが化学工学である．

　『理化学辞典』（第5版，岩波書店，1998年）によると，化学工学とは，化学工業のプラント設計・操作を行うための基礎となる工学の一部門であり，プラントの物質収支，熱収支，運動量収支，化学反応，物質移動の速度論，化学平衡や多成分系の気液平衡などの平衡論を基礎として，蒸留，蒸発，吸収，抽出などを単位操作として解明し整理する．また，粉砕，混合などの機械的操作，プラントの制御，工業生産最適システム設計なども含み，最近では生物化学工学，医用化学工学など，その対象を拡げている，と記載されている．さらに，エネルギー，地球環境，新素材，食品，資源，リサイクルなど，多くの分野で化学工学が役立っている．

　機械工学，建築工学，土木工学，材料工学などは，学科名称から，研究・教育の対象と目的が素人にも容易に理解できる．それに反して，化学工学は，何を研究し何を教育するのかが，学科名だけからでは容易に理解できない．すなわち化学工学は見えにくい学問の一つである．伝統の化学工学の対象は化学工業のプラント設計および操作であり，そのための方法論を提供するのが化学工学である．そして化学工学のキーワードは分離と生産である．しかし対象が化学プラントに限らず，医療，生物，食品，環境など広い分野に化学工学的手法の有用性が認められていることは，大変喜ばしいことである．縁の下の力持ち的役割が強く，過小評価されてきた化学工学であるが，化学工学でなければ，化学の新しい研究成果を人の役に立てることはできないことを繰り返し述べたい．

　本書は応用化学系学部生，工業高等専門学校生，臨床工学専門学校生などを読者対象としており，化学工学の基本現象である流動・熱移動・物質移動・化学反応における化学工学基礎を，新しい切り口でまとめたものである．化学工学の基礎概念とは，収支・平衡・速度である．われわれが身近に経験する実例を通して，この収支・平衡・速度の基礎概念を学んでほしい．さらに他分野を自分の専門の視点で見ることの有用性と重要性も学んでほしい．収支・平衡・速度の基礎概念をしっかり身に付ければ，単位操作などの化学工学の伝統的方法論は容易に理解できるはずである．

本書の刊行にあたっては，朝倉書店編集部に負うところが大である．厚くお礼を申し上げたい．

2005年8月吉日

執筆者を代表して
酒 井 清 孝

目 次

1 化学工学入門
- 1章で学習する目標 …………………………………………… 1
- 1.1 ハーバーとボッシュ：アンモニア合成 ……………………… 1
- 1.2 人は小型で精密な化学プラント ……………………………… 7
- 1.3 化学工学の有用性 ……………………………………………… 8
- 1.4 化学工学の基礎概念：収支・平衡・速度 …………………… 9
- 1章のまとめ …………………………………………………… 15
- 1章の問題 ……………………………………………………… 15

2 流　　れ
- 2章で学習する目標 …………………………………………… 17
- 2.1 流　れ　学 ……………………………………………………… 17
- 2.2 流体の定義 ……………………………………………………… 20
- 2.3 蛇口から流れ落ちる水：連続の式とベルヌーイの式 ……… 21
- 2.4 血管のサイズと血液の流れ：粘性のある流れ，層流と乱流 ……… 26
- 2.5 ゴルフボールのディンプル：境界層と剥離 ………………… 33
- 2.6 流体の粘り気 …………………………………………………… 37
- 2.7 管の中を流れる流体の抵抗 …………………………………… 43
- 2章のまとめ …………………………………………………… 46
- 2章の問題 ……………………………………………………… 47

3 熱 の 移 動
- 3章で学習する目標 …………………………………………… 50
- 3.1 熱　伝　導 ……………………………………………………… 50
- 3.2 対流伝熱の基本概念と自然対流伝熱 ………………………… 56
- 3.3 強制対流伝熱 …………………………………………………… 62
- 3.4 放　射　伝　熱 ………………………………………………… 68
- 3.5 相変化を伴う伝熱 ……………………………………………… 73
- 3.6 人体における伝熱 ……………………………………………… 88
- 3章のまとめ …………………………………………………… 94

- 3章の問題 …………………………………………………………… 97

4 物質の移動

- 4章で学習する目標 ……………………………………………… 99
- 4.1 グラハムとフィック（拡散） ……………………………… 99
- 4.2 フィックの法則 ……………………………………………… 100
- 4.3 開栓香水びん中の香料は何故香る？ ……………………… 103
- 4.4 コーヒーカップ内の砂糖塊の溶解 ………………………… 106
- 4.5 面白い膜の話！ ……………………………………………… 108
- 4.6 膜モジュール（膜分離装置）の分離性能は？ …………… 113
- 4.7 コンパートメントモデルとは？ …………………………… 116
- 4.8 拡散の制御 …………………………………………………… 121
- 4.9 濾過による物質移動 ………………………………………… 126
- 4章のまとめ ……………………………………………………… 130
- 4章の問題 ………………………………………………………… 130

5 化学反応工学

- 5章で学習する目標 ……………………………………………… 134
- 5.1 反応操作の難しさ …………………………………………… 134
- 5.2 反応器 ………………………………………………………… 135
- 5.3 回分操作と流通操作 ………………………………………… 136
- 5.4 物質収支 ……………………………………………………… 137
- 5.5 反応速度と生成速度 ………………………………………… 138
- 5.6 転化率 ………………………………………………………… 139
- 5.7 反応次数，反応速度定数 …………………………………… 140
- 5.8 反応速度の温度依存性 ……………………………………… 141
- 5.9 反応器の設計 ………………………………………………… 143
- 5.10 理想反応器 …………………………………………………… 143
- 5.11 回分式反応器の設計 ………………………………………… 144
- 5.12 流通式反応器の設計 ………………………………………… 148
- 5.13 反応器の多段化 ……………………………………………… 155
- 5.14 リサイクル …………………………………………………… 157
- 5.15 複合反応の取扱い …………………………………………… 159
- 5章のまとめ ……………………………………………………… 167
- 5章の問題 ………………………………………………………… 168

6 物質移動を伴う化学反応工学

- 6章で学習する目標 ……………………………………………… 170

6.1 不均一反応と律速段階 …………………………………………170
6.2 化学反応で促進される物質移動 …………………………………174
6.3 生体肺における酸素移動の解析：拡散と反応が逐次的に起こる場合…176
6.4 ミジンコの飼いかた：拡散と反応が同時に起こる場合 …………182
6.5 固体触媒を用いる反応の解析：拡散と反応が同時に起こる場合 …186
● 6章のまとめ …………………………………………………………192
● 6章の問題 ……………………………………………………………192

問題解答 ……………………………………………………………………195
索引 …………………………………………………………………………197

1 化学工学入門

キーワード 化学プロセス　アンモニア合成　リサイクル　パージ
スケールアップ　システム　化学反応　収支　平衡　速度
流動　熱の移動　物質の移動　アナロジー　無次元数

● 1章で学習する目標

　　伝統の化学工学は，化学プラントを設計・操作するための基礎となる方法論を提供する学問である．化学工学の歴史（1.1節），**化学プロセス**とその実例（1.1節），スケールアップ（1.1節）について触れ，さらに生体は小型で精密な化学プラントであることを紹介し（1.2節），化学工学が幅広い分野を対象にしていることを示して，化学工学という学問を理解できるようにする．続いて化学工学の基礎概念である収支・平衡・速度の初歩（1.4節）を実例を通して学ぶ．

1.1　ハーバーとボッシュ：アンモニア合成

　　肥料，火薬，染料，医薬品，工業薬品，タンパク質などは窒素の化合物である．この窒素の供給源として古くはチリ硝石 $NaNO_3$ が用いられていたが，用途が広がるにつれて，大気中に無尽蔵に存在する窒素に目が向けられた．19世紀末から20世紀初頭にかけていろいろな**空中窒素固定法**（nitrogen fixation）が考案され，この方法によるアンモニア合成法が，硫酸，ソーダの無機化学工業とならぶ大規模で重要な化学工業に成長した（問題1.1参照）．
　　アンモニアは窒素と水素からなる．この化学反応が可逆反応であることが明らかにされてから，化学平衡論的に研究され，窒素と水素からアンモニアを合成するための操作条件と触媒の研究が盛んに行われた．
　　ドイツの化学者ハーバー（Fritz Haber）（図1.1）は，空中窒素からのアンモニア合成を目的として，窒素・水素・アンモニア間の化学平衡と反応速度

図 1.1　Fritz Haber
(1868-1934)

図 1.2　Carl Bosch
(1874-1940)

の基礎研究を進めた．収率のよくないアンモニア合成反応を実用化するために鉄主体の触媒を用い，圧力を高くし (100～200 atm)，温度を上げ (650～700℃)，未反応ガスをリサイクルして収率を上げ，アンモニア生成率 2 vol% を達成している．本法の工業化には，ドイツの技術者 (BASF 社) ボッシュ (Carl Bosch) (図 1.2) の助けを借りている．安価な触媒開発と高圧装置の設計などを行い，空中窒素固定法によるアンモニア合成の工業化に成功した．液体アンモニアを工業的規模で最初につくったのは 1913 年のことである．まさに第一次世界大戦の始まる前年で，このアンモニアから火薬がつくられることになった．この方法をハーバー・ボッシュ法という．ハーバーは 1920 年，ボッシュは 1931 年にそれぞれノーベル化学賞を受賞している．そしてハーバーは"空気からパンをつくった人"と称えられている．

　ハーバー・ボッシュ法プラントのフローシートを図 1.3 に示す．窒素と水素は 150～300 atm に圧縮されて触媒反応器（たとえば Fe 触媒に K_2O/

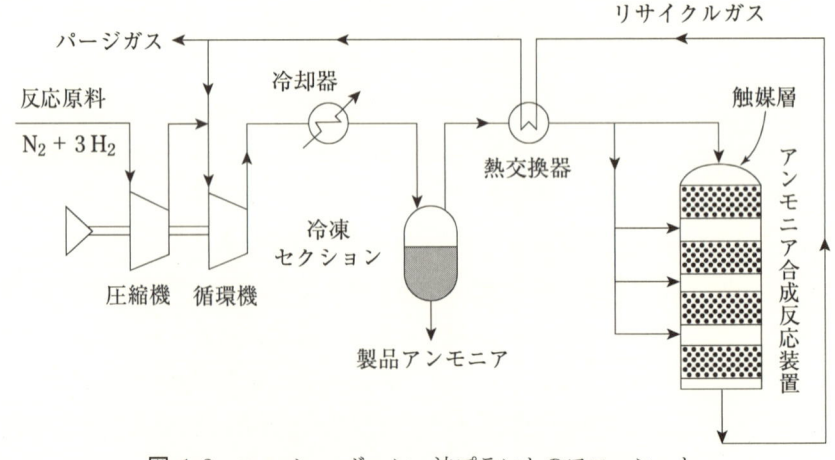
図 1.3　ハーバー・ボッシュ法プラントのフローシート
[化学工学会編：基礎化学工学, p.3, 培風館 (1999)]

CaO/Al_2O_3 を添加）に供給され，反応温度 400〜450℃ でアンモニアが合成される．窒素と水素からのアンモニア合成は発熱反応・高圧操作であることから，反応熱による触媒層の温度の上がり過ぎを避けるために自己熱交換式触媒反応器を採用し，高温の反応器出口ガスの顕熱を原料の予熱に使い，また原料中に存在する一酸化炭素，アルゴンなどが触媒毒になることから，プロセスから少量のガスをパージするなどの工夫が施され（例題 1.1 参照），アンモニア合成プラントは現在では完成の域に達している．

このアンモニア合成プロセスは 20 世紀初頭最大の技術開発であるといわれており，空中窒素固定は，地球上の約 63 億 7760 万人（国連人口基金による 2004 年 7 月の人口）の命を支えていくために現在でも不可欠な技術である．

【発展】 単位操作と反応工学

化学プロセスの基本構成を図 1.4 に示す．反応器の前後には，原料の前処理工程，反応生成物の後処理工程があり，化学プロセスには不可欠な物理工程である．そこでは物理操作である**単位操作**（unit operation）（蒸留，吸収，抽出，乾燥，撹拌など）（4.2 節）を行う多くの装置が集積しており，化学プロセスではこの単位操作装置の占める割合がほとんどである（問題 1.2 参照）．しかし反応器は小規模でも化学プロセスの心臓部であり，**反応工学**（reaction engineering）が反応器設計を扱う（5 章，6 章）．この化学プロセスでは，化学反応のわずかな収率向上，装置からの熱損出のわずかな低下が，経済的に見て意義が大きい．

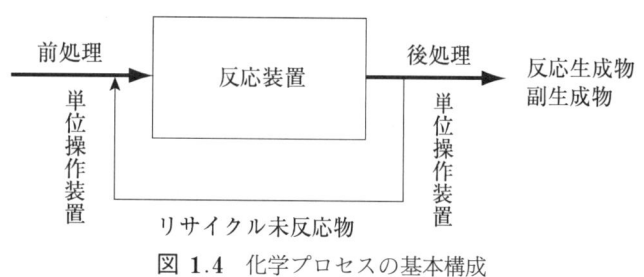

図 1.4 化学プロセスの基本構成

【例題 1.1】 図 1.5 に示すアンモニア合成装置で，窒素 1 対水素 3（容積比）の混合ガスを反応器に供給し，その 25% をアンモニアに転化する．

$$N_2 + 3H_2 = 2NH_3$$

生成するアンモニアは凝縮器で凝縮分離し，未転化の窒素と水素は反応器に**リサイクル**させる．アンモニア合成装置に新たに供給される混合ガスはアルゴンを 0.2 vol% 含んでいる．触媒毒のため反応器に入るアルゴン許容量は 5 vol% である．このとき**パージ**しなければならないガス量を求めよ．

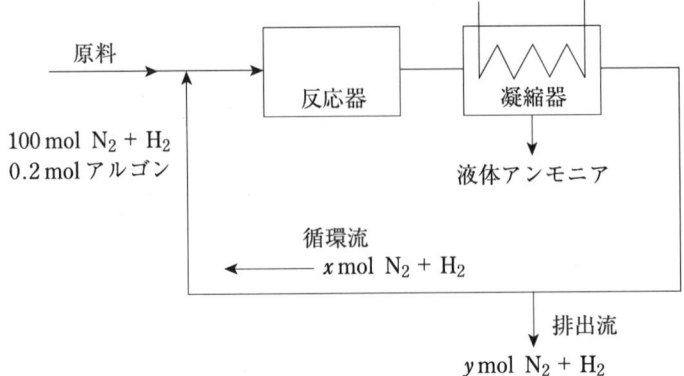

図 1.5 リサイクルプロセスにおけるアルゴンのパージ
[ハウゲン・ワトソン・ラガッツ(児玉信次郎訳):化学反応工学Ⅰ,化学工業計算法,第5版,p.211,丸善(1971)]

[解答] 図 1.5 において,窒素と水素の混合ガスを 100 mol,反応器にリサイクルする窒素と水素の混合ガスのモル数を x,パージする窒素と水素の混合ガスのモル数を y とすると

反応器に入る窒素と水素の混合ガスモル数 $=100+x$

反応器を去る窒素と水素の混合ガスモル数 $=0.75(100+x)$

生成するアンモニアモル数 $=0.25(100+x)/2$

原料中のアルゴンモル数 $=0.20$

反応器に流入するアルゴンモル数 $=0.05(100+x)$

凝縮器を去る窒素と水素の混合ガス 1 mol あたりのアルゴンモル数
 $=0.05/0.75=0.0667$

パージされるアルゴンモル数 $=0.0667\,y$

アンモニア合成装置の操作が定常状態に達すると,原料中のアルゴン量はパージされたアルゴン量に等しい.したがって

$$0.0667\,y=0.20 \tag{1.1}$$

$$\therefore\ y=3.00\ \text{mol} \tag{1.2}$$

パージ箇所における窒素と水素の混合ガスの物質収支から

$$0.75(100+x)=x+y \tag{1.3}$$

$$\therefore\ x=288\ \text{mol} \tag{1.4}$$

以上の結果から,原料中の窒素と水素の混合ガスを 100 mol とすると,リサイクルされる窒素と水素の混合ガスは 288 mol,パージされる窒素と水素の混合ガスは 3.0 mol,生成するアンモニアは 48.5 mol となる.

高圧装置では,窒素と水素の混合ガスの漏洩は多少とも起こる.この漏洩はリサイクル回路での触媒毒の蓄積を防ぐのに有効である.

【発展】 スケールアップとスケールダウン

　新しく発見された化学反応の反応温度，操作圧力，反応率，触媒，化学平衡，反応速度，副生成物，製品品質などの基礎研究を終えると，次にプロセス開発が始まる．ここで化学工学を身につけた化学技術者（ケミカルエンジニア）の登場である．まず，連続式の小型試験装置であるベンチプラントを組み立て，必要なデータの採取，**スケールアップ**（装置規模拡大）に当たっての問題点の抽出とその解明に努力する．それが終わると商用プラントに近いパイロットプラントを組み立て，スケールアップに伴う問題点を再検討する．

　これらのプロセス開発によって得たデータに基づいて，商用プラントの設計が始まる．商用エチレンプラントの外観を図1.6に示す．フラスコレベルの研究成果からスケールアップという工業化技術を駆使して，われわれに有用な製品を大量生産し，社会に貢献している．ケミカルエンジニア冥利に尽きる場面である．最近ではコンピュータによる化学プロセスのシミュレーションおよび設計計算が行われ，上記のスケールアップの過程が簡略化されている．

図 1.6　商用エチレンプラント
［日揮株式会社ホームページより］

　最近ではナノテクノロジーが新技術として注目されている．化学プラントで行われている化学反応，精製分離をナノあるいはマイクロオーダの微小マシーンで実現する努力も行われている．スケールアップの逆の**スケールダウン**（装置規模縮小）である．微少量のサンプルを用いて生体成分を分析したり，微少量で薬効のある薬剤をつくったり，有効触媒の探索を効率化したりと，その利用分野は広がりそうである．

化学工学の先駆者

　20世紀初頭に自動車産業（1903年にデトロイトでフォード・モーター・カンパニー社創立）が米国で始まり，それに伴い原油を精製して自動車用燃料を生産する必要が生じた．化学工学は，それと時を同じくして誕生した．化学工学という言葉を初めて使ったのは，イギリスのG. E. Davisといわれており，19世紀末のことである．大量生産するには実験室規模の小規模装置をたくさん並べて作動させても実現可能であるが，それでは効率的でない．容量の大きい大規模装置を動かして大量生産することが望ましい．しかし小規模装置では現れない問題が大規模装置の操作では起こってくる．そこでスケールアップ技術が必要となる．

　当時の化学工業の中心はイギリスとドイツであった．化学者がガラス器具を用いて発見した新しい化学反応と新しい触媒の組合せによる新材料の製造方法を工業化するには，化学者だけでなく，機械・土木技術者の協力が不可欠であった．経験と工夫というknow-howで化学プラントが建設され，新材料製造が工業化されていた．当時は化学者は機械に弱く，機械・土木技術者は化学に弱い．そこで化学技術者という新しい技術者の養成が急務となっていた．

図1.7　Arthur D. Little　　図1.8　William H. Walker
　　　（1863-1935）　　　　　　　（1869-1934）

　1915年にリトル（図1.7）は，化学プロセスで用いられている物理操作を抽出して，蒸留，吸収，乾燥などの単位操作の概念を提案した．そして化学工学教育の重要性を認め，マサチューセッツ工科大学（Massachusetts Institute of Technology：MIT）で化学工学を教える教室を初めて創設した．そのときに用いた化学工学の基礎概念を説く教科書（W.H. Walker（図1.8），W.K. Lewis and W.H. McAdams, "Principles of Chemical Engineering", McGraw-Hill, 1923）は名著といわれている．米国化学工学会（AIChE）は1908年の設立である（ちなみに米国化学会は1876年に設立された）．そして1922年に初めて化学工学の定義を次のように定めている．

> 化学工学は化学と機械工学とを加えたものではなく，独立した工学の一部門である．その基礎は単位操作にあり，これを適切に組み合わせたものが工業的規模で行われる化学的製造工程である．

　化学工学はその後変遷し，反応工学，輸送現象論，化工熱力学などの工学基礎からプロセス制御，プロセス工学へと発展して，単位操作と反応操作をプロセス・システム工学（1.2節）でまとめる学問分野が確立した．

　1983年に米国化学工学会は化学工学の定義を次のように改定している．

Chemical engineering is the profession in which a knowledge of mathematics, chemistry, and other natural sciences gained by study, experience, and practice is applied with judgment to develop economic ways of using materials and energy for the benefit of mankind.

化学プロセスという言葉が見られない広い定義に替わっている．学問のアイデンティティーを維持しながら，専門分野に囲いを設けていない．

日本の化学工学会の前身である化学機械協会の設立は 1936 年，日本化学会の前身である化学会の設立は 1878 年である．日本の第一世代の化学工学研究者は，内田俊一（東京工業大学），亀井三郎（京都大学），八田四郎次（東北大学），八木 栄（東京大学）であるが，とくに故八田四郎次東北大学名誉教授の反応吸収に関する研究は世界的に有名であり，その中で使われている**反応係数（八田数，enhancement factor）**は現在でも使われている有用な概念である．

1.2 人は小型で精密な化学プラント

化学工学という眼鏡で人を眺めたらどのようにみえるであろうか．心臓は，血圧を駆動力として，血液を血管（配管）の中を通って体中に送るポンプにみえる．体中に張りめぐらされている血管は，化学プラントのパイプラインにみえる．肺は肺胞の生体膜を利用した酸素吸収・二酸化炭素放散装置にみえる．胃・腸と肝臓は物質の吸収・分解・合成を行う生化学酵素反応装置にみえる．また腎臓は生体膜を利用して体内の老廃物と水を尿として排泄する沪過装置にみえる．

このように異なる視点で人を眺めると，図 1.9 のようになり，人（生き物）の体の機能は小型で精密な化学プラントに酷似している．しかし人は煙を出すわけでもなく，多くの熱を出すわけでもなく，黙々と長期間にわたって働

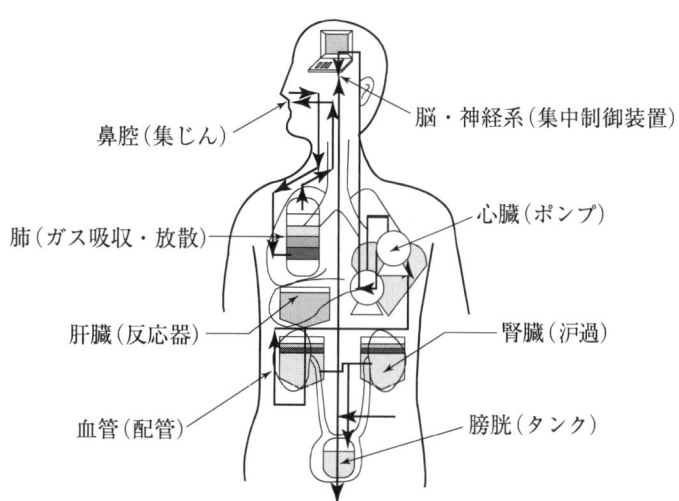

図 1.9 人は小型で精密な化学プラント

き続けている．ここが化学プラントと大きく異なる点である．

この例からもわかるように，視点を変えることによって違った姿が浮かんでくる．そこから新しいアイデアが生まれてくるし，新しい分野が開拓される．いつもと違ったメガネで見ることの有用性・重要性を学んでほしい．

システム

多臓器不全とは，一つの臓器が機能低下すると他の臓器にも影響が及び，やがて多くの臓器が機能不全に陥る疾病のことである．このことから，人の体もシステムとして機能していることがわかる．化学プラントとよく似ていて興味深い．

1.3 化学工学の有用性

石油化学工業を対象に誕生した化学工学は，図 1.10 に示されているように，化学工業のほかに，現在ではエネルギー，医療，バイオ，食品，宇宙，海洋，新素材，環境など，多くの分野に広がっている．フラスコレベルの新しい研究成果が発見されても，化学工学のフィルターを通らなければ，大量生産・分離・品質管理を経た化学製品にはならない．このようにわれわれが化学製品の恩恵を受けるには，流れ（2 章），熱の移動（3 章），物質の移動（4 章），化学反応工学（5 章），物質移動を伴う化学反応工学（6 章）をベースとした化学工学という学問を避けて通れない．

すなわち科学の抽象的表現を工業生産という言葉に翻訳するのが技術者（エンジニア）の仕事である．

反応が遅いときには起こらないが，反応が速いとき（高温の燃焼反応など）（問題 1.5，1.6 参照），化学反応以外の物理現象（混合，滞留時間，物質移動速度，熱移動速度など）が律速段階となることがある（4.5 節，6.1 節）．このときの反応速度は化学反応速度に等しくならず，物質移動速度に等しくなったり，あるいは熱移動速度，混合速度に等しくなる．**化学反応**であるにもかかわらず，化学反応が主役の座から降りるという現象が，実際にはよく起こる．これは反応速度が非常に大きいとき，また異相系反応でよく起こる現象で，化学工学が得意とする分野である．

【発展】 **工業化学・応用化学・化学工学**

工業化学・応用化学は，化学反応を主に扱う．アレとコレを混ぜると，新しい物質ができる．化学工学は，その新しい物質を大量生産・分離・品質管理するにはどうすればよいかを考える．そのために，反応装置に何を使うか，反応装置の大きさや形状，原料の仕込み量や供給量をどうするか，などを考える．化学工学において単位操作という概念があまりにも強調されすぎたために，化学工学の基

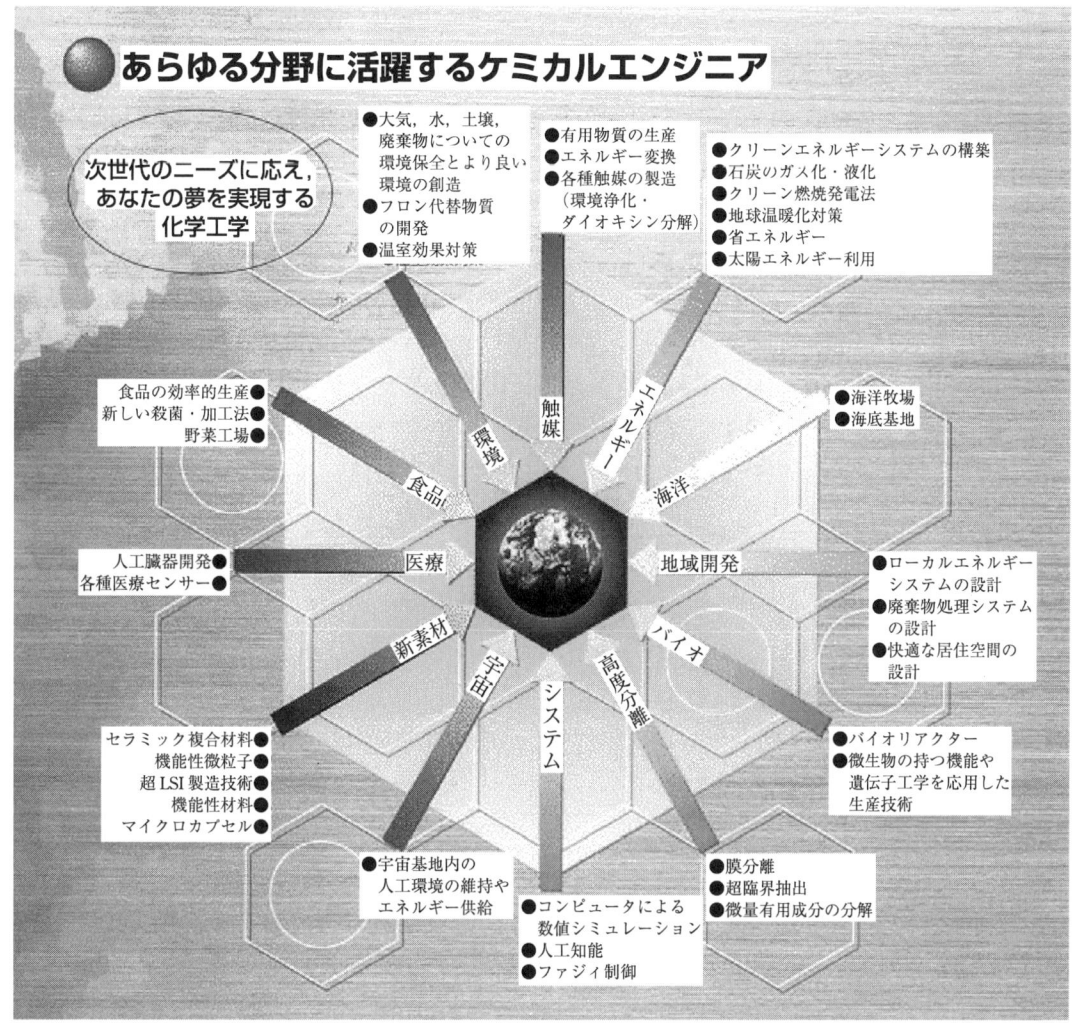

図 1.10 広がる化学工学
[東京農工大学工学部化学システム工学科のホームページより]

礎は単位操作であると誤解している向きが多い．単位操作・化学操作は，化学工学の基礎概念である**収支**（balance）・**平衡**（equilibrium）・**速度**（rate）の延長線上にあることを学んでほしい．

1.4 化学工学の基礎概念：収支・平衡・速度

物理操作と化学操作の最終到達点（平衡状態）は，**熱力学的平衡論**（化工熱力学）で知ることができる．この最終到達点から，対象となる物理操作と化学操作の工業化の可否を判断できる．どこまで変化するかを知ることができることから，至適化学反応と至適プロセスの選択が可能になる．しかし平衡論のふるいを潜り抜けても，最終到達点あるいは目的到達点に到達するま

でに相当の時間がかかる（速度が遅い）と，工業装置の規模が大きくなりすぎて，経済的な化学プロセスを実現できない．

さらに定常状態での運動量，熱，および物質の数理学的収支計算から，装置設計・操作に必要なデータが得られる．この収支・平衡・速度が化学工学の基礎概念である（4.4節）．次に収支・平衡・速度の初歩を学ぶことにする．

a．収支

高等学校時代に学んだ**化学量論計算**（stoichiometry）は物質収支の一例である．さらに，流動における運動量収支，熱の移動における熱収支，物質の移動における物質収支は，化学工学のみならず理工学の基本法則であり，また化学工学の基礎概念である．

任意の系に対して

$$\text{入量}（+\text{生成量}）=\text{出量}（+\text{消滅量}）+\text{蓄積量} \tag{1.5}$$

が成り立ち，これが物質収支の基本式である．プロセス全体や装置について，あるいはその一部について，また系に出入りするすべての成分について，この物質収支が成り立つ．この基礎概念は，装置やプラントの性能試験，測定値の精度確認，漏洩と蓄積の確認，未知量の計算などに用いられている．

定常状態では式（1.5）の蓄積量はゼロとなるので

$$\text{入量}（+\text{生成量}）=\text{出量}（+\text{消滅量}） \tag{1.6}$$

となる．

小柄な人と大柄な人

小柄な柔道家が大柄な柔道家を投げ飛ばしたときは拍手喝采となり，姿三四郎は日本柔道の象徴である．本章を外れる熱の問題であるが，大柄な人が暑がりであることは誰でも知っている．これはなぜであろうか．恒温動物では，代謝や筋肉運動などで発生した熱は体の表面まで血流で運ばれ，さらに伝導・対流・輻射で体の外部に放出される（人は約 0.1 kW のヒータに相当する！）．これでも熱放出が不足する場合には，発汗による水の蒸発潜熱で補われる．体内での熱発生量と体の外部への熱放出量が等しくなると，体温は一定に維持される（定常状態）．ここで体内で発生した熱は体の体積に比例するが，体の外部に放出された熱は体の表面積に比例する．したがって，体の体積で体の表面積を割った値が大きいほど，熱放出量は大きくなる．大柄な人はこの値が小さくなる．すなわち大柄な人は体から熱が逃げにくくなるので，暑がりとなる．小柄な人は夏に強いことになる．冬は逆である．

【例題 1.2】 開溝を流れている水を分析したところ，Na_2SO_4 が 200 ppm 含まれていた．この流れに 10 kg h^{-1} の流量で Na_2SO_4 を加え，流れている水と完全に混合させた．下流で分析したところ Na_2SO_4 は 3000 ppm であった．開溝を流れる水の質量流量 x を求めよ．

[解答] 1時間を計算基準とすると，Na_2SO_4 の物質収支は次のようになる．

$$x\left(\frac{200}{10^6}\right)+10=x\left(\frac{3\,000}{10^6}\right) \tag{1.7}$$

これから

$$x\left(\frac{2\,800}{10^6}\right)=10 \tag{1.8}$$

$$\therefore \quad x=3\,570 \text{ kg h}^{-1} \tag{1.9}$$

したがって水の質量流量は 3 570 kg h^{-1} となる．

【例題 1.3】 90％の水を含むセルロースパルプを乾燥する．100 kg の水を除去したあとセルロースパルプにはまだ50％の水が残っていた．セルロースパルプの質量を求めよ．

[解答] 計算基準をセルロースパルプ1 kg とする．乾燥した水の質量は

$$1\times\frac{90}{10}-1\times\frac{50}{50}=9-1=8 \text{ kg} \tag{1.10}$$

よってセルロースパルプの質量は

$$\frac{100}{8}\times1=12.5 \text{ kg} \tag{1.11}$$

となる．

b．平　衡

　系のすべての性質（温度，組成，巨視的運動など）が時間に関係なく一定である状態を平衡状態という．自然に変化する不安定な系は，条件を変えなければ自発的に変化を続け（エントロピーが増加する不可逆変化），やがて熱力学的最終到達点に達する（熱力学の第二法則）．この状態が平衡状態である．化学反応の熱力学的最終到達点は平衡熱力学によって計算可能であり，操作条件によって規定される化学平衡である．物理現象の熱力学的最終到達点も平衡熱力学によって計算可能であり，操作条件によって規定される物理平衡である．

　蒸留における**ラウールの法則**（問題1.4参照），ガス吸収における**ヘンリーの法則**，吸着における**ラングミュアの吸着等温式**，溶解・晶析などにおける固-液平衡，オキシヘモグロビン解離曲線などの**相平衡**（異相間物理平衡）はよく知られている（問題1.2参照）．

　物理現象で平衡状態にない系が平衡状態まで変化する現象は非平衡熱力学の対象であり，その変化速度は変化しているある任意の状態と平衡状態との差（**推進力**，driving force）に比例する．この推進力がゼロになったときが

平衡状態である．

たとえば，ある温度のコーヒーカップに少量の砂糖塊を投入すると溶解を始め，やがて全部の砂糖塊がコーヒーに溶解する．溶解している過程が非平衡状態であり，溶解の最終到達点が平衡状態である（4.4 節）．

c．速　度

化学反応の速度には，単位時間，単位容積あたりの生成物の生成量（あるいは反応物の消費量）で表される反応速度を用いる．物理操作（単位操作）の速度には，単位時間，単位面積あたりに移動する運動量，熱量，物質量で表される**運動量流束（流動），熱流束（熱の移動），物質流束（物質の移動）**を用いる．

物質流束とは，物質移動方向に直角の断面の単位面積あたり，単位時間あたりに移動する物質量 $[\mathrm{mol\ m^{-2}\ s^{-1}}]$ である．拡散的単位操作装置の設計対象は界面積であることから，この流束の概念が装置設計には有用である．物質流束 q（装置性能）の分母に面積が入っているので，装置での処理量 Q（仕事量）を物質流束で割ることによって，界面積（装置規模）$A = Q/q$ が求められる．**反応速度**（reaction rate）とは，反応器単位容積あたり，単位時間あたりの反応物の消費量あるいは生成物の生成量 $[\mathrm{mol\ m^{-3}\ s^{-1}}]$ である．反応器の設計対象は反応器容積であることから，この反応速度の概念が反応器設計に有用である．反応速度の分母に容積が入っているので，反応器での処理量 Q を反応速度 $-r_\mathrm{A}$ で割ることによって，反応器容積 $V = Q/-r_\mathrm{A}$ が求められる．

【発展】　移動現象の基本法則とアナロジー［表 1.1，参考文献 4］

無流動下における運動量(2 章)，熱(3 章)，物質(4 章)の移動速度は，それぞれ

$$\text{ニュートンの法則}: \tau = \mu \frac{du}{dy}$$

$$\text{フーリエの法則}: q = -k \frac{dT}{dy}$$

$$\text{フィックの法則}: J = -D \frac{dC}{dy}$$

に従う．ここで，流束はそれぞれ運動量流束 τ，熱流束 q，物質流束 J であり，移動係数はそれぞれ粘度 μ，熱伝導度 k，拡散係数 D であり，また推進力はそれぞれ速度 u，温度 T，濃度 C である．

運動量の移動，熱の移動，物質の移動のメカニズムはよく似ているので，ある移動現象が未知のとき，他の移動現象から推し量ることができる．この相似則を**アナロジー**という．

流動下における運動量，熱，物質の移動速度は，それぞれ

$$\tau = f \frac{\rho u^2}{2 g_\mathrm{c}}$$

1.4 化学工学の基礎概念：収支・平衡・速度

$$q = h \Delta T$$
$$J = k_c \Delta C$$

に従う．ここで係数はそれぞれ摩擦係数 f，境膜伝熱係数 h，境膜物質移動係数 k_c であり，また ρ は密度，ΔT は温度差，ΔC は濃度差，g_c は重力換算係数である．

表 1.1　運動量・熱・物質の移動過程

	過　　程	運動量移動	熱　移　動	物質移動
無流動下	流　　束	運動量流束 τ	熱流束 q	物質流束 J
	移動係数	粘　度 μ	熱伝導度 k	拡散係数 D
	推進力	速　度 u	温　度 T	濃　度 C
	界面の移動速度	$\tau = \mu \dfrac{du}{dy}$	$q = -k \dfrac{dT}{dy}$	$J = -D \dfrac{dC}{dy}$
	法　則	ニュートン	フーリエ	フィック
流動下	移動速度	$\tau = f \dfrac{\rho u^2}{2 g_c}$	$q = h \Delta T$	$J = k_c \Delta C$
	係　数	摩擦係数 f	伝熱係数 h	物質移動係数 k_c

［大竹伝雄, 北浦嘉之：化学工学 I ―単位操作―, 工業化学基礎講座 9, p.14, 朝倉書店 (1969)］

【例題 1.4】 流れていない水膜（膜厚 1 mm）両端の NaCl 濃度が 20 wt%（添字 1）と 10 wt%（添字 2）のとき，291 K での NaCl の拡散速度を求めよ．水中での NaCl の拡散係数は 4.90 mm² h⁻¹ である．また NaCl（添字 A）の分子量は 58.5，H₂O（添字 B）の分子量は 18，20 wt% 水溶液と 10 wt% 水溶液の密度はそれぞれ 1140 kg m⁻³，1070 kg m⁻³ である．

［解答］ 図 1.11 の水膜両端での NaCl と H₂O の濃度は

$$C_{A1} = \frac{(1140)(0.2)(1000)}{58.5} = 3900 \text{ mol m}^{-3}$$

$$C_{B1} = \frac{(1140)(0.8)(1000)}{18} = 50600 \text{ mol m}^{-3}$$

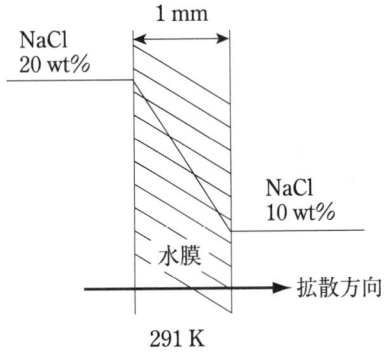

図 1.11　水膜における NaCl の拡散

$$C_1 = C_{A1} + C_{B1} = 54\,500 \text{ mol m}^{-3}$$

$$C_{A2} = \frac{(1\,070)(0.1)(1\,000)}{58.5} = 1\,830 \text{ mol m}^{-3}$$

$$C_{B2} = \frac{(1\,070)(0.9)(1\,000)}{18} = 53\,500 \text{ mol m}^{-3}$$

$$C_2 = C_{A2} + C_{B2} = 55\,330 \text{ mol m}^{-3}$$

C_{B1} と C_{B2} の対数平均濃度は

$$C_{BM} = \frac{C_{B2} - C_{B1}}{\ln\left(\dfrac{C_{B2}}{C_{B1}}\right)} = \frac{53\,500 - 50\,600}{\ln\left(\dfrac{53\,500}{50\,600}\right)} = 52\,400 \text{ mol m}^{-3}$$

全モル数 C は

$$C = \frac{C_1 + C_2}{2} = \frac{54\,500 + 55\,330}{2} = 54\,900 \text{ mol m}^{-3}$$

一方,拡散による物質流束(拡散流束)(4.1節)は

$$J_{\text{NaCl}} = \frac{D_{AB}C(C_{A1} - C_{A2})}{C_{BM}\Delta X} = \frac{(4.90)(54\,900)(3\,900 - 1\,830)(10^{-6})}{(52\,400)(0.001)}$$

$$= 10.6 \text{ mol m}^{-2}\text{ h}^{-1}$$

となる.

【発展】 無次元数

　物理現象に関係する諸変数を組み合わせた**無次元数**(dimensionless number)が理工学分野でよく用いられる(問題1.7参照).変数の単位を統一すれば,無次元数はその言葉どおり単位をもたない.よく用いられている代表的な無次元数には次のようなものがあり,いずれも人の名前が付けられている.

　　レイノルズ数　　　$Re = du\rho/\mu$
　　ヌッセルト数　　　$Nu = hd/\lambda$
　　シャーウッド数　　$Sh = k_c d/D$
　　プラントル数　　　$Pr = C_P \mu/\lambda$
　　シュミット数　　　$Sc = \mu/\rho D$

ここで,d は代表長さ,u は流速,ρ は密度,μ は粘度,h は境膜伝熱係数,λ は熱伝導度,k_c は境膜物質移動係数,D は拡散係数,C_P は比熱容量である.
　無次元数の大きな役割は,スケールアップおよびスケールダウンにおいて発揮される(1.1節).たとえば,円管内の流れの状態はレイノルズ数で規定される.レイノルズ数が2100以下のときに層流となり,10000以上のときに乱流となる.円管のサイズが変わっても,また円管内を流れる流体が変わっても,レイノルズ数が2100以下のときには層流となり,10000以上のときには乱流となる.

1章のまとめ

(1) 化学プロセスはシステムで，反応器と単位操作装置などから構成されている．人の体によく似ている．
(2) 化学工学の基礎概念は収支・平衡・速度である．
(3) 化学工学で扱う物理操作と化学操作は，収支・平衡・速度の概念で説明することができる．
(4) 反応速度が非常に大きいとき，また異相系反応では，化学反応が主役の座から降りることがある．
(5) 化学工学のフィルターを通らないと，化学の新しい研究成果から，化学製品は生まれてこない．

1章の問題

[1.1] ハーバーとボッシュが開発した空中窒素固定法によるアンモニア合成反応は，研究初期において反応率（転化率）が非常に小さかったが，化学平衡論の研究によって反応率（転化率）が実用域まで増加した．これには，触媒の選定，反応圧力の最適化，反応温度と反応圧力の最適化のどれが効果的であったかを述べよ．

[1.2] 蒸気圧，溶解度，化学親和力の物理特性を利用している単位操作をそれぞれあげよ．

[1.3] 管内を層流で流れている水の速度分布は放物線，管壁での水流速はゼロ，管中心での水流速は最大である．このとき管内を流れる水の流量を理論的に求めよ（ハーゲン・ポアズイユの式，2.4節 a）．

[1.4] ラウールの法則 $p_A = P_A x_A$ が成り立つとき，n-ヘプタン（添字 A）（沸点：98.4°C）と n-オクタン（添字 B）（沸点：125.6°C）の蒸気圧のデータ（表1.2）を用いて，混合物の 1 atm における気-液平衡関係を与える式を求めよ．ただし p_A は成分 A の分圧，P_A は成分 A の蒸気圧，x_A は液体中成分 A のモル分率，y_A は気体中成分 A のモル分率である．

表 1.2 n-ヘプタン(P_A)とn-オクタン(P_B)の蒸気圧

t [°C]	P_A [mmHg]	P_B [mmHg]
98.4	760	333
105.0	940	417
110.0	1050	487
115.0	1200	561
120.0	1350	650
125.6	1540	760

［大竹伝雄，北浦嘉之：化学工学 I ―単位操作―，工業化学基礎講座 9，p.128，朝倉書店 (1969)］

[1.5] 石炭のような固体燃料を速やかに燃やすために工夫すべき点を示せ．

[1.6] 紙を着火させるとき，種火を紙の中央下部に置くのがよいか，あるいは紙の端下部に置くのがよいか．

[1.7] 310K，大気圧における空気の密度，粘度，熱伝導度，比熱容量がそれぞれ 9934 kg m^{-3}，2.489 kg m^{-1} h^{-1}，0.537 kcal m^{-1} h^{-1} K^{-1}，0.9986 kcal kg^{-1} K^{-1}のとき，空気の動粘度，温度伝導度，プラントル数，拡散係数を求めよ．ただし大気圧でプラントル数はシュミット数に等しいと仮定する．

参考文献

1) ハウゲン・ワトソン・ラガッツ(児玉信次郎訳)：化学反応工学Ｉ，化学工業計算法，第5版，丸善 (1971).
2) 化学工学会編：基礎化学工学，培風館 (1999).
3) 吉田文武，酒井清孝：化学工学と人工臓器，第2版，共立出版 (1997).
4) 大竹伝雄，北浦嘉之：化学工学Ｉ―単位操作―，工業化学基礎講座9，朝倉書店 (1969).
5) 内田俊一，亀井三郎，八田四郎次：化学工学，訂正版，丸善 (1957).
6) 亀井三郎編：化学機械の理論と計算，第2版，産業図書 (1975).
7) 化学工学会編：化学工学便覧，改訂6版，丸善 (1999).
8) Perry, R.H. and Green, D.W.：Perry's Chemical Engineers' Handbook, 7th ed., McGraw-Hill (1997).

2 流 れ

キーワード	流体　　粘度　　ずり応力　　ずり速度　　連続の式　　ベルヌーイの定理 ハーゲン・ポアズイユの流れ　　層流　　乱流　　レイノルズ数 境界層　　流れの剝離　　ニュートンの粘性法則　　ニュートン流体 非ニュートン流体　　ファニングの式　　相当直径

● 2章で学習する目標

　　水道の蛇口から流れ落ちる水，私たちのからだの血管を流れる血液など，流れ（流動）は身近な現象であるにもかかわらず，その現象を物理的に理解することはあまりない．また，反応装置や配管の内部で起こる化学反応に伴う**熱の移動**（3章）や，反応物・生成物などの**物質の移動**（4章）を深く理解するためには，流れの理解なくしては無理であろう．本章では，身の回りや生体に見られる流れ現象を例として，流れについての基本的な原理や法則を理解しよう．

2.1 流 れ 学

　　流れや流体についての発見や洞察の歴史については，パスカルの圧力法則，ダ・ビンチの渦のスケッチ，アルキメデスによる浮力の原理，さらにもっとさかのぼることもできよう．しかし，学問としての流れ（流れ学）は，ニュートン力学の登場を待たなければならなかった．イギリスの物理学者ニュートン（Isaac Newton, 1642-1727）は流れと摩擦に関する公式を名著『プリンキピア』（Principia, 1687）に記載しており，その公式に従う流体は**ニュートン流体**（2.6節）といわれている．その後，静水力学（hydrostatics）および水理学（hydraulics）として独立に発展した二つの流れ学が，スイスのベルヌーイ（Daniel Bernoulli, 図2.1）によって統合され，ここに流体力学（hydrodynamics）の名が与えられた．有名な**ベルヌーイの定理**（2.3節）

は彼の功績であるが，その完全な形は同時代フランスの解析力学の祖ラグランジュ（Joseph-Louis Lagrange，1736-1813）がスイスの数学者オイラー（Leonhard Euler，1707-1783）の運動方程式から導いたものである．

図 2.1　Daniel Bernoulli（1700-1782）

水の中でからだを動かすとはっきりとわかるように，流れには摩擦が伴う．この流れの性質を取り入れ，現実の流れの運動方程式を初めて誘導したのは，フランスのナビエ（Louis Marie Henri Navier，1785-1836）である．しかし，土木技術者である彼の論文はフランス・アカデミーに軽んじられ，彼の死後，イギリスの物理学者ストークス（George Gabriel Stokes，1819-1903）が同じ方程式を発表し，初めてナビエ・ストークス方程式（2.4節）として世に知られるようになった．

ナビエと同様，エンジニアであったためにその功績がなかなか認められなかったのが，ドイツの下水道技師ハーゲン（Gotthilf Heinrich Ludwig Hagen，図2.2）である．ハーゲンは，のちに先のストークスによって理論的に誘導され，いまでこそ**ハーゲン・ポアズイユの法則**として知られる円管内の流れの抵抗則（2.4節）を仕事を通じて見出したが，それはフランスの内科

図 2.2　Gotthilf Heinrich Ludwig Hagen（1797-1884）

図 2.3　Jean Leonard Marie Poiseuille（1799-1869）

2.1 流れ学

医ポアズイユ (Jean Leonard Marie Poiseuille, 図 2.3) の発見より 2 年も早いことであった．

さらに，ハーゲンはイギリスの工学者レイノルズ (Osborne Reynolds, 図 2.4) よりもはるかに早く，**層流**と**乱流**の区別や遷移領域での交代現象 (2.4 節) を実験的に発見している．ところが，その名が粘度の単位 (ポアズ, 2.6 節) や流れ状態のパラメーター (**レイノルズ数**, 1.4 節, 2.4 節) の由来にもなっている二人とは異なり，ハーゲンの業績は高く評価されなかった．近代流体力学の祖として知られるドイツのプラントル (Ludwig Prandtl, 図 2.5) は，ハーゲンの業績をもっと評価すべきであると書き残している．

図 2.4　Osborne Reynolds
(1842-1912)

図 2.5　Ludwig Prandtl
(1875-1953)

そのプラントルの最大の業績が，今日"**境界層**" (2.5 節) とよばれている概念の確立である．**境界層理論**が認められたプラントルは 20 代の若さで，大数学者ガウス以来の伝統をもつドイツのゲッチンゲン大学教授に任命され，カルマン，ブラジウス，シュリヒティングなど，その後の流体力学をリードする多くの人材を世に送り出した．プラントルが境界層理論を発表した前年 (1903) は，ライト兄弟が人類初飛行に成功し，流体力学が航空機時代の幕開けとともに新たな歩みを始めたときであった．

ところで，流体力学より歴史は浅いが，もっと広く物質の変形と流れに関する学問全般を指す"レオロジー (rheology)"という言葉がある．これは"流れる"を意味するギリシャ語 (rheos) から派生し，流体力学と材料工学の学際分野に位置づけられる．この言葉は，2.6 節で登場する**ビンガム流体**の名前のもとになったアメリカの物理化学者のビンガム (Eugene Cook Bingham, 1878-1945) によって 1929 年に初めて使われた．レオロジーの学問領域は広範であるが，とくに生物学・医学・食品科学領域のレオロジーであるバイオレオロジー (biorheology) の進歩は急速で，現在は分子・遺伝子

レベルから血液流動や組織の変形特性を理解する方向へと発展しつつある．今日，環境，気象，海洋・宇宙開発，医学・生命科学等々，重大とされている問題のどれを取りあげても，流体力学やレオロジーと無縁なものはない．

2.2 流体の定義

まず，次の質問を考えてみよう．流体とは何か？　たとえば水飴は流体といえるか？　また，砂時計の砂や大きな災害をもたらす土石流は流体か？

流体（fluid）が，変形の容易な液体（liquid）や気体（gas）を指すことに異存はないであろう．しかし，その厳密な定義は簡単ではない．一般的に流体は"静止している状態で作用する応力が，等方的な圧力のみである連続体"と定義される．**応力**（stress）とは単位面積あたりに作用する力，**圧力**（pressure）とは流体の任意の面に対して垂直に作用する応力である（図 2.6）．圧力の単位は SI 単位系では Pa（パスカル）あるいは $\mathrm{N\,m^{-2}}$ であるが，医学・生物学では慣習的に mmHg（ミリメートル水銀柱：1 mmHg＝133.322 Pa）が使用され，たとえば，血圧 100 というのは血液の圧力が 100 mmHg ということである（ただし，この値は大気圧に対する相対的な圧力の高さを示し，絶対的な圧力はこれに大気圧，すなわち 1 気圧≒760 mmHg を加えた 860 mmHg になる）．圧力が等方的であるとは，ある点に作用する圧力の大きさが，どの方向を向いていても等しいということである（**パスカルの法則**）．なお，連続体とは多数の原子や分子が集まった集合体で，密度やエネルギーなどの性質が定義できる抽象化された塊である．連続体では，それを構成する個々の粒子の運動は追跡しない．

流れている流体には，面の接線方向に働く応力 τ が存在する．τ は，**ずり応力**（せん断応力，shear stress）とよばれる．面の接線方向速度を u としたとき，その面の法線方向（z）についての u の勾配（$\Delta u / \Delta z$）は，**ずり速度**（せん断速度，shear rate）とよばれ

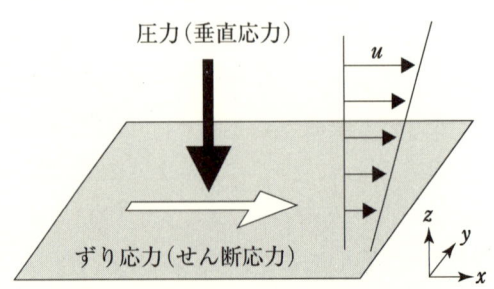

図 2.6　流体中のある面に働く応力

$$\tau = \mu\left(\frac{\Delta u}{\Delta z}\right) \tag{2.1}$$

の関係がある．μ は流れにくさを表す係数で，**粘度**あるいは**粘性係数**（coefficient of viscosity，単に viscosity ともいう．単位：Pa s）とよばれる（2.6節）．たとえば，水の粘度は空気の約50倍である（表2.2）．

上に示した定義では，水飴や土石流は流体とはいえない．しかし，それらが流れている状態にあるときには流体として扱うことができ，空気や水の流れを記述するのと同じ方程式あるいはそれらを修正した方程式が適用できる．これら特殊な流体については2.6節で詳しく述べる．なお，本章で扱う流れは密度変化のない流れ（**非圧縮性流れ**）とし，密度変化を伴う流れ（**圧縮性流れ**）は扱わない．

【発展】 圧力の等方性

図2.7に示すように，斜辺の長さが L である直角三角形要素（厚さ h）に作用する圧力 p_1, p_2, p_3 および y 方向の重力 W による力のつり合いを考える．x 方向については，$p_1(h \cdot L \cdot \sin\theta) = (p_3 \cdot h \cdot L)\sin\theta$ が成立するので，ただちに $p_1 = p_3$ となることがわかる．y 方向には，$p_2(h \cdot L \cdot \cos\theta) = (p_3 \cdot h \cdot L)\cos\theta + W$ が成り立つ．ここで $L \to 0$ の極限をとれば，$W = [(1/2)L^2 \cdot \sin\theta \cdot \cos\theta \cdot h]\rho \cdot g \propto L^2$（$\rho$：流体密度，$g$：重力加速度）であるので，$W$ は他の項に比べてより速くゼロに収束する．よって，$p_2 = p_3$ が導かれ，結局 $p_1 = p_2 = p_3$ が成立する．三角要素のとり方は任意なので，圧力は等方的であることが示される．

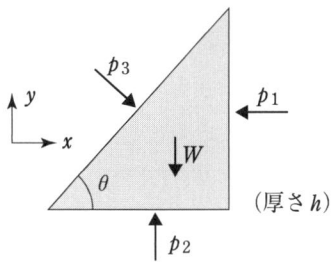

図 2.7 圧力の等方性

2.3 蛇口から流れ落ちる水：連続の式とベルヌーイの式

しっかりと栓が閉まらない水道の蛇口から，水が細く流れ落ちている（図2.8）．よく目にする光景であるが，蛇口から遠ざかるほど水の流れが細くなるのはなぜだろうか？

a．連続の式とベルヌーイの式

この現象には流れを支配する二つの法則が関連している．単位時間あたり

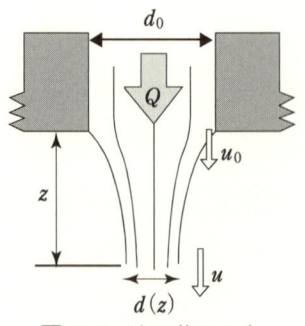

図 2.8 流れ落ちる水

に蛇口から流出する水の流量を Q とする．Q が一定なら，水流中のどの点においてもその断面を流れる流量は Q になるはずである．さもないと，水の密度は一定であるから，任意の2点間で水量の減少あるいは増加が起こり，水流の形状は維持できない．したがって，水流が蛇口から遠ざかり細くなるほど速く流れているはずで，蛇口から z 下方の水流速度を u，直径を d，水流断面積を $a(=\pi \cdot d^2/4)$ とすれば

$$u \cdot a = Q \quad (\text{一定}) \tag{2.2}$$

が成り立つ．この式は一次元定常流の**連続の式**（equation of continuity）とよばれ，もともとダ・ビンチが発見した "velocity-area law" であり，質量保存則と等価でもある．なお，式 (2.2) からもわかるように，流量とは通常，体積流量を意味し，単位はたとえば $\mathrm{L\,min^{-1}}$ や $\mathrm{m^3\,s^{-1}}$ である．

なお，水流の速度増加は重力による．水滴が重力加速度で下に落ちるほど速くなるのと同じである．水流はこの水滴の集合体であり，それが連続するためには細くならざるを得ない．

次に水流の形状，すなわちある断面の面積（直径）を求めてみよう．水の密度を ρ とし，水が蛇口を出るときの速度を u_0 とすれば，単位体積あたりの水について次のエネルギー保存の法則が成立する．

$$\frac{1}{2}\rho \cdot u^2 = \frac{1}{2}\rho \cdot u_0^2 + \rho \cdot g \cdot z \tag{2.3}$$

これより，$u = \sqrt{u_0^2 + 2 \cdot g \cdot z}$ であることがわかる．また，蛇口の直径を d_0，断面積を $a_0 (=\pi \cdot d_0^2/4)$ とすれば，連続の式から $Q^2 = u_0^2 \cdot a_0^2 = u^2 \cdot a^2 = (u_0^2 + 2 \cdot g \cdot z)a^2$ となるので

$$a(z) = \sqrt{\frac{Q^2}{(Q/a_0)^2 + 2 \cdot g \cdot z}} \quad \text{あるいは} \quad d(z) = \sqrt{\frac{4}{\pi}\sqrt{\frac{Q^2}{(4Q/(\pi \cdot d_0^2))^2 + 2 \cdot g \cdot z}}}$$

となり，水流形状が求まる．流量 Q と蛇口の直径，どこか1箇所の水流断面の直径とその蛇口までの距離 z を計測すれば，重力加速度 g が求められ，この式が妥当であることが確認できる．

式 (2.3) は，**ベルヌーイの式**（Bernoulli's equation）とよばれ，流体のエネルギー保存則に相当する．ベルヌーイの式は，機械的エネルギーから熱エネルギーへの変換を担う**粘性をもたない流体**（**完全流体**：$\mu=0$），あるいはその効果が無視できる流れについて成立する．この問題では，水の粘性および水と空気の摩擦は小さいとして無視した．粘性の無視できない流れは**粘性流れ**とよばれる（2.4 節 a）．

一般にベルヌーイの式は，速度 u，圧力 p を用いて，

$$\frac{1}{2}u^2 + \frac{p}{\rho} + \Omega = \text{const.} \tag{2.4}$$

と与えられる．ここで，$u^2/2$，p/ρ はそれぞれ，単位密度あたりの流体の運動エネルギー（動圧），圧力エネルギー（静圧）である．Ω は流れ方向に沿ったポテンシャルエネルギー（位置エネルギー）であり，鉛直 z 方向の流れについては $\Omega = g \cdot z$ となる．蛇口から出た水流は大気圧に接しているので圧力は一定である．すなわち，圧力エネルギーには変化がないため，式 (2.3) には p/ρ の項が現れていない．

【発展】 オイラーの運動方程式

式 (2.4) を流れに沿った s 座標について微分し，外力 f が $-d\Omega/ds$ となることに注意すれば，次の**一次元定常オイラー運動方程式**を得る．

$$u\frac{du}{ds} = -\frac{1}{\rho}\frac{dp}{ds} + f$$

まず，この方程式の左辺が流体の加速度を与えることを示そう．時刻 t における A_s 断面内の流速を $u(s)$ とする．A_s 断面内の流体は Δt 後に $s + \Delta s = s + u(s) \cdot \Delta t$ 上の断面 $A_{s+\Delta s}$ に移動し，流速 $u(s+\Delta s)$ を得る（図 2.9 左）．よって，加速度は

$$\lim_{\Delta t \to 0} \frac{\Delta u}{\Delta t} = \lim_{\Delta t \to 0} \frac{u(s+\Delta s) - u(s)}{\Delta t}$$

$$\approx \lim_{\Delta t \to 0} \frac{1}{\Delta t}\left(\frac{du}{ds}\Delta s\right)$$

$$= u\frac{du}{ds} \quad (\because \Delta s = u \cdot \Delta t)$$

となり，オイラーの方程式の左辺に等しい．

次に右辺について考えよう．図 2.9（右）において，断面 A_s と $A_{s+\Delta s}$ に挟まれる流体には，圧力による合力 $-a \cdot \Delta p = -a[(dp/ds)\Delta s]$ とポテンシャル外力 $\rho \cdot a \cdot \Delta s \cdot f$ が作用する．ここで，$a = a(s)$ を A_s の断面積，流れ方向（s 方向）を正とし，二次の微小項（Δs^2）は無視した．したがって，この流体部分（質量 $\rho \cdot a \cdot \Delta s$）に働く単位質量あたりの力は

$$-\frac{1}{\rho}\frac{\mathrm{d}p}{\mathrm{d}s}+f$$

であり，オイラーの方程式の右辺と等しくなる．

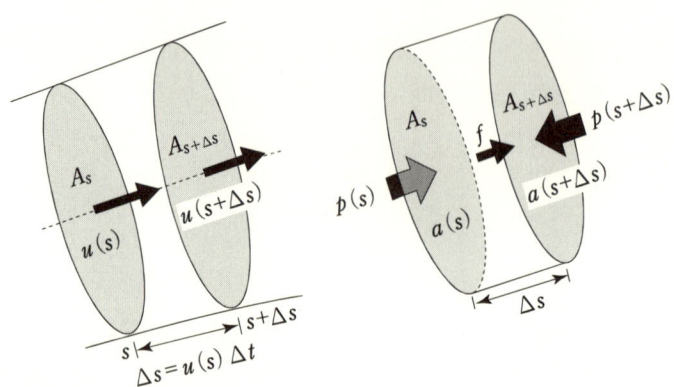

図 2.9 一次元流れの流体の加速度(左)と流体に作用する力(右)

以上から，オイラーの運動方程式はニュートンの第二法則そのものであることがわかる．完全流体ではエネルギー損失がないので，当然この運動方程式はエネルギー保存則であるベルヌーイの式と等価となる．なお，u の時刻 t への依存性も考慮した非定常一次元オイラー方程式は，次で与えられる偏微分方程式になる．

$$\frac{\partial u}{\partial t}+u\frac{\partial u}{\partial s}=-\frac{1}{\rho}\frac{\partial p}{\partial s}+f$$

b．ベルヌーイの式の応用例

ベルヌーイの式（式2.4）は，ポテンシャルエネルギーに変化がなければ，"流速の大きなところほど圧力が低くなる"ことを示している．この原理は霧吹きに利用されている．霧吹きは，水の入った容器に垂直に立てられた細管の上部に，縮小・拡大部をもつ細管のスロート部が結合された構造となっている（図2.10左）．連続の式から，スロート部を流れる空気の流速は大きく，ベルヌーイの式に従って圧力は低下し，大気圧よりも低くなっている．容器の中は大気に開放されているので，水は大気圧によって細管中を押し上げられ，スロート部で空気と混合され，霧状に飛散する．

ベンチュリ（venturi）管やピトー（pitot）管も，ベルヌーイの式を利用した流量・流速計である．ベンチュリ管では滑らかな縮小部をもつ流路の途中2箇所に小孔が空けられ，細管が垂直に立てられている（図2.10右）．この流路に非圧縮性流体を流せば，流体圧力に応じて細管部に流体が上昇してくる．細管が立てられる流路断面の面積を a_1, a_2 $(a_1 > a_2)$ とおけば，流量 Q は式（2.5）で与えられる．ここで，$h = (p_1 - p_2)/(\rho \cdot g)$ である．

$$Q = \sqrt{2gh}\frac{a_1 a_2}{\sqrt{a_1^2 - a_2^2}} \tag{2.5}$$

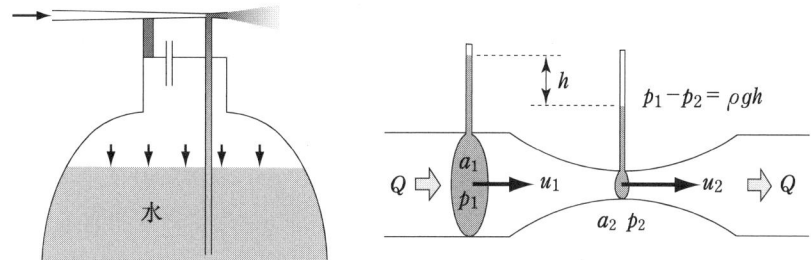

図 2.10 霧吹き(左)とベンチュリ管(右)

【例題 2.1】 $25\,\mathrm{km\,h^{-1}}$ で巡航している大型客船オリンピック(全長 260 m,幅 30 m)を,イギリスの巡洋艦ホーク(全長 110 m,幅 18 m)が $34\,\mathrm{km\,h^{-1}}$ で右から追い越そうとした.しかし,100 m ほどの平行距離をとっていたにもかかわらず,ホークの船首がオリンピックの船尾と並んだ後,ホークはたちまちオリンピックのほうに傾いて,その右舷にぶつかってしまった.この事故原因をベルヌーイの式に基づいて説明せよ.

[解答] 船を基準に海水の流れをみると,遠く離れた海水の速度は一定であり,海面の圧力も大気圧に等しい.一方,2 隻に挟まれた海面の圧力は大気圧に等しいが,海水は舷と舷の間に挟まれて急速に動かざるをえない.遠方の海水(∞)と 2 隻に挟まれた海水(ship)の自由表面 2 点についてベルヌーイの式を書くと

$$\frac{1}{2}u_\infty^2 + g \cdot z_\infty = \frac{1}{2}u_{\mathrm{ship}}^2 + g \cdot z_{\mathrm{ship}}$$

となり,速度の大きい舷間では海面が下がる($u_{\mathrm{ship}} > u_\infty$).そのため,左右の舷で水圧差が生じ,2 隻は急速に接近したのである(図 2.11).

上式に従って,この事故でのおよその水面降下を計算してみよう.船首間距離は 100 m,もっとも近い舷間距離は 75 m と考えられるから,2 隻の間に流れ込む海水は,幅が 100 m から 75 m に狭まる水路を流れることになる.2

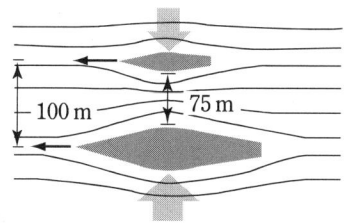

図 2.11 並進する 2 隻の船

隻の船の速度を約 30 km h^{-1}（$=u_\infty$）とすれば，u_ship は連続の式から 40 km h^{-1} である．これより，左右の舷で最高 2.7 m ほどの海面差を生じる．実際には両側の舷で海面は下がるので，これほどまで海面の高さに差は出ないが，平均で 50 cm の海面差があったとしても，ホークの右舷にかかる側面力を計算すると 270 kN にもなる．

　余談であるが，1911 年のイギリス・サザンプトン港で起きたこの事故の処理に多くの人手と資材が取られ，あの豪華客船タイタニックの処女航海が延期された．なお，このときのオリンピックの船長はあのタイタニック号惨事 (1912) のスミス船長であった．

衛兵はつらいよ！

　アメリカ合衆国第 35 代大統領ジョン・F・ケネディのお墓があることでも有名なワシントン DC（バージニア州内）のアーリントン国立墓地に行くと，無名戦士者の墓の前をガードしている衛兵がいる．約 30 分で交代するが，その間じっと立ったままの姿勢が続くので，重力によって足の血液が増加する．じっとしたままだから筋肉による血流ポンプ（筋肉の収縮によって血管を周囲から収縮させ血流を促進する作用）も働きにくく，とくに夏は暑さによる血管拡張作用（熱放散のため）もある．したがって，脳への血流は減少し，ぼーっとした状態になりがちになる（これを脳低灌流という）．きっと交代の衛兵が来るとほっとしているのであろう．

2.4　血管のサイズと血液の流れ：粘性のある流れ，層流と乱流

　　　　　心臓から 5 L min^{-1} で全身に送り出される血液は，直径 2 cm の大動脈を通る．大動脈がもっと細くなったら血流にどんな影響が出るだろうか？

a．円管内の粘性流れ

　　　　ここでは簡単のため，血流の拍動や血管の拡張・収縮および曲がりなどは考えず，血流は旋回流なしの定常流とし，大動脈はまっすぐな断面積一定（半径 r_0）の円管と仮定しよう．血管の中心軸を z 軸とした円柱座標系を使って，このときの血流の速度分布を求めてみよう（図 2.12）．円管の入口や出口の境界の影響がないとすれば，速度分布は z 軸上どこでも等しく，速度場は z 成分 $u(r)$ だけの一次元流れである．言い換えれば，同心円上で速度が等しい速度分布になる．ここでは血液の粘性は無視できず，流れは血管軸方向に沿った一定の圧力（血圧）勾配 $\Delta p/\Delta z$ によって維持される．ただし，$\Delta p/\Delta z < 0$ であることに注意せよ．

　次に血管内領域から半径 r，長さ Δz の同心円筒の流体部分を切り取って考える（図 2.12 下）．この領域の円周方向側面には，ずり応力 τ が作用し，

2.4 血管のサイズと血液の流れ：粘性のある流れ，層流と乱流

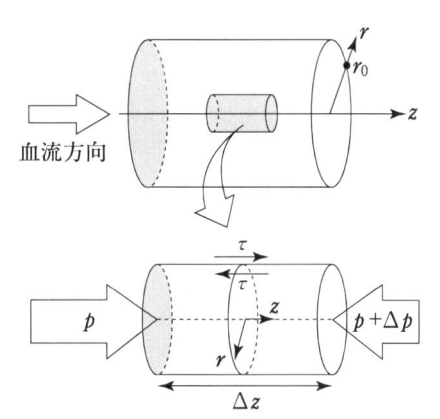

図 2.12 円管内を流れる流体に作用する力

軸方向側面は上流側から圧力 p，下流側から圧力 $p+\Delta p$ が p と逆向きに作用している．定常流を仮定しているので，この流体部分に働く力はつり合っていなければならない．したがって，

$$p \cdot \pi \cdot r^2 + \tau \cdot 2\pi \cdot r \cdot \Delta z = (p+\Delta p)\pi \cdot r^2$$

が成立する．これを整理すれば

$$\tau = \frac{1}{2}\frac{\Delta p}{\Delta z}r \tag{2.6}$$

となる．式 (2.6) から τ は負の値となるが，これはずり応力が流れの向きとは逆向きに働いていることを意味している．また，その大きさ（絶対値）は，円管中心軸からの距離に比例して増加し，管の内壁上で最大となる（**ストークスの関係式**）．ここで，式 (2.1) を代入して極限をとると，次の微分方程式が導かれる．

$$\frac{du}{dr} = \frac{1}{2\mu}\frac{dp}{dz}r$$

ここで，血液の粘度 μ を一定とし，dp/dz も定数であることに注意して上式を積分し，内壁に接している流体の速度がゼロとなること（$u(r_0)=0$：**すべりなし条件**）を利用すれば

$$u(r) = -\frac{1}{4\mu}\frac{dp}{dz}\left(r_0^2 - r^2\right) \tag{2.7}$$

が求まる．これは**ハーゲン・ポアズイユの流れ**（Hagen-Poiseuille flow）とよばれ，放物線型（parabolic）の速度分布をもつ（図 2.13）．

流量 Q は式 (2.7) を円管断面にわたって積分することによって求められる．

$$Q = -\frac{\pi r_0^4}{8\mu}\frac{dp}{dz} \tag{2.8}$$

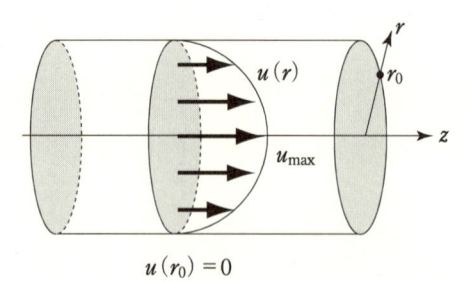

図 2.13 ハーゲン・ポアズイユの流れ

この関係を**ハーゲン・ポアズイユの法則**（Hagen-Poiseuille law）とよぶ．平均流速 $Q/(\pi \cdot r_0^2)$ は中心軸上の速度の 1/2 である．

式 (2.7) は力のつり合いから導かれたもので，円管内の定常流れとして常に放物線型の速度分布が存在することを示している．流量 Q が一定のもとで円管が細くなれば，式 (2.8) より $-dp/dz$ が増加し，式 (2.7) から頂点の鋭い放物線型の速度分布になることが予想される．では，円管内の流れの速度分布は常に放物線型になるのであろうか？

b．層流と乱流

ここで"流れの安定性"について考えよう．この問題は力のつり合いの問題に似ている．たとえば，山頂と谷底にある静止したボールを考えてみよう（図 2.14）．どちらのボールにも重力と摩擦力が働き，力学的にはつり合った状態である．ボールに外乱を加えると，谷底のボールはすぐもとの静止位置に戻る．これは安定なつり合いである．しかし，山頂のボールはちょっとした外乱で頂上から転げ落ちてしまう．不安定なつり合いである．現実の世界には必ずノイズやゆらぎといった撹乱が入り込むので，不安定なつり合いはまず実現しない．円管内の流れについても同様で，流れの安定・不安定に依存して，その流れが実現するか否かが決定される．定常流れの解が存在することと，それが実現する流れであることとは別の問題である．

レイノルズは，100 年以上も前に円管内の流れの安定性を調べる実験を行っている（図 2.15）．大きな水槽に長い円管を沈め，できるだけ撹乱を抑えながら，ラッパ型の入口から一定の速度で滑らかに水を流す．入口断面の中央部に色素を流すと，流速が小さい場合には色素は筋を引いたような一本の線になるが，流速が大きくなってくるとその線は途中で乱れ始め，なお流速を増やせばすぐに円管全体に広がる（図 2.16）．

色素が一本の線のまま広がらずに流れる場合には，図 2.13 の放物線型の速度分布の流れが実現していると考えてよい．しかし，色素が乱れて広がってしまう場合には，管軸に沿わない流れ成分がランダムに発生していると考えられる．このとき，放物線型の速度分布は，山頂のボールと同じように不

2.4 血管のサイズと血液の流れ：粘性のある流れ，層流と乱流

安定なつり合い　不安定なつり合い
図 2.14　つり合いの安定性と不安定性

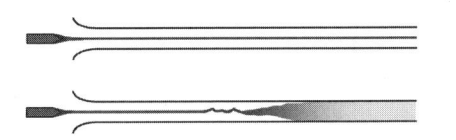

図 2.16　層流(上)と乱流(下)

図 2.15　レイノルズの実験風景

安定なつり合い状態にあり，その速度分布が実現されることはない．前者の流れを**層流**（laminar flow），色素が完全に水と混合されてしまうような後者の流れを**乱流**（turbulent flow）とよぶ．

c．レイノルズ数

　レイノルズは円管の太さや流速をいろいろに変えて，色素の変化を注意深く観察し，層流状態と乱流状態が現れる条件が一つのパラメーターで整理されることを発見した．そのパラメーターは**レイノルズ数**（Re）とよばれ，円管の直径 d，平均流速 $\bar{u}$，流体密度 ρ，流体粘度 μ からつくられる次の無次元数である（1.4 節）．

$$Re = \frac{d\bar{u}\rho}{\mu} \tag{2.9}$$

　レイノルズの実験によれば，$Re < 10\,000$ で流れは層流であったが，$Re > 10\,000$ では乱流であった．乱流と層流の二つの流れの状態を分ける Re（**臨界 Re**）は，円管入口の速度のゆらぎや内壁の滑らかさ，円管周囲の物理的な環境などで決まる撹乱の大きさに依存する．撹乱が小さくなればなるほど臨界 Re は大きくなる．実験では $Re = 40\,000$ においても放物線型の速度分布が得られているが，一般的には $Re = 10\,000$ で乱流へ移行すると考えてよい．また，$Re < 2\,100$ であれば，どのような大きな撹乱が加えられても，円管の十分下流で撹乱は減衰し，層流となってしまう．つまり，放物線型の速度分布は Re が小さいときは安定なつり合い状態（図 2.14 左）であるが，Re が大きくなると不安定なつり合い状態（図 2.14 右）に移行する．

　Re の増加に伴って層流が安定でなくなったとき，流れはすぐに乱流に移行するわけではない．層流から乱流への発展段階の Re 領域を**遷移領域**とよぶが，この領域で流れは周期的・準周期的運動を経て，時間的にも空間的にも不規則な**十分に発達した乱流**へと移行する．遷移領域における流れの形態

は撹乱の大きさに依存し，どの Re の値でどのような流れが現れるのかを予測することは難しい．

ところで，Re は次のように書き換えることができる．

$$\frac{d\bar{u}\rho}{\mu} = \frac{d^2\bar{u}^2\rho}{d\bar{u}\mu} = \frac{\rho d^3 \times [\bar{u}/(d/\bar{u})]}{\mu(\bar{u}/d) \times d^2} \tag{2.10}$$

したがって，分子は慣性力（質量×加速度），分母は粘性力（ずり応力×面積）の次元をもち，Re が**慣性力**と**粘性力**の比を意味していることがわかる．Re が小さい，すなわち粘性の影響が強ければ層流，逆に Re が大きい，すなわち慣性力が優位になれば乱流が発生する．

血液透析では，血液は透析器の中にある内径 200 μm ほどの中空糸の内側を通る．このときの血流速度は 1 cm s^{-1} の程度で Re はおよそ 1 である（問題2.7参照）．したがって，このような流れでは粘性が支配的で，層流状態は十分に安定である．血球の影響があるものの，速度分布はほぼ放物線型であるといえる．しかし，水が勢いよく流れている水道管など，慣性の影響が強く現れ，層流が不安定なつり合い状態にあるときには，もはや層流を仮定することは現実的でない．

なお，Re は円管内の流れのみではなく，飛行中の航空機や台風，その他のあらゆる流れ場に適用できる．たとえば，空気中のボールの運動では，U をボールの速度，d をボールの直径にとればよい（2.5節）．

【発展】 ナビエ・ストークス方程式

粘性流れの解析には，次の**ナビエ・ストークス方程式**とよばれる偏微分方程式が用いられる．

$$\frac{\partial \boldsymbol{u}}{\partial t} + (\boldsymbol{u} \cdot \boldsymbol{grad})\boldsymbol{u} = -\frac{1}{\rho} + \boldsymbol{grad}\, p + \nu\, \boldsymbol{grad}^2 \boldsymbol{u}$$

ここで，$\boldsymbol{u}$ は速度ベクトル，$\nu\ (=\mu/\rho)$ は動粘度（動粘性係数，2.6節），$\boldsymbol{grad}$ は空間微分を表すベクトル演算子である．円管内で乱流が発生する Re 領域において，ナビエ・ストークス方程式は放物線型の速度解と乱流の速度解をもつ．しかし，前者は不安定な定常解であるために，現実の流れとして意味をもたない．ナビエ・ストークス方程式は，その左辺第2項によって強い非線形性を示し，ほとんどの場合について解析的に解くことができない．最近ではコンピュータの進歩に伴って様々な流体計算ソフトが開発され，ナビエ・ストークス方程式を数値的に解くことにより，乱流の発生や構造についての研究が進められている．

d. 十分に発達した円管内乱流の速度分布

十分に発達した円管内の乱流では，平均速度分布は中央付近でほぼフラット，壁付近で速度がゼロから急激に増加する分布となる（図2.17）．すなわ

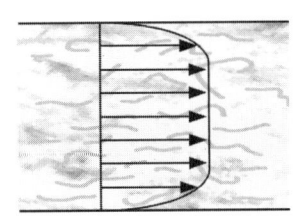

2.4 血管のサイズと血液の流れ：粘性のある流れ，層流と乱流

図 2.17 十分に発達した円管内乱流の時間平均速度分布

ち，壁付近のずり速度が放物線型の速度分布より大きくなるので，円管の流れに対する摩擦抵抗も層流の場合に比べて大きくなる（2.7 節）．

ニクラーゼ（Nikuradse）の実験によれば，円管内乱流の平均速度分布は，次のべき法則（power law）で与えられる．

$$u(r) = u_{\max}\left(\frac{r_0 - r}{r_0}\right)^{1/n} \tag{2.11}$$

ここで $u_{\max}$ は中心軸上の最大速度である．乱流の平均速度分布は Re に依存するため，n も Re に応じて表 2.1 の値をとる．

表 2.1 円管内乱流速度分布を決める n（式(2.11)）と Re の関係

Re	4×10^3	2.3×10^4	1.1×10^5	1.1×10^6	2.0×10^6	3.2×10^6
n	6.0	6.6	7.0	8.8	10	10

図 2.17 の十分に発達した円管内の乱流に対して，図 2.13 のハーゲン・ポアズイユの流れは**十分に発達した層流**とよぶことができる．円管内の層流がすべて放物線型の速度分布をもつわけではないので注意されたい．たとえば，円管に流れ込んだ直後の層流の速度分布はほぼフラットで，下流に進むに従い，ハーゲン・ポアズイユの流れが形成されてくる．ハーゲン・ポアズイユの流れが完成されるまでにかかる入口からの距離を**助走距離**という．層流の場合の助走距離 L は，円管直径 d と Re から近似的に $L = 0.04 \cdot d \cdot Re$ で与えられる．流体がこの距離を進む間に流体と内壁の粘性摩擦の影響が円管の中心部まで到達する（境界層の成長，2.5 節）．なお，入口直後が乱流の場合には，これより短い距離でべき法則の流れに移行する．

さて，この節の最初の問題に戻ろう．血液の粘度を 4.7×10^{-3} Pa s，密度を 1000 kg m^{-3} とすれば，直径 2 cm の大動脈では Re は 1130 となり，流れは層流と考えられる．（ここで，問題 2.7 の設問中の血液粘度と異なる粘度になっているのは，血液の非ニュートン性のためで，詳細は 2.6 節 b を参照のこと．）直径が 1 cm になれば，Re は 2260 となり，ずり応力の増大とともに，乱流発生の可能性が高まる．長い直円管ならやがて乱れは減衰して層流へ移行する Re であるが，心臓から送り出された直後の血流は絶えず乱れを伴う．また，層流のままであっても，管の流れ抵抗（$|dp/dz|$）は式 (2.8) に

よって16倍にも増大し，心臓への物理的負荷が急激に増大する．その上，乱流にでもなれば，さらなる抵抗増加に加えて，血管壁へも直接流れの悪影響が及ぶことになる．もし，血管壁が長い年月にわたって乱れた流れにさらされ，非生理学的な力を受けるようなことが続けば，血管組織の障害が引き起こされる可能性は高くなる（2.5節）．ただし，ここでは大動脈の曲がりや拡張・収縮，血流の拍動，大動脈入口で発生する渦の影響などは考えておらず，実際には一心周期の中で層流が維持できない位相が存在する．

【例題 2.2】 マレイ（Murray）は，一定の長さ L の血管に流量 Q で血液を流すために必要な総エネルギー量 E を

$$E = Q \left| \frac{dp}{dz} \right| L + k \cdot V$$

とおいた．ここで，k は定数，V は血管体積である．右辺第1項は血流抵抗で消費されるエネルギー，第2項は血管を満たす血液の供給に必要なエネルギーとしている．この仮定のもとで，血流量 Q が血管半径の3乗に比例することを示せ（マレイの法則）．

[解答] 式 (2.8) より，血管半径を r とおけば

$$E = \left(\frac{8 \cdot \mu \cdot L}{\pi \cdot r^4} \right) Q^2 + k \cdot \pi \cdot r^2 \cdot L$$

最小エネルギーの条件を採用すれば，$dE/dr = 0$ であるから

$$\left(\frac{2 \cdot L}{\pi \cdot r^5} \right) (k \cdot \pi^2 \cdot r^6 - 16 \cdot \mu \cdot Q^2) = 0$$

よって

$$Q = \frac{\pi}{4} \sqrt{\frac{k}{\mu}} \, r^3$$

血液循環のアロメトリ

体重（M [kg]）と大動脈の直径および心拍出量にはアロメトリといわれる関係式：$Y = a \cdot M^b$ がある．大動脈の直径（$Y = d$ [cm]）については，$(a, b) = (0.41, 0.36)$，心拍出量（$Y = Q$ [L min^{-1}]）については，$(a, b) = (0.178, 0.78)$ である（参考文献1）．これを利用して Re と体重の関係を求めると，$Re = 208 \, M^{0.42}$ となる．すなわち，Re は体重の0.42乗でスケーリングされ，大きい動物ほど大動脈血流の Re は増加する．体重400 kgのウマでは $Re = 2580$，体重2 tのゾウでは $Re = 5060$ と層流の維持はより難しくなってくる．しかし，体重増加に伴う心拍数の減少や大動脈血管の拡張しやすさ（$\Delta d / \Delta p$）の増加にもアロメトリの関係があり，層流から乱流への遷移に関与しているようである．

2.5 ゴルフボールのディンプル：境界層と剝離

ゴルフボールにはディンプルとよばれるたくさんの小さなくぼみがつけてあるが，これは何の役に立っているのであろうか？

a．境 界 層

まず，飛行中のゴルフボールのレイノルズ数がどのくらいになるのか計算してみよう．簡単のため，流れている空気中に置かれたゴルフボールを考える．式 (2.9) で U を空気の速度 $60~{\rm m~s^{-1}}$，d をボールの直径 $45~{\rm mm}$ とし，空気の粘度を $1.8\times 10^{-5}~{\rm Pa~s}$，密度を $1.2~{\rm kg~m^{-3}}$ とおけば，$Re=180000$ と非常に高い値を得る．したがって，式 (2.10) から，ボールの周りの流れでは慣性の影響が強く，粘性が無視できる完全流体に近い流れを示すはずで，空気摩擦の影響は小さいと考えられる．流速が上がるほど Re は大きくなるので，摩擦の影響はますます小さくなるはずである．しかし，経験的にはそうならず，速度が増加するほど摩擦の影響は大きくなる．ゴルフボールに限らず，一流競泳選手から高速航空機にいたるまで，高速で進めば進むほど流れの抵抗が問題になってくる．では，どこに矛盾があるのだろうか？

流体と接する固体壁表面を考えてみよう．実在するあらゆる流体には，小さくても有限な大きさの粘性が必ず存在する (2.6 節)．したがって，すべりなし条件 (2.4 節 a) によって，壁上の流体は固体壁との相対速度がゼロでなければならない．高い Re で完全流体に近い流れとすべりなし条件を満足するには，固体壁近傍に急激な流れの変化が生じる層を考えるしかない．実際にこのような層は存在し，プラントルによって**境界層** (boundary flow layer) と名付けられた (図 2.18)．高 Re ではこの境界層は非常に薄い．そのため，速度勾配も極めて大きくなり，空気のようにたとえ小さな粘性であっても，大きな摩擦力を発生するのである．境界層を越えると，流れは粘性のない流れとしての扱いが可能となり，完全流体の流れで近似できる．この領域の流れを**主流**という．

境界層にも層流と乱流の区別がある．壁面から主流まで全域にわたって流

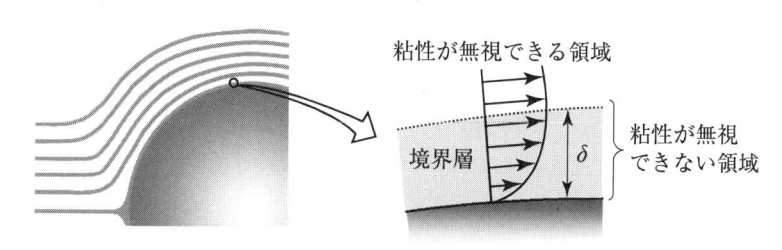

図 2.18 流れの境界層

れが層流である場合を**層流境界層**とよぶ．この場合，主流と境界層の境界では運動量の交換はほとんどない．これに対し，壁面から主流にかけて乱流状態にあり，乱れた流れによって主流から境界層に比較的大きな運動量の移動がある境界層を**乱流境界層**という．

【例題2.3】 主流速度の99%に達した位置を境界層の厚さ δ とすれば，一様な流れ（速度 U_∞）の中に置かれた平板に形成される境界層の厚さは次式で与えられる．

$$\delta(x) = 5.0\sqrt{\frac{\mu \cdot x}{\rho \cdot U_\infty}}$$

ここで，x は板の上流側の端からの距離である．長さ3mの平板上を，一様流速 $30\,\mathrm{m\,s^{-1}}$ で流れる空気の境界層の厚さを板の中央で計算せよ．ただし，空気の粘度と密度を，それぞれ $1.8\times 10^{-5}\,\mathrm{Pa\,s}$，$1.2\,\mathrm{kg\,m^{-3}}$ とする．

[解答] $\delta(1.5\,\mathrm{m}) = 5.0 \cdot (1.8\times 10^{-5}\cdot 1.5/1.2\cdot 30)^{0.5} = 4.3\times 10^{-3}\,\mathrm{m} = 4.3\,\mathrm{mm}$

【発展】 平板上の層流境界層の厚さ

層流中に置かれた平板上の境界層厚さと Re の関係を求めてみよう．境界層中の微小領域 $\Delta s \cdot \Delta y$（厚さ1）について s 方向の力のつり合いを考える（図2.19）．

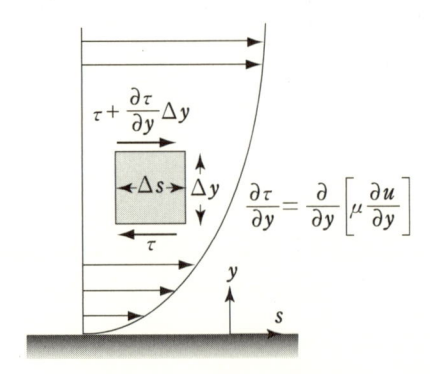

図 2.19 境界層の厚さ

質量 $\rho \cdot \Delta s \cdot \Delta y$ が s 方向の加速度 $u(\partial u/\partial s)$ をもつことから（2.3節），この流体部分の慣性力は $\rho \cdot u(\partial u/\partial s)\Delta s \cdot \Delta y$ である．境界層では粘性の影響が支配的であり，主流中と同様に圧力変化はほとんどないと考えてよい．したがって，慣性力は粘性による外力 $\mu(\partial^2 u/\partial y^2)\Delta s \cdot \Delta y$ と同程度の大きさとなり

$$\rho u \frac{\partial u}{\partial s} \sim \mu \frac{\partial}{\partial y}\left(\frac{\partial u}{\partial y}\right)$$

ここで，境界層の厚さを δ，境界層外側の一様流速を U とすれば，右辺は $\mu \cdot U/\delta^2$ の大きさになる．同様に板の端0から s までの速度変化を $k\cdot U$ として左辺の

2.5 ゴルフボールのディンプル：境界層と剥離

大きさを見積もると，$\rho \cdot k^2 \cdot U^2/s$ である．さらに，s を流体中の物体の大きさにとれば，δ について次式が成立する．

$$\delta \sim \frac{1}{k}\sqrt{\frac{\mu s}{\rho U}} \sim \frac{1}{\sqrt{Re}}$$

すなわち，境界層は $\sqrt{Re}$ に反比例して薄くなる．

b．境界層の剥離

ゴルフボール表面の境界層はボール全体を覆っているのであろうか？　境界層では粘性によって流れを減速しようとする力が作用するが，その大きさは速度変化の大きい表面に近いほど著しい．したがって，速度勾配の大きい領域は下流に行くほど壁から離れる傾向があり，結果的に境界層は下流に向かって厚くなっていく．これを**境界層の発達**という（図 2.20）．

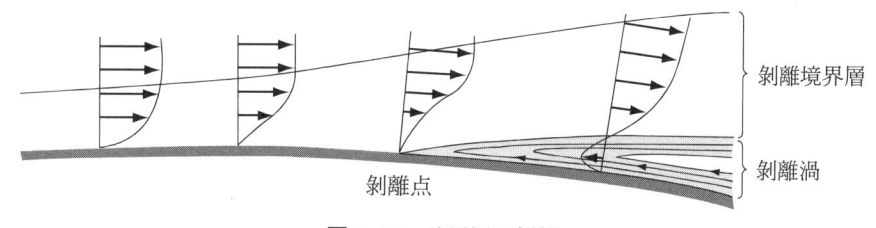

図 2.20 境界層の剥離

ゴルフボールを過ぎる主流について考えよう．図 2.21 において A〜B にかけて主流はボールの壁によって，わきに押しやられるので流れは加速し，B〜C では逆に減速する．ベルヌーイの式から B〜C にかけて圧力は上昇することになり，主流を減速しようとする**逆圧力勾配**（$dp/ds>0$）が働く．境界層は非常に薄く，層内の圧力勾配は主流のそれにほぼ等しい．したがって，A-B 間での圧力変化は境界層内の流れを維持するように作用するが，B-C 間では粘性と同じく流れを減速させる力を及ぼす．逆圧力勾配によってさらに減速が進めば，壁表面の流体はついには前方に進めなくなり，逆流が発生する（図 2.20）．この状態を**境界層の剥離**といい，壁上で $\partial u/\partial y=0$ を満た

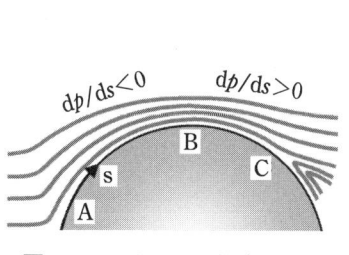

図 2.21 ボールを過ぎる主流 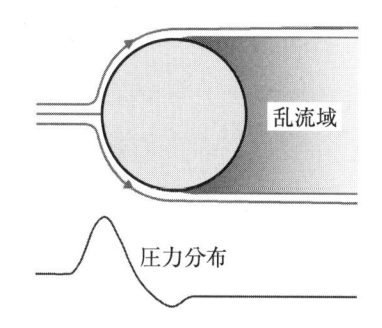　　図 2.22 境界層剥離による圧力の損失

す点を流れの**剥離点**とよぶ．

剥離域で乱流が発生すると，大きなエネルギー損失が起こる．すると，ボールの背圧が下がり後方へ引っ張る力（**圧力抵抗**）が増大するので，飛距離が伸びなくなる（図2.22）．この境界層の剥離を抑えるには，粘性と逆圧力勾配による減速を抑えることである．このためには，主流から境界層へ運動量の流れを起こせばよい．ゴルフボールのディンプルは，境界層の流れをかき乱し，層流境界層から乱流境界層への遷移を促すことにより，主流から境界層への運動量の輸送を促進させている．もちろん，2.4節で述べたように，流れをかき乱して乱流状態に移行させることは**摩擦抵抗**を上昇させる．しかし，境界層の剥離を抑えることはそれ以上の圧力抵抗の減少が見込めるのである．

血管内の血流の剥離は，もっと深刻な問題である．たとえば，動脈硬化で内径が狭くなったところ（狭窄部）があると，その拡大部では逆圧力勾配が発生する．血流では粘性の影響がほぼ血管の中央部にまで及んでいるので境界層の剥離とは異なるが，やはりもっともずり応力の大きい血管内壁近傍で血流は強く減速され，剥離する可能性がある．剥離領域の後方では流れの逆流や停滞，血管壁上のずり応力の減少が見られ，さらに悪玉コレステロールとよばれる低比重リポタンパク（LDL）の濃縮が起こることが，計算シミュレーションによって予測されている（図2.23）．血管壁へのLDLの取込みが剥離部位後方で促進されることは実験的にも確認され，動脈硬化の発症・進展に血流剥離が関与していると考えられている（次のコラム参照）．また，工業用の金属でできた硬い管であっても，これと類似の現象は起こる．高速で液体を輸送する配管の継ぎ目で，断面積が局所的に小さくなっていたり，段があったりすると，やはり流れの剥離を発生する可能性がある．これは長年にわたって管壁の腐食を速め，過去に大きな事故につながった例もある．

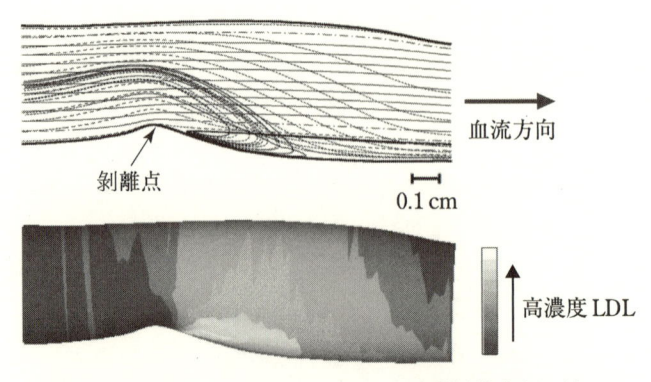

図 2.23 計算シミュレーションによる動脈狭窄部の流れ
[東北大学大学院工学研究科 和田成生氏提供]

> **動脈硬化の発生の頻度が高いのは，分岐部や曲がり部！**
>
> 最近よく耳にする生活習慣病（以前は，成人病とよばれていた）は，喫煙，運動不足，肥満，ストレスなどを原因として起こる病気（高血圧症，高脂血症，糖尿病など）を指す．血管の病気である動脈硬化症はこのような生活習慣病の合併症であるが，その発症・進展にも"流れ"が深く関係している（参考文献2）．血管の内側は，血液と直接接している内皮細胞で覆われている．内皮細胞は血流によって生じるずり応力を感知して，いろいろな物質を産生する．その中には，血管平滑筋に作用して血管径を調節する物質や，動脈硬化を抑制する物質もある．しかし，血管の分岐部や曲がり部のずり応力が低下する部分では，一酸化窒素（NO）などの動脈硬化を抑える物質があまり産生されないか，産生されてもすぐに失活され，動脈硬化が進みやすいということが明らかになりつつある（2.6節と2.7節のコラム参照）．

2.6 流体の粘り気

　私達の身の回りには，水，油，クリーム，空気などいろいろな流動性の物質がある．流体の一般的な定義を先に述べたが（2.2節），流体は，液体，気体のいずれも程度の違いこそあるものの，必ず"ねばる性質"をもっている．

　"ねばる性質"とは，流動のしにくさであり，流体内部で流動速度に分布がある場合，その分布を一様にしようとする力が生じる性質である．つまり，速いところは遅く，遅いところは速くしようとする．このような流体の流動性についての基本的な物性を**粘性**といい，その程度を表す物性値（物性定数，物質定数）を**粘度**（粘性係数，粘性率，coefficient of viscosity，viscosity）という．

　流動状態によって流体の粘度が変化しない流体を**ニュートン流体**（Newtonian fluid）といい，変化する流体を**非ニュートン流体**（non-Newtonian fluid）という．

　粘度の単位は，SI単位系では Pa s と表され，その他に P（=poise，ポアズ）もよく使われ，0.01 P を 1 cP（センチポアズ）と表示する．

　$1\,\text{Pa s} = 1\,\text{N s m}^{-2} = 1\,\text{kg m}^{-1}\text{s}^{-1} = 10\,\text{P} = 10^3\,\text{cP} = 10\,\text{g cm}^{-1}\text{s}^{-1}$

　以下，例として水と空気の粘度を示す（表2.2）．粘度は流体ごとに異なる．水の粘度は，常温で 1 cP である．それに比べると空気は，約 1/50 の粘度である．さらに粘度には温度依存性があり，水などの液相流体は，温度上昇とともに粘度が減少する．空気などの気相流体は，程度は少ないものの温度上昇とともに粘度が増

表 2.2　水と空気の粘度（単位：10^{-3} Pa s（=cP），圧力：1 atm − 101 325 Pa の場合）

水	(20℃)	1.002
水	(100℃)	0.282
空気	(25℃)	0.0182
空気	(100℃)	0.0216

加する．これは液相では分子間力が支配的であり，気相では分子間が離れて分子運動していることによる．つまり温度上昇とともに分子間力の支配が弱くなる液相と分子運動が激しくなる気相の違いである．この理由からわかるように粘度は，温度と圧力に依存する物性値である．ただし，圧力への依存は比較的弱く，とくに液体ではかなりの高圧でない限り無視できる．

a．ニュートンが考えた流体の粘り気

流体の粘性は，流動している状態で考えるのが基本である．そこで，図2.24(a)のように十分大きな板の間に挟まれた粘度 μ の流体について考えよう．2枚の板は十分小さな間隔 h を空けて平行に置かれ，下側の板は固定され，上側の板のみが力 F によって速度 u_0 で下側の板と平行に移動しているとする．また，上の板が移動し始めてから十分な時間が経ち，流れが定常状態になっている場合を考える（図2.24(c)）．

そのとき，流体は図2.25のような速度分布をもった**層流**（laminar flow）である．このような流れを**クエット**（Couette）**流れ**という．層流の流体内部は，図2.24(b)のような**薄層**（lamina, ラミナ）を積み重ねたものと考えられ，各薄層は板と平行に直線運動をする（図2.24(c)）．そして，下の固定された板の表面では速度はゼロである．これを**粘着**（すべりなし，no-slip）という．

図2.24(c)のように上の板が速度 u_0 で動くと，板に接している層も u_0 で動き，そのすぐ下の層は u_0 に近い速度 u_1 で動き，その下の層がさらにそれよりも少し遅い速度 u_2 で動くことになる．そして，各層間には速い層側から同じ方向に引っ張る力と遅い側の層からそれに逆らう力が働く（作用・反作用の法則）．薄層間に働く力は，流体を構成する分子の分子間力に起因し，それが粘性（力）である．この**内部摩擦**（internal friction）による抵抗を**粘性抵抗**という．この摩擦エネルギーは，熱エネルギーとして失われる．

ここで，上記の薄層間に働く応力，すなわち接線方向に単位面積あたりに加わる力 F/A の反作用による応力を**ずり応力**（せん断応力，shear stress）τ という．このずり応力は，粘度 μ と**ずり速度**（速度勾配，線速度勾配，**せん断速度**，shear rate）u_0/h に比例し

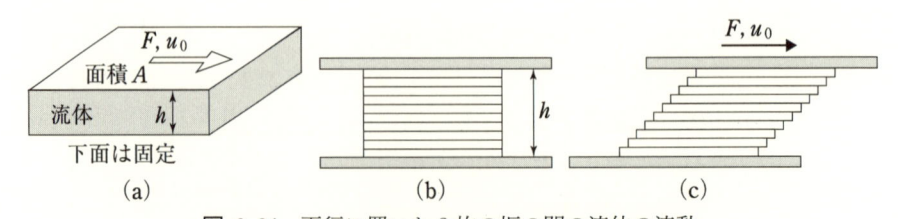

図2.24 平行に置いた2枚の板の間の流体の流動
((b)：静止時，(c)：上側の板を力 F，速度 u_0 で動かしたとき)

2.6 流体の粘り気

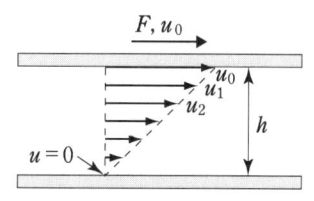

図 2.25 図2.24(c)の各層間の速度分布（クエット流れ）

$$\left|\frac{F}{A}\right| = \tau = \mu \frac{u_0}{h} \tag{2.12}$$

と表される（2.2節）．つまり，ずり応力は粘度とずり速度の積で表される．見方を変えると，粘度はずり応力とずり速度の比ということになる．応力は単位面積あたりの力のことで，圧力と同じ単位である．圧力が面に対して垂直方向の力（法線応力）であるのに対し，ずり応力は面に平行な方向の力（接線応力）となる（図2.6）．そして，ずり速度が存在すれば，ずり応力が生じ，周囲の薄層との速度差を減らす方向に作用する．つまり，速いところは遅くし，遅いところは速くするように作用する．

ずり応力の単位は圧力と同じで，SI単位系では，$N\,m^{-2}$，Paである．その他にずり応力の単位として $dyn\,cm^{-2}$（dynは，ダインと読み，dyne，dynesとも表示される）も用いられ，$1\,dyn\,cm^{-2}$ は $0.1\,Pa$ に等しい．

$$1\,N\,m^{-2} = 1\,Pa = 10\,dyn\,cm^{-2}$$

ずり速度とずり応力の間に式 (2.12) のように線形（リニア）の関係がある流体を**ニュートン流体**（Newtonian fluid）という．すなわち，2.6節のはじめでも触れたように，流動状態によって粘度が変わらない流体のことである．低分子量の液体や気体はニュートン流体である．ニュートンは，その著書『プリンキピア』の中で，"流体の諸部分の間に滑りやすさが欠けていることによって生ずる抵抗は，その他の条件が等しければ，流体の諸部分が互いに引き離されていく速度に比例する"と仮説を述べていることから，式 (2.12) で表される関係を**ニュートンの粘性法則**（Newton's law of viscosity）といい，この法則に従う流体を**ニュートン流体**という．つまり，上記のラミナ（図2.24(b)，(c)）の考え方を示唆していたことになる．

さらに直円管内を流れる流体の場合，2.4節で登場したように十分発達した層流（laminar flow）すなわちハーゲン・ポアズイユの流れ（Hagen-Poiseuille flow）については，放物線（parabolic）分布をもち（図2.13参照），流体内の各部分はすべて管軸と平行に同心円上では同じ速度で移動している．そのときのずり速度とずり応力の関係は以下のように表される．

$$\tau = \mu \frac{du}{dr} = \mu \cdot \gamma \tag{2.13}$$

ここで，ずり速度 du/dr $(=\gamma[\text{s}^{-1}])$ は，図 2.13 の速度分布からも明らかなように管径方向で異なるが，粘度 μ は一定である．管軸から管壁に近づくにつれて流速が小さくなり，ずり速度は負の値をとるため，ずり応力も負の値である．これは，ずり応力が流れの方向と逆向きに働いていることを意味している．式 (2.12) と式 (2.13) の中に出てくる粘度を**ニュートン粘度**（Newtonian viscosity）ともいう．

血管は，ずり応力を感知して応答する

血管の一番内側を覆っている内皮細胞は，常に血液の流れに触れているが，正常な血管ではほぼ層流になっている．ずり速度と内皮細胞近傍における血液の粘度（2.6 節 a，問題 2.6 参照）の積によるずり応力が内皮細胞に加わっているが，内皮細胞はその表面上のずり速度ではなく，ずり応力として流れ刺激を受け，細胞内で様々な応答反応が起きていることが知られている．これは，粘度の異なる流体でずり速度を同じにしても，粘度との積，すなわちずり応力の大きな流体に対してより大きな応答を示すことから明らかになった(参考文献 3)．

---

b．非ニュートン流体

ニュートンの粘性法則に従わない流体を**非ニュートン流体**（non-Newtonian fluid）という．すなわち，ずり速度とずり応力の間に比例関係が成り立たない流体で，流動状態によって異なる粘度を示す流体や時間に依存して粘度が変化する流体のことである（発展参照）．つまり，非ニュートン流体の粘度は，物性値（流体の種類，温度，圧力条件だけで決まる値）ではない．あるずり速度とずり応力における非ニュートン流体の粘度を**見かけの粘度**（見かけ粘度，非ニュートン粘度，apparent viscosity）μ_a という．単位は，ニュートン粘度と同じ Pa s である．高分子が低分子の溶媒に溶解した溶液や液体中に固体粒子が分散している懸濁液（slurry）などが非ニュートン流体である．非ニュートン流体には，いろいろなタイプがある．これらの区別は，ずり速度とずり応力の関係を示す**流動特性**の違いで説明される．つまり，流れに対するそれぞれの流体の応答の違いとして説明される（図 2.26）．

次に身の回りにある流体の中で非ニュートン流体を探してみよう．

（1）ビンガム流体（Bingham fluid）　**ビンガム塑性流体**ともよばれる．ずり速度がゼロでもずり応力（せん断応力）が存在し，応力が小さいときは固体のようにふるまうが，**限界応力**（降伏応力，降伏値，yield stress）τ_0 を超えると流動を始める**塑性流体**（plastic fluid）で，ずり応力とずり速度の間の流動特性が直線関係をもつ流体である（式 2.14）．ここで，ある応力まで流動（変形）しない性質を**塑性**（plasticity）という．ただし，直線関係のみに注目すると粘度（塑性粘度ともいう）μ_0 は一定値を示すので，ニュートン流体と間違えないように注意する必要がある．例としては，練り歯磨き粉，

2.6 流体の粘り気

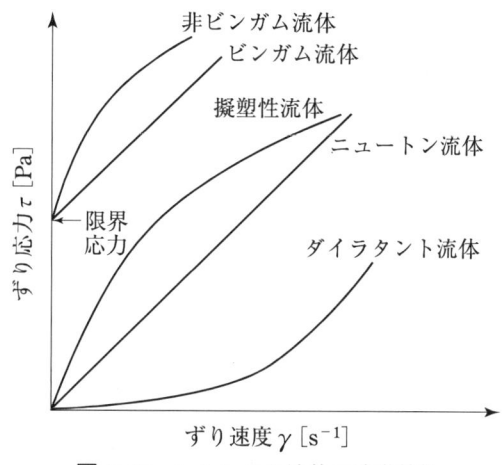

図 2.26 いろいろな流体の流動特性

トマトケチャップ，バターなどがある．これらの例からわかるように，力が加わってもある程度までは流動しないように，形を保持できる利点がある．

$$\tau = \mu_0 \cdot \gamma + \tau_0 \tag{2.14}$$

（2） 非ビンガム流体（non-Bingham fluid）　ビンガム流体のように限界応力をもった塑性流体で，流動特性が曲線となる流体のこと．例として，血液，印刷用インク，アスファルトなどがある．式（2.15）に従う非ビンガム流体は，**キャッソン流体**（Casson fluid，ケイソン流体ともいう）ともよばれ，例として血液が知られている．

$$\sqrt{\tau} = \mu_a \cdot \sqrt{\gamma} + \sqrt{\tau_0} \tag{2.15}$$

（3） 擬塑性流体（pseudo plastic fluid）　粘度がずり速度の増加とともに低下する流体のこと．このような性質を**擬塑性**（偽塑性，pseudo plasticity）あるいは**ずり流動化**（shear-thinning）という．高分子水溶液やコロイド溶液によく見られる．例として，オレンジジュース，ソース類，練乳，熱して溶けたガラスの融液などがある．

（4） ダイラタント流体（dilatant fluid）　固体微粒子などを含む懸濁液で，粘度がずり速度の増加とともに増加する流体のこと．このような性質を**ずり粘性化**（ずり粘稠化，shear-thickening）という．例として，乾いた砂浜では歩くと足がめり込んで歩きにくいが，海岸の濡れた砂浜ではめり込まずに歩けるのは，濡れた砂がダイラタント流体だからである．その他，水でデンプン（片栗粉など）を溶解してしばらく放置しておくと沈殿してくるが，その沈殿したデンプン粒が硬くなる現象もダイラタント流体の例である．

擬塑性流体とダイラタント流体の見かけの粘度は，以下の式で表される．べき関数になっているので，**べきモデル**（power model，power-law model）とよばれることもある．

$$\mu_a = k \cdot \gamma^{n-1} \tag{2.16}$$

式 (2.16) は $0<n<1$ で擬塑性流体の粘度を表し，$n>1$ でダイラタント流体の粘度を表す．なお，$n=1$ で μ_a は一定値となり，ニュートン流体の粘度を表す．

以上をまとめると，流体の見かけの粘度とずり速度の関係は，大きく三つのタイプに区別される（図 2.27）．

(a) **ずり流動化** (shear-thinning)
(b) **ずり粘性化** (ずり粘稠化，shear-thickening)
(c) **ニュートン粘性**

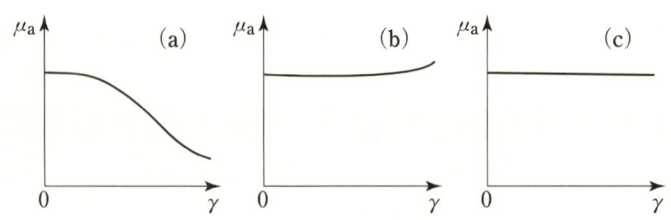

図 2.27 見かけの粘度 μ_a とずり速度 γ との関係
[岡 小天：バイオレオロジー，p.10，裳華房 (1984)]

粘度をその粘度をもつときの流体の密度で割った量 μ/ρ を**動粘度**（動粘性係数，動粘性率，kinematic viscosity）ν という（2.4節 c【発展】）．たとえば，レイノルズ数（式 2.9）は，動粘度に反比例していることになる．動粘度の単位は，$m^2 s^{-1}$ で，stokes（ストークス），St とも表示される．表 2.2 のように水の粘度は空気の粘度より 2 桁大きいが，密度は 3 桁大きいため，動粘度としては 1 桁小さくなる．

$$1 m^2 s^{-1} = 10^4 St = 10^6 cSt$$

【発展】 時間に依存して変化する流体

本章では，流動特性が時間に依存しない流体のみを取り扱っているが，時間に依存して流動特性が変化する流体もある（図 2.28）．

まず，応力を加える時間の経過に従って粘度が減少する流体を**チクソトロピック流体**（thixotropic fluid）といい，その性質を**チクソトロピー**（thixotropy）という．一方，応力を加える時間の経過に従って粘度が増加する流体を**レオペクチック流体**（rheopectic fluid）といい，その性質を**レオペクシー**（rheopecsy）という．

なお，図 2.28 では，非ニュートン流体が非時間依存性流体の一部となっているが，一般的にはニュートン流体以外すべてが非ニュートン流体と定義されるので，**時間依存性流体**，**粘弾性流体**も非ニュートン流体と考えられる．

2.7 管の中を流れる流体の抵抗

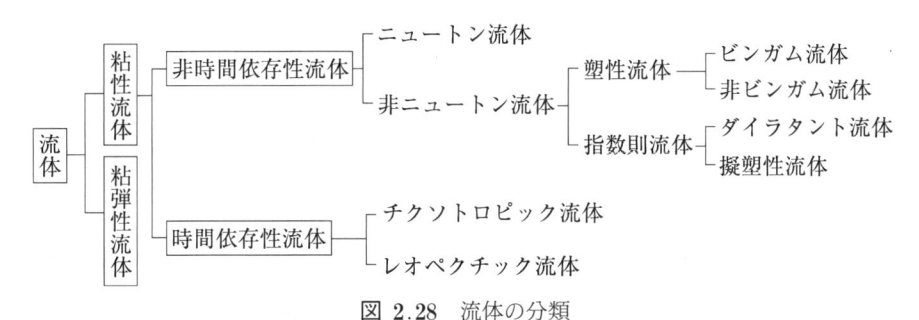

図 2.28 流体の分類

[小川浩平ほか：ケミカルエンジニアの流れ学, p.6, 培風館 (2002)]

2.7 管の中を流れる流体の抵抗

　2.5 節 a で述べたように，流体が流路内を通過するときに内部摩擦によって運動エネルギーが失われる．このことは，化学工学において様々な装置間を結ぶ配管系の設計，ポンプ性能の決定などにおいて重要となる．生体においても全身に血液を送る心臓の働きに対して，血液の流れに対する血管の抵抗は重要である．

a．ファニングの式

　図 2.29 のような直円管（内径：$d=2r$，長さ：L）を考え，密度 ρ の流体が，流量 Q（流路断面における平均流速：$\bar{u}$）で流れているとする．

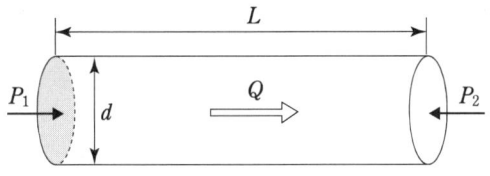

図 2.29 直円管の入口-出口間の圧力の低下

　ファニング（Fanning）は，この管内の流れの運動エネルギーに対する抵抗，すなわち圧力損失（pressure drop）$|\Delta P|=P_1-P_2$ が以下の式で与えられることを示した．

$$|\Delta P| = 4f\left(\frac{\rho \cdot \bar{u}^2}{2}\right)\left(\frac{L}{d}\right) \tag{2.17}$$

これを**ファニングの式**（Fanning's equation）といい，f は**管摩擦係数**（Fanning friction factor）という．

　層流（$Re<2100$）の場合の管摩擦係数 f は

$$f = \frac{16}{Re} \tag{2.18}$$

で与えられる．分母はレイノルズ数（Re）である．つまり f はレイノルズ数

のみの関数，すなわち流体の粘性によるエネルギーの損失のみに依存し，接触面の粗さには影響されない (2.6 節 a)．

【例題 2.4】 水を流す管の太さを半分にしたとする．管内でどのような変化が考えられるか．流量を一定に保ったときと，水圧（入口と出口の間の圧力差）を一定に保ったときについて考えよ．ただし，管内は層流になっているものとする．

［解答］ ファニングの式から，流量 $Q=\pi \cdot r^2 \cdot \bar{u}$ が一定の場合，圧力損失は 16 倍になる．水圧 ΔP が一定の場合，1/16 の流量しか得られないことになる．すなわち，いずれの場合も半径が 1/2 になったとき，その効果は 4 乗で効いてくる．

　この例題からもわかるように，細い管に試料を流して管の両端の圧力差からその試料の粘度を求めることができ，毛細管粘度計（細管式粘度計ともいう）を用いた粘度計測に応用されている．

【発展】 乱流の管摩擦係数

　層流と異なり乱流については，管摩擦係数 f がレイノルズ数だけではなく，接触面の粗さにも依存することが知られていて，管の内側が滑らかな平滑管，ざらざらしている粗面管内の乱流について多くの実験式が提案されている．
　たとえば，平滑管ではカルマン・ニクラーゼ (Kármán-Nikuradse) の式

血管の内側にはひげが生えている！

　血管の役割は，血液を運ぶためのパイプラインであるが，単なるチューブではなく，自ら様々な物質を生成して，血管径を変化，すなわち血管の緊張性の調節を行っていることが知られている．すなわち，血管自ら血流量や血圧の調節を行っている．そのメカニズムが障害されると動脈硬化などの病気になる．一因として血流状態の関与も示唆されている (2.5 節 b)．
　血管組織由来の調節因子の一つとしてよく知られているものに一酸化窒素 (NO) がある．大気汚染物質の一つとして知られている NO が体内で生成されていること自体が驚きであるが，生理的な作用を及ぼす濃度はごく低濃度である（血流中で数億分の 1 モル濃度程度）．NO は血管の内側を覆っている内皮細胞の中に存在する NO 合成酵素によって生成され，血管を拡張する因子として知られている．この NO 産生刺激として，血流によって内壁上に作用するずり応力があるが (2.6 節のコラム)，そのずり応力感知メカニズムとして，内皮細胞上に存在する"ひげ（グライコカリックスという）"が関係していることがわかっている（参考文献 4）．高血圧，糖尿病など循環器系の病気では，このグライコカリックスがこわされて血管機能障害が起こり，血流が悪くなることも知られている．また，この"ひげ"は血管壁の物質透過性の調節にも関係している．

2.7 管の中を流れる流体の抵抗

$$\frac{1}{\sqrt{f}} = 4.0 \log(Re \cdot \sqrt{f}) - 0.4 \qquad (3 \times 10^3 < Re < 3 \times 10^6)$$

などが用いられる．円形以外の様々な流路断面の管路についても管摩擦係数 f の式が提出されている（『化学工学便覧』など参照）．また，円形以外の管路断面については，内径の代りに以下の**相当直径**を用いる．

b．相当直径の求め方

圧力損失は，2.7 節 a で示したとおり，円管（直管）であれば，その直径を用いてレイノルズ数を求め，管摩擦係数 f を求めて，ファニングの式から計算されるが，その他の断面形状をもつ流路については，管径に代わる代表径として，以下のような**相当直径**（equivalent diameter）D_e を用いる．

まず，直円管（内径：$d = 2r$，長さ：L）の相当直径は，以下のように円管内の流体の体積と流体と管壁の接触面積の関係から求められる**動水半径**（hydraulic radius, r_h）の 4 倍と定義され，単に半径 r の 2 倍となり，$D_e = d$ となる．

$$動水半径 \ r_h = \frac{円管内の流体の体積}{流体と円管壁の接触面積} = \frac{\pi \cdot r^2 \cdot L}{\pi \cdot 2r \cdot L} = \frac{r}{2} \tag{2.19}$$

すなわち

$$D_e = 4 r_h = 2r = d \tag{2.20}$$

流路断面が円形以外の場合も，これと同様の考え方で相当直径 D_e を求める．つまり断面を円形と仮定したときの"見かけの内径"を求める．

$$相当直径 \ D_e = 4 \times \frac{管路の断面積（開水路の場合は流体の通過断面積）}{管路断面の流体に接する部分の長さ（浸辺長）} = 4 r_h \tag{2.21}$$

【例題 2.5】 図 2.30 のような流路の上部が開放されている流路（開溝という）内を流体が流れる場合の相当直径を求めてみよう．

[解答] 上側が開放されていることから，浸辺長は $2a + b$ となり，

$$D_e = \frac{4 a \cdot b}{2 a + b}$$

となる．

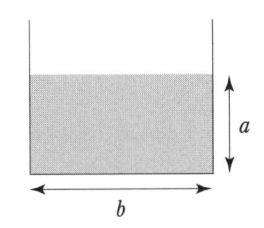

図 2.30 開溝型の流路

● 2章のまとめ

(1) 流体に働く応力：圧力とずり応力（粘度×ずり速度）
(2) 連続の式：流速×断面積＝一定（あるいは，密度×流速×断面積＝一定）
(3) ベルヌーイの式：完全流体（粘度＝0）の定常流れについてのエネルギー保存則（単位密度あたり）

運動エネルギー（動圧）＋圧力エネルギー（静圧）
　　　＋ポテンシャルエネルギー（位置エネルギー）＝一定

$$\frac{1}{2}\bar{u}^2 + \frac{p}{\rho} + \Omega = \text{const.}$$

(4) 円管内の流れ

十分に発達した層流 → ハーゲン・ポアズイユの流れ

$$u(r) = -\frac{1}{4\mu}\frac{dp}{dz}\left(r_0^2 - r^2\right)$$

十分に発達した乱流

$$u(r) = u_{max}\left(\frac{r_0 - r}{r_0}\right)^{1/n} \quad \text{（時間平均速度分布）}$$

レイノルズ数

$$Re = \frac{d\bar{u}\rho}{\mu}$$

層流（$Re < 2100$）と乱流（$Re > 10000$）

(5) 境界層

層流境界層と乱流境界層
境界層，流れの剥離
摩擦抵抗と粘性抵抗

(6) ニュートンの粘性法則：ずり速度とずり応力の間に比例関係があること．
(7) ニュートン流体：ニュートンの粘性法則に従う流体．
(8) 非ニュートン流体：ニュートンの粘性法則に従わない流体．
(9) ファニングの式：直円管の入口，出口の間での圧力損失が求められる．

$$\Delta P = 4f\left(\frac{\rho \cdot \bar{u}^2}{2}\right)\left(\frac{L}{d}\right)$$

※ $\bar{u}$：平均流速．

2章の問題

[2.1] 注射器にはいくつものサイズがある．同じ力を加える場合，注射器の太さが異なると，注射器のピストンの押し込みやすさはどのように変わるか．

[2.2] 大動脈の平均血圧（静圧）が 100 mmHg である人が，立った状態で足先の部分の動脈血圧が 180 mmHg と測定された．足先と心臓との間で 120 cm の高さの差がある．このままでは，足先の方が血圧が高く，心臓から血液が送られないことになる．しかし，実際にはそのようなことにはならない．その理由を説明せよ．ただし，水銀の比重は 13.6 とする．（ヒント：一般的な血圧測定をするときの測定部位を思い出してみよう．）

[2.3] 図 2.31 のような大きな容器の中に液体が入っていて，底の部分にごく小さな孔をあけたときに，その孔から液体が出る流速を表すトリチェリの定理（Torricelli's theorem）$v_B = \sqrt{2 \cdot g \cdot h}$ をベルヌーイの定理から求めよ．（ヒント：水面の下がる速度は非常に遅いため，v_A はゼロと考える．）

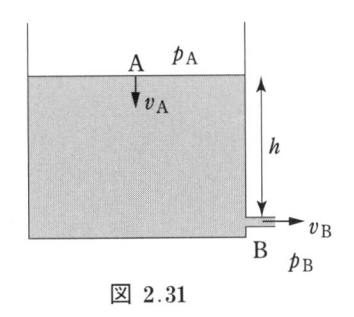

図 2.31

[2.4] 容積 V の浴槽を水で一杯にしたのち，浴槽の底の栓を開けて水を抜いた．すべての水が排出されるまでにかかった時間は T であった．これより，浴槽に体積 v ($0 < v < V$) の水が入っているとき，時間あたりの排水量 $Q(v)$ が

$$Q(v) = 2\frac{\sqrt{V}}{T}\sqrt{v}$$

となることを示せ（問題 2.3 で導いたトリチェリの定理を利用せよ）．ただし，浴槽の断面積は一定とする．

[2.5] 式 (2.5) を導きなさい．

[2.6] 血液が直径数百 μm の血管を流れるとき，赤血球は血管中心に集まり，血管壁近傍には血漿のみの層ができる（軸集中現象）．流れは層流として，このときの血流速度分布について考察せよ．（ヒント：赤血球密度の高い中心部では粘性が高いと考えよ．）

[2.7] 腎臓の機能が悪くなり，血液透析（人工透析）を行う患者が年々増加してい

る（2003年までで日本国内だけでも約24万人いる；4.5節）．血液透析（人工透析）には，ストロー状の中空糸膜が約1万本入っている透析器（ダイアライザー）が用いられる．その中空糸（内径200μm；長さ20cm）の中を血液が流れている．血液の体積流量を200mL min^{-1}，粘度を2cP，密度を1 g cm^{-3}として，レイノルズ数を求め，流動状態を考察せよ．

[2.8] 一様な流れの中（粘性 μ，流速 U_∞）に置かれた平板上で発達する層流境界層について，平板表面から垂直に境界層内部のある位置 y における速度分布 $u(y)$ は，δ を境界層厚さとして，次式でよく近似できる．

$$\frac{u}{U_\infty} = 2\left(\frac{y}{\delta}\right) - \left(\frac{y}{\delta}\right)^2$$

この式を用いて，壁上のずり応力 τ_w を求めよ．

[2.9] 式(2.17)からハーゲン・ポアズイユの式(2.7)を求めよ．ただし，式(2.7)中の $-\mathrm{d}p/\mathrm{d}z$ は，式(2.17)において $|\Delta P|/L$ となることに注意．

[2.10] 図2.32の流路（環状路）の相当直径を求めよ．

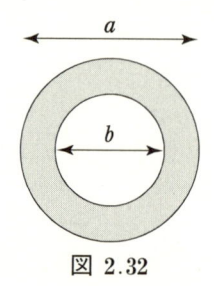

図 2.32

[2.11] 身の回りで粘度の変化を応用した例をあげよ．

● 参考文献

1) Li, J.: Scaling and invariants in cardiovascular biology. In: Scaling Biology (J.H. Brown and G.B. West eds.), Oxford University Press (2000).
2) DeBakey, M.E., Lawrie, G.M. and Glaeser, D.H.: Patterns of atherosclerosis and their surgical significance, *Ann. Surg.*, **201**(2), 115-131 (1985).
3) Ando, J., Ohtsuka, A., Korenaga, R., Kawamura, T. and Kamiya, A.: Wall shear stress rather than shear rate regulates cytoplasmic Ca^{++} responses to flow in vascular endothelial cells, *Biochem. Biophys. Res. Commun.*, **190**(3), 716-723 (1993).
4) Mochizuki, S., Vink, H., Hiramatsu, O., Kajita, T., Shigeto, F., Spaan, J.A.E. and Kajiya, F.: Role of hyaluronic acid glycosaminoglycans in shear-induced endothelium-derived nitric oxide release, *Am. J. Physiol.*, **285**(2), H 722-H 726 (2003).

参考書

1) 伊藤四郎:化学技術者のための流体工学,科学技術社 (1972).
2) 岡 小天:バイオレオロジー,裳華房 (1984).
3) 小川浩平,黒田千秋,吉川史郎:ケミカルエンジニアの流れ学,培風館 (2002).
4) 化学工学会編:化学工学辞典,改訂3版,丸善 (1986).
5) 化学工学会編:化学工学便覧,改訂6版,丸善 (1999).
6) 鳴谷亮一,望月政司,金井 寛編:ME選書12 循環系の力学と計測,コロナ社 (2000).
7) 菅原基晃,松尾裕英,梶谷文彦,北畠 顕編:血流,講談社サイエンティフィク (1985).
8) 柘植秀樹,上ノ山 周,佐藤正之,国眼孝雄,佐藤智司:化学工学の基礎,朝倉書店 (2000).
9) 谷 一郎:流れ学,第3版,岩波全書 (1987).
10) 吉田文武,酒井清孝:化学工学と人工臓器,第2版,共立出版 (1997).
11) Caro, C.G., Pedley, T.J., Schroter, R.C. and Seed, W.A.:The Mechanics of the Circulation, Oxford University Press (1978).
12) Fung, Y.C.:Biomechanics Circulation, 2nd ed., Springer-Verlag (1997).
13) Schlichting, H.:Boundary-Layer Theory, 7th English ed., McGraw-Hill (1979).

3 熱の移動

キーワード　伝導伝熱（熱伝導）　フーリエの法則　自然対流伝熱　強制対流伝熱　ヌッセルト数　プラントル数　熱交換器　対数平均温度差　放射伝熱　相変化を伴う伝熱　凍結保存　凍結手術　体温調節　深部温度

● 3章で学習する目標

　　本章では，熱移動について学ぶ．熱エネルギーの移動は，化学プラントでの物質生成を支える基本的な物理現象であり，さらに環境エネルギーの面でも熱移動の調節は重要な工学的課題である．熱移動は，伝導，対流，放射によるが，それぞれ異なる物理的プロセスを経て起きる現象である．そこで，熱移動の物理的プロセスに関する基本の理解を目標とする．

3.1 熱伝導

a．フーリエの法則

　　熱伝導とは，物体内の温度の高い部分から低い部分へ熱が移動する現象のことである．物体は移動しない状態での熱の移動であるため，熱伝導は物体の微視的な状態，すなわち物体を構成する分子・原子の運動や配列に依存している．熱伝導により移動する熱エネルギーは，単位時間あたりの熱エネルギー移動量としてW（ワット）で表す．いま，棒状の物体が，一定温度（T_1，T_2）に保たれている二つの熱源A，Bの間に挟まれている．棒状の物体を通して熱伝導により熱エネルギーは高い温度T_1の熱源Aから低い温度T_2の熱源Bに移動し，棒状の物体内では温度が一定な分布を保つ．そのとき，移動する熱量Qは，物体の断面積Sと温度差に比例し，物体の厚みdに反比例する．そのときの比例定数λを熱伝導率という．熱伝導率は温度や圧力にも影響を受けて変化する．

3.1 熱伝導

$$Q = S\lambda \frac{T_1 - T_2}{d} \tag{3.1}$$

熱伝導の式を微小な間隔に適用すると，微分形の式になる．

$$dq = \frac{dQ}{S} = -\lambda \frac{dT}{dx} \tag{3.2}$$

このような式で表される伝導伝熱による熱エネルギーの移動はフーリエの法則とよばれる．**フーリエ**（Jean Baptiste Joseph Fourier）（図 3.1）はフランスの数学者で，固体中の熱伝導を研究し，式 (3.2) で示されるような関係を示した．単位面積あたりの熱移動量 dq は熱流束 $[\mathrm{W\,m^{-2}}]$ とよばれるが，熱は温度の高い部分から低い部分に移動するため，温度勾配は負となる．熱流束は正であるため，熱伝導の法則には負の符号がついている．この熱流束はベクトル量で，大きさと方向をもつ物理量である．さらに比例定数 λ は熱伝導率であるが，熱の移動の良し悪しを表す物性値（物性定数，物質によって定まる値（2.6 節））で，$[\mathrm{W\,m^{-1}\,K^{-1}}]$ の次元をもつ．

図 3.1　Jean Baptiste Joseph Fourier (1768–1830)
［庄司正弘：伝熱工学，p.13，東京大学出版会 (1995)］

b．各種物質の熱伝導率

熱伝導では，物質の分子・原子の熱運動や自由電子の伝播によって熱エネルギーが移動する．したがって，伝導伝熱は物質の相状態に依存し，気体，液体，固体（金属，非金属）では熱伝導率が大きく異なる．図 3.2 に各種物質の熱伝導率を示す．分子間距離が大きい気体の熱伝導率は小さいが，原子が規則正しく配列されている金属の熱伝導率は大きく，気体の 1000 倍程度になっている．各種物質の熱伝導率の詳細なデータは，参考文献 5，参考書 1 を参照されたい．

（1）気体における熱伝導　　気体では，分子間距離が大きく，気体分子は互いに分子衝突しながら飛び回っている．高温の分子と低温の分子が衝突

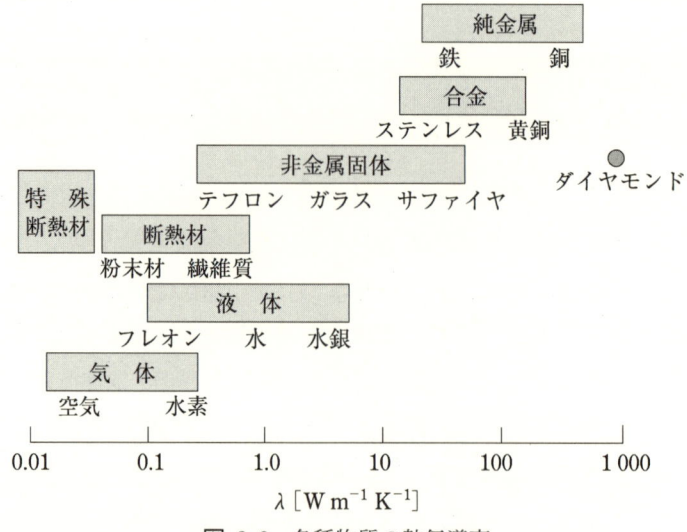

図 3.2 各種物質の熱伝導率
[庄司正弘：伝熱工学，p.4，東京大学出版会 (1995)]

し熱エネルギーを交換すると考えると，乱雑な運動をしている分子全体でのエネルギー交換量が，気体の場合の伝導による熱移動量と解釈することができる．

（2）**液体における熱伝導**　液体では，気体の場合と比較して分子間距離が小さい．しかし，分子間結合力は弱いため，分子は自由に移動できる流動性がある．したがって，液体分子の振動エネルギーが隣の分子に伝わることにより熱が移動する．

（3）**金属固体の熱伝導**　金属固体においては，金属原子（イオン）が自由電子を仲介とする金属結合によって，結晶格子に規則正しく配列している．自由電子は結晶格子内を自由に移動する．金属結晶内の熱移動は，結晶格子の熱振動と自由電子の移動に基づくが，自由電子による熱エネルギーの移動量が多い．さらに自由電子による電荷移動が電流を形成する．自由電子の移動状態は結晶格子の状態に依存している．すなわち，温度の増加とともに自由電子の平均速度も増加するが，格子を形成する金属原子の振動も大きくなり，自由電子の移動が阻害され，熱伝導率は温度の増加とともに低下する．金属に不純物が混入すると結晶格子の規則的な配列が乱れるため，自由電子の動きが阻害され，熱伝導率が低下する．

（4）**非金属固体の熱伝導**　非金属の結晶体では，原子，分子，イオンが結晶格子に規則的に配列しており，熱エネルギーは，その格子を形成している原子などの熱弾性波により伝播する．結晶体内の伝播に際して，波同士の相互干渉による散乱で減衰する．結晶体の熱伝導は高温になるほど熱弾性波の散乱が大きくなり，熱伝導率が低下する．一方，非晶体では，格子構造

3.1 熱伝導

が不規則であるため,熱弾性波が発生できない.そのため,非晶体の熱伝導率は結晶体のそれより小さくなる.

(5) 断熱材の熱伝導 内部に多数の空隙をもつ繊維,多孔質,粉末状の物質は,空隙内の空気のため熱伝導率が小さく,断熱材として利用される.固体と気体という異なる相から形成されている断熱材の熱伝導率は,繊維や多孔質の形状や大きさに依存するため,純粋な物性値ではないため,見かけまたは有効熱伝導率とよばれる.場合によっては空気の代りに熱伝導率の小さいフレオン,炭酸ガスが用いられ,さらには空隙内の空気を脱気した真空状態として利用される場合もある.各種断熱材の熱伝導率の値を図3.3に示す.空隙内の気体の種類あるいは,空隙内が真空かによって,大きく熱伝導率が異なる.

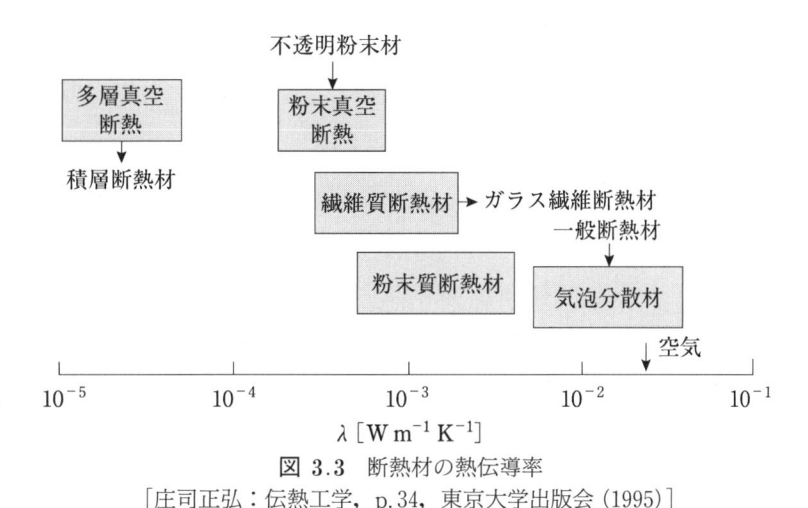

図 3.3 断熱材の熱伝導率
[庄司正弘:伝熱工学, p.34, 東京大学出版会 (1995)]

c. 熱伝導の基礎方程式

物体内で熱エネルギーが熱伝導のみで移動する場合の熱伝導方程式は,保存則を用いて以下のように求めることができる.図3.4に示されるような xyz 直交座標系を取り,微小直方体要素 $\Delta x \Delta y \Delta z$ における熱エネルギー保存を考える.すなわち,微小要素で以下のような保存則が成立する.

[微小要素の熱エネルギーの変化量]
$=$[微小要素への流入量]$-$[微小要素からの流出量]
$+$[生成量]$-$[消滅量] (3.3)

そこで,まず熱伝導による熱エネルギーの流入・流出を考える.x方向の熱の流れを考えると,時間 dt の間に微小要素のA面から流入する熱量はフーリエの法則から以下のように与えられる.

$$(dQ_x)_{in} = -\lambda \frac{\partial T}{\partial x} dy\, dz\, dt \qquad (3.4)$$

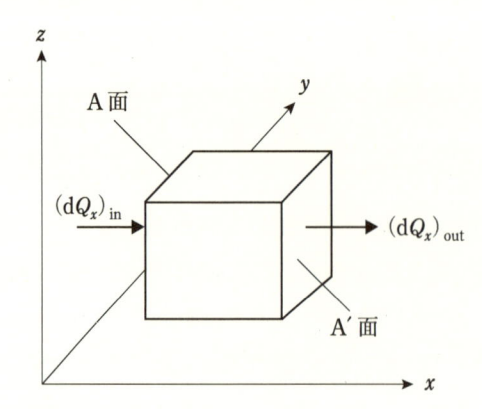

図 3.4 微小要素における熱エネルギーの保存

一方，A 面より x 方向に dx だけ離れた位置にある A′面から流出する熱量は，高次の項を無視したテーラー展開から以下のように求められる．

$$(dQ_x)_{\text{out}} = -\left[\lambda\frac{\partial T}{\partial x} + \frac{\partial}{\partial x}\left(\lambda\frac{\partial T}{\partial x}\right)dx\right]dy\,dz\,dt \tag{3.5}$$

流入量から流出量を引いた増加分は

$$\frac{\partial}{\partial x}\left(\lambda\frac{\partial T}{\partial x}\right)dx\,dy\,dz\,dt \tag{3.6}$$

となる．同様に，y 方向，z 方向における増加分は

$$\frac{\partial}{\partial y}\left(\lambda\frac{\partial T}{\partial y}\right)dx\,dy\,dz\,dt, \qquad \frac{\partial}{\partial z}\left(\lambda\frac{\partial T}{\partial z}\right)dx\,dy\,dz\,dt \tag{3.7}$$

となる．これら 3 方向の増加分の総和が，熱伝導により流入する熱エネルギーの総和となる．一方，微小要素において，単位時間，単位体積あたりの生成(消滅)エネルギー量を H とすると，dt 時間内に生じる熱エネルギーは

$$H\,dx\,dy\,dz\,dt \tag{3.8}$$

微小要素の熱エネルギーの変化量は，内部エネルギーの変化として表せる．

$$\rho c\,dT\,dx\,dy\,dz \tag{3.9}$$

ここで，ρ 及び c は微小要素の物体の密度と比熱である．これらを保存則に当てはめ，両辺の $dx\,dy\,dz\,dt$ を省くと，以下のような熱伝導方程式が得られる．

$$\rho c\frac{\partial T}{\partial t} = \frac{\partial}{\partial x}\left(\lambda\frac{\partial T}{\partial x}\right) + \frac{\partial}{\partial y}\left(\lambda\frac{\partial T}{\partial y}\right) + \frac{\partial}{\partial z}\left(\lambda\frac{\partial T}{\partial z}\right) + H \tag{3.10}$$

熱伝導率が場所によらず一定とすれば

$$\frac{\partial T}{\partial t} = \alpha\left(\frac{\partial^2 T}{\partial x^2} + \frac{\partial^2 T}{\partial y^2} + \frac{\partial^2 T}{\partial z^2}\right) + \frac{H}{\rho c} \tag{3.11}$$

ここで，$\alpha\,[\text{m}^2\,\text{s}^{-1}] = \lambda/\rho c$ は温度伝導率，温度伝導度あるいは熱拡散率といわれる．また，発熱もなく時間的に一定 (定常) であれば定常熱伝導となり，

3.1 熱 伝 導

ラプラス方程式といわれる次式になる．

$$\frac{\partial^2 T}{\partial x^2} + \frac{\partial^2 T}{\partial y^2} + \frac{\partial^2 T}{\partial z^2} = 0 \tag{3.12}$$

【例題 3.1】 厚さ h で，広さが十分に広く，内部に熱源をもたない平板の両側の壁面温度 T_1, T_2 が一定の場合，平板内の温度分布と平板を通る熱量を求めよ．ただし，熱伝導率は一定とする．

[解答] 熱伝導率が一定のとき，熱伝導方程式は式（3.12）より

$$\frac{\partial^2 T}{\partial x^2} = 0 \tag{3.13}$$

境界条件は，$x=0$ で $T=T_1$，$x=h$ で $T=T_2$

式（3.13）の解は直線になり

$$T = C_1 x + C_c$$

境界条件により積分定数が決まり

$$T = \frac{T_2 - T_1}{h} x + T_1 \tag{3.14}$$

単位時間に面積 A の平板を通る x 軸方向の熱量は

$$Q = -\lambda \frac{\partial T}{\partial x} A = \lambda \frac{T_1 - T_2}{h} A \tag{3.15}$$

【例題 3.2】 厚み $2h$ の平板内で内部発熱が生じている．発熱量は単位体積あたり H で与えられる．このときの平板内の温度分布を求めよ．ただし，平板の両端の壁の温度は T_w で一定に保たれているとする．

[解答] 熱伝導方程式は式（3.11）より

$$\frac{d^2 T}{d x^2} + \frac{H}{\lambda} = 0 \tag{3.16}$$

この式の一般解は

$$T = -\left(\frac{H}{2\lambda}\right) x^2 + C_1 x + C_2$$

境界条件を考慮すると，温度分布は以下のようになる．

$$x = \pm h : T = T_\mathrm{w}, \qquad x = 0 : T = T_0$$

$$\frac{(T - T_0)}{(T_\mathrm{w} - T_0)} = \left(\frac{x}{h}\right)^2 \tag{3.17}$$

内部発熱する量と壁から周囲に逃げる熱量が等しい場合は，中心線温度 T_0 は以下のようになる．

$$T_0 = T_\mathrm{w} + \frac{H h^2}{2\lambda} = 0 \tag{3.18}$$

> **低温でやけどするって本当？**
>
> 体内で代謝によって産生された熱エネルギーは，生体組織における熱伝導，血管壁からの対流伝熱，血流によって，別の部位に移動し，生体内の生理的な温度環境をつくり上げている．そのとき，組織の圧迫などにより血流が阻害され，熱伝導だけでは熱エネルギーの移動が十分でなくなり，局部の温度が上昇してしまい，それほど熱くない物に触れていてもやけどになることがある．これを低温やけどという．生体組織を構成しているタンパク質は42℃以上では変成し，細胞が破壊されてやけどになるが，熱くない物に触れてもやけどになるというのは不思議である．とくに組織を圧迫した状態にすると低温やけどになるという．組織を圧迫すると血流が阻害されるので，血液中では酸素分圧が下がり，炭酸ガス分圧が上がる．その結果 pH が下がるが，血液中の赤血球に存在するヘモグロビンは，pH が下がると組織中に酸素を放出しやすくなるので，血流が減少しても酸素が供給され，組織の熱産生が低下しない．結果的に組織の温度は1度程度上昇してしまう．その結果部分的に細胞が破壊され，低温やけどになる．冬に寒いからといって，電気ストーブの傍で転寝したり，あるいは電気カーペットの上に直接寝たりしない方がよい．生体内の温度調節は熱伝導だけでは無理なので．[山田幸生ほか：からだと熱と流れの科学，オーム社 (1998)]

3.2 対流伝熱の基本概念と自然対流伝熱

様々な装置，機器，生体などの固体表面と流体との間の熱移動は流体の対流によって促進される．対流には，密度差の浮力により自然に生じる**自然対流**（natural convection）［または**自由対流**（free convection）］と，送風機やポンプの力により人工的に生じる**強制対流**（forced convection）がある．部屋の暖房を例にとると，ストーブを利用すれば自然対流による熱移動が起こり，ファンヒーターを利用すれば強制対流による熱移動が起こる．本節では，対流伝熱の基本概念と，自然対流による熱伝達のもっとも簡単な場合について解説する．

a. 対流伝熱の基本概念

（1）温度境界層 実在の流体は粘性流体で層流と乱流の状態をとるが，流体が固体壁に沿って流れる場合は，壁面近傍の流体の運動と熱伝導が熱移動に重要な役割を果たす．図3.5のように，流体がそれと温度が異なる壁面に沿って流れるとき，壁面近傍では粘性により流速が急激に変化する領域である速度境界層 (2.5節 b) が生じる．それと同時に，壁面温度の影響により壁面近傍で温度が急激に変化する領域も生じるが，この領域を**温度境界層**（thermal boundary layer）とよぶ．通常，温度境界層の厚さは，速度境界層の厚さとは異なり，速度境界層により影響を受け，また，流れが一定でも流体の熱拡散の速さにより変化する．

3.2 対流伝熱の基本概念と自然対流伝熱

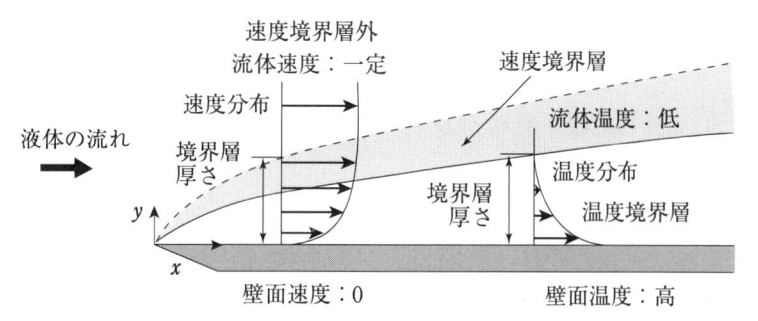

図 3.5 速度境界層と温度境界層

（2） 熱伝達率　流体内，および，流体と壁面間の熱移動は伝導によって行われる．そのため，温度境界層内の熱移動は流れの状態によって決まり，流体と壁面間の熱移動は壁面に接する部分の流体の温度勾配によって決まる．よって，壁面から流体への熱流束 $q_\mathrm{w}\,[\mathrm{W\,m^{-2}}]$ は，フーリエの法則により次式で表される．

$$q_\mathrm{w} = -\lambda \left(\frac{\partial T}{\partial y}\right)_\mathrm{w} \tag{3.19}$$

ここで，λ は流体の熱伝導率，x，y は壁面にそれぞれ水平，垂直な座標，添字 w は壁面に接した位置での値を意味する．

式 (3.19) で，q_w は流れの状態に強く影響されるので，実際に温度勾配を求めることは困難である．そのため，温度勾配の代りに壁面の温度 T_w と温度境界層外の温度 T_∞ との差を用いると好都合であり

$$q_\mathrm{w} = h_x (T_\mathrm{w} - T_\infty) \tag{3.20}$$

と表すことができる．ここで，$h_x\,[\mathrm{W\,m^{-2}\,K^{-1}}]$ は**熱伝達率**（熱伝達係数，伝熱係数，heat-transfer coefficient）とよばれ，流体の物性と流れの状態によって決まる．

一般に，熱流束や温度差は壁面上で一様とは限らないので，熱伝達率も場所により異なる場合が多い．したがって，式 (3.20) の h_x は特定の場所に適用されるので**局所熱伝達率**（local heat-transfer coefficient）とよび，熱流束や温度差が壁面上で一様な場合に伝熱面全体（面積 A）の平均値に適用される**平均熱伝達率**（average heat-transfer coefficient）h_m とは区別して用いる．

$$h_\mathrm{m} = \frac{1}{A}\int_A h_x \, \mathrm{d}A \tag{3.21}$$

（3） 対流伝熱の相似則　対流伝熱にかかわる重要な無次元数について説明しておこう（1.4 節）．

$$\textbf{プラントル数 } Pr: \quad Pr \equiv \frac{\nu}{a} = \frac{c_\mathrm{p}\mu}{\lambda} \tag{3.22}$$

運動量の拡散と熱の拡散の比で，速度境界層と温度境界層の厚みの相対的割合を示す．$Pr=1$ ならば二つの境界層は等しい割合で発達し，$Pr<1$ ならば温度境界層の方が速度境界層よりも厚く発達し，$Pr>1$ ならばその逆となる．

ヌッセルト数 Nu： $$Nu \equiv \frac{hx}{\lambda} \tag{3.23}$$

運動流体の熱伝達による伝熱量と静止流体の伝導による伝熱量の比で，流体と伝熱面間の熱伝達の強さを示している．式中，x は代表長さである．

グラスホフ数 Gr： $$Gr \equiv \frac{g\beta(T_\mathrm{w}-T_\infty)x^3}{\nu^2} \tag{3.24}$$

浮力と粘性力の比で自然対流の駆動力を表し，レイノルズ数と同様に層流境界層から乱流境界層への遷移限界を与える．式中，x は代表長さ，β は体膨張係数，T_w は物体の壁面温度，T_∞ は温度境界層外の流体温度である．

b．自 然 対 流

自然対流は，流体の加熱または冷却に伴う密度変化に起因する現象である．たとえば，静止流体中に高温物体を置くと，物体近くの流体が温められて遠方の流体より密度が減少する．すると，浮力（**アルキメデス（Archimedes）の原理**）により上昇する流れが生じるが，これが自然対流である（図 3.6(a)）．浮力は，流体が重力場や遠心力場などの**外力場**（external force field）に置かれたときに生じる．また，水平流体層中で上面冷却・下面加熱されたときにも生じることがある（図 3.6(b)）．

（1） 鉛直平板の自然対流伝熱　　自然対流において数学的取扱いがもっとも簡単な，加熱された鉛直平板の自然対流伝熱について解析してみよう．図 3.7 に示すように，鉛直平板が熱せられると自然対流境界層が形成される．流体速度は，壁面上ではゼロであるが，境界層内の壁面から少し離れた部位で最大値を取り，境界層の外側は流体が静止しているためゼロとなる．

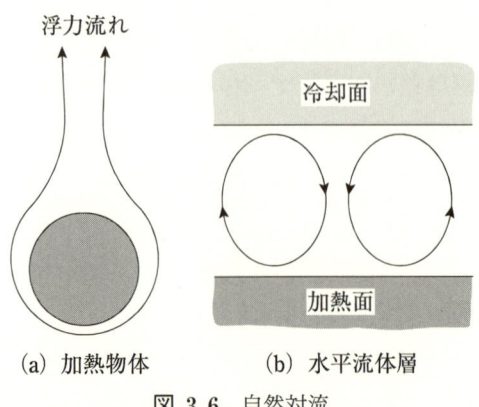

図 3.6　自然対流

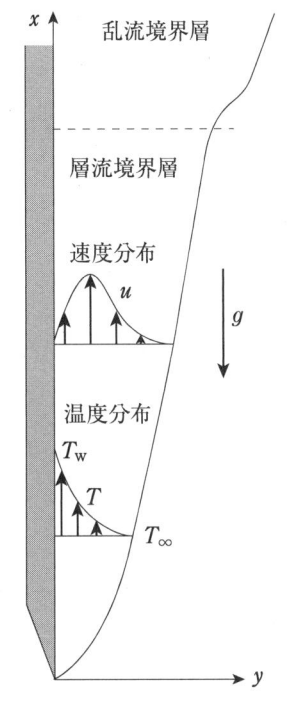

3.2 対流伝熱の基本概念と自然対流伝熱

図 3.7 熱せられた鉛直平板の自然対流

流れの状態は，最初に層流境界層が発達し，前縁よりある距離を経ると乱流境界層への遷移が起こる．その条件は，流体の物性値と，壁面・周囲流体間の温度差による．その後，流れは完全に発達した乱流境界層となる．

まず，自然対流の流動と熱伝達を支配する方程式を求める．平板方向に x 軸，それと垂直方向に y 軸を取り，それぞれの速度を u, v とおく．流体密度を ρ とすると，$-x$ 方向に ρg の大きさの重力が作用する．連続式は，

$$\frac{\partial u}{\partial x} + \frac{\partial v}{\partial y} = 0 \tag{3.25}$$

となる．x 方向の外力の和が微少領域 $dx \times dy$ を通り抜ける運動量流束に等しいとおくと，次の境界層の運動量方程式を得る．

$$\rho\left(u\frac{\partial u}{\partial x} + v\frac{\partial u}{\partial y}\right) = -\frac{\partial p}{\partial x} - \rho g + \mu\frac{\partial^2 u}{\partial y^2} \tag{3.26}$$

x 方向の圧力勾配は高さの変化により生ずるので，距離 dx 分の圧力変化は流体要素単位体積の重さに等しいから

$$\frac{\partial p}{\partial x} = -\rho_\infty g \tag{3.27}$$

となる．式 (3.27) を式 (3.26) に代入すると，

$$\rho\left(u\frac{\partial u}{\partial x} + v\frac{\partial u}{\partial y}\right) = g(\rho_\infty - \rho) + \mu\frac{\partial^2 u}{\partial y^2} \tag{3.28}$$

となる．密度変化 $(\rho_\infty - \rho)$ は，体膨張係数 β を用いて次式で表される．

$$\beta = \frac{1}{V}\left(\frac{\partial V}{\partial T}\right)_p = \frac{1}{V_\infty}\frac{V - V_\infty}{T - T_\infty} = \frac{\rho_\infty - \rho}{\rho(T - T_\infty)} \tag{3.29}$$

粘度 μ を動粘度 $\nu (= \mu/\rho)$ に置き換えて，境界層の運動量の式を得る．

$$u\frac{\partial u}{\partial x} + v\frac{\partial u}{\partial y} = g\beta(T - T_\infty) + \nu\frac{\partial^2 u}{\partial y^2} \tag{3.30}$$

速度分布を得るためには，温度分布を知る必要がある．そこで出入りのエネルギー保存からエネルギーの式を導くと，次式を得る（温度伝導率 $a = \lambda/\rho c_p$）．

$$u\frac{\partial T}{\partial x} + v\frac{\partial T}{\partial y} = a\frac{\partial^2 T}{\partial y^2} \tag{3.31}$$

（2） プロフィル法による解析　境界層の微分方程式を厳密に解いて，速度分布や温度分布を得ることは極めて難しい．そこで，近似解を求めるためにプロフィル法（積分法）を用いる．この場合，温度が浮力項を介して運動量の式に直接影響するため，エネルギーの式と連立させる必要がある．

式（3.30）の両辺を 0 から δ まで積分し，連続式と質量保存の関係を用いると，運動量の積分方程式は次式のようになる．

$$\frac{\mathrm{d}}{\mathrm{d}x}\int_0^\delta u^2\,\mathrm{d}y = g\beta \int_0^\delta (T-T_\infty)\,\mathrm{d}y + \nu\left(\frac{\partial u}{\partial y}\right)_{y=0} \tag{3.32}$$

同様にエネルギー積分方程式は次式のようになる．

$$\frac{\mathrm{d}}{\mathrm{d}x}\int_0^\delta (T_\infty - T)u\,\mathrm{d}y = a\left(\frac{\partial T}{\partial y}\right)_{y=0} \tag{3.33}$$

これらの解を得るために，速度分布と温度分布の関数型として，y についてそれぞれ三次および二次曲線を適用する．

$$\text{速度分布：} \frac{u}{u_x} = \frac{y}{\delta}\left(1-\frac{y}{\delta}\right)^2 \tag{3.34}$$

ただし，$y=0$，δ のとき $u=0$（u_x：任意の x 断面における代表流速）である．

$$\text{温度分布：} \frac{T-T_\infty}{T_\mathrm{w}-T_\infty} = \left(1-\frac{y}{\delta_\mathrm{T}}\right)^2 \tag{3.35}$$

ただし，$y=0$ のとき $T=T_\mathrm{w}$，$y=\delta_\mathrm{T}$ のとき $T=T_\infty$ である．

一般に，自然対流では速度境界層の厚さは温度境界層の厚さよりも大きいが，簡単のため両境界層の厚さは等しい（$\delta_\mathrm{T}=\delta$）と近似する．式（3.34）と式（3.35）を式（3.22）と式（3.23）に代入し，積分を遂行すると次式を得る．

$$\frac{1}{105}\frac{\mathrm{d}}{\mathrm{d}x}(u_x^2 \delta) = -\nu\frac{u_x}{\delta} + \frac{1}{3}g\beta(T_\mathrm{w}-T_\infty)\delta \tag{3.36}$$

$$\frac{1}{30}\frac{\mathrm{d}}{\mathrm{d}x}(u_x \delta) = \frac{2a}{\delta} \tag{3.37}$$

ただし，u_x と δ_T を次式のような x のべき関数で表されると仮定する．

$$u_x = C_1 x^m \tag{3.38}$$

$$\delta_\mathrm{T} = C_2 x^n \tag{3.39}$$

これらを式（3.36）と式（3.37）に代入すると次式を得る．

$$\frac{2m+n}{105}C_1^2 C_2 x^{2m+n-1} = -\frac{C_1}{C_2}\nu x^{m-n} + g\beta(T_\mathrm{w}-T_\infty)\frac{C_2}{3}x^n \tag{3.40}$$

$$\frac{m+n}{30}C_1 C_2 x^{m+n-1} = \frac{2a}{C_2}x^{-n} \tag{3.41}$$

3.2 対流伝熱の基本概念と自然対流伝熱　　　　　　　　　　　　　　　　　　　61

任意の x で式 (3.40) と式 (3.41) を成立させるために，各式両辺の x のべき数を揃えると，$m=1/2$, $n=1/4$ と求まる．これらの値をもとに C_1, C_2 を求めて式 (3.38)，式 (3.39) に代入し，プラントル数 Pr とグラスホフ数 Gr_x を用いて整理すると，u_x と δ_T は

$$\frac{u_x x}{\nu} = 5.17\left(1+\frac{20/21}{Pr}\right)^{-1/2}\left(\frac{Gr_x}{Pr}\right)^{1/2} \quad (3.42)$$

$$\frac{\delta_T}{x} = 3.93\left(1+\frac{20/21}{Pr}\right)^{1/4}(Pr\, Gr_x)^{-1/4} \quad (3.43)$$

となる．局所熱伝達率は式 (3.19)，式 (3.20) より

$$h_x = \frac{-\lambda (\partial T/\partial y)_w}{T_w - T_\infty} \quad (3.44)$$

となるから，式 (3.35) を代入し，式 (3.43) を用いて整理すると

$$h_x = \lambda \frac{2}{\delta_T} = \frac{2\lambda}{3.93\, x}\left(1+\frac{0.952}{Pr}\right)^{-1/4}(Pr\, Gr_x)^{1/4} \quad (3.45)$$

となる．局所ヌッセルト数を求めると次のようになる．

$$Nu_x = \frac{h_x x}{\lambda} = 0.509\left(1+\frac{0.952}{Pr}\right)^{-1/4}(Pr\, Gr_x)^{1/4} \quad (3.46)$$

ところで，実際の計算で粘度や熱伝導率などの物性値で温度依存性を示す場合は，境界層温度 $T_f=(T_w+T_\infty)/2$ で評価する．体膨張係数 β は，液体では境界層温度の密度 ρ_f を用いて $\beta=(\rho_\infty-\rho_f)/\{\rho_f(T_f-T_\infty)\}$ となり，空気などの気体では理想気体の状態式より $\beta=1/T_\infty$ となる（T_∞：周囲流体の絶対温度）．

【例題 3.3】　自然対流の場合，下の実験式で与えられる臨界グラスホフ数 Gr_c より Gr_x が大きくなると層流から乱流へ遷移する．373K の温度に保たれた鉛直平板が 300K の空気に接して自然対流が発生している場合，下端から 10cm の部位の流れは層流か乱流か答えよ．また，局所熱伝達率はいくらか．

$$Gr_c = 2.1 \times 10^9 Pr^{-3/5} \quad (3.47)$$

ただし，空気の粘度 $\mu=2.2\times 10^{-5}\,\mathrm{Pa\,s}$, 熱伝導率 $\lambda=2.6\times 10^{-2}\,\mathrm{J\,m^{-1}\,s^{-1}\,K^{-1}}$, 体膨張係数 $\beta=3.0\times 10^{-3}\,\mathrm{K^{-1}}$, 密度 $\rho=1.2\,\mathrm{kg\,m^{-3}}$, 定圧比熱 $c_p=1.0\times 10^3\,\mathrm{J\,kg^{-1}\,K^{-1}}$ とする．

[解答]　式 (3.22) より $Pr=0.85$ となるから

$$Gr_c = 2.1\times 10^9 \times 0.85^{-3/5} = 2.3\times 10^9$$

式 (3.24) より

$$Gr_x = 9.8\times 3.0\times 10^{-3}\times (373-300)\times 0.1^3/(1.6\times 10^{-5})^2 = 4.6\times 10^6$$

よって，$Gr_x < Gr_c$ だから層流である．

次に，式 (3.45) に必要な数値を代入し熱伝達率を求めると
$$h_x = 4.9\,\mathrm{J\,m^{-2}\,s^{-1}\,K^{-1}}$$

海洋における自然対流

　海洋も自然対流現象と密接にかかわっている．海洋の平均水深は約 4000 m であるが，太陽光が届く水深約 100 m までの表層部では，波による強制対流と昼夜の温度差による自然対流で海水が撹拌される．それに対し，光が届かない水深約 1000 m までの中層部では，表層部のような対流は起こらず，深度増加に伴い急激に温度が低下して密度も増加する．これを密度躍層とよぶ．

　海水は約 3% の塩分を含むので，約 2℃ で密度最大となる．冷たい海水は重いので中層部より深い深層部に沈み込むが，いったん沈み込むと上昇しにくい．そのため，ほとんど撹拌が起こらず，1 年を通して海水温度は低く保たれる．深層部では，海草や植物性プランクトンによる光合成が行われず，植物の生育に必要な無機栄養塩がそのまま残るので，ここの水は海洋深層水として近年脚光を浴びている．

　ただし，冬季になって大気温度が非常に低くなると，冷却された表層部の海水が沈んでゆき，深層部の一部の比較的温かい海水が上昇してくるので，自然対流による撹拌が起こる．しかし，たとえ表層部が凍結しても重い海水は中・深層部に残るので，生物は越冬できる．

3.3　強制対流伝熱

　前節で触れたとおり，送風機やポンプなどで強制的に液体や気体などの流体を流して熱を伝達するのが強制対流伝熱である．流体の強制的な運動を利用すると，熱伝導よりもはるかに多量の熱を速やかに移動させることが可能となる．そのため，熱交換器，蒸発缶，凝縮器などの装置に広く応用されている．本節では強制対流伝熱の基礎と，その応用として，工業的に非常に重要な熱交換器について述べる．

a．強制対流熱伝達

　流体の運動が熱伝達に及ぼす影響は，物体が流体に囲まれている外部流の場合と流体が物体に囲まれている内部流の場合で異なる．外部流では壁面上での速度や温度境界層の発達に制約を受けないが，内部流では壁に囲まれているために制約を受ける．そこで，強制対流における前者の例として平板の熱伝達，後者の例として円管内の熱伝達を取りあげる．

　（1）平板強制対流伝熱　流体の流れに平行に加熱された平板を置いた場合の流体と平板壁との間の熱伝達を考えてみよう．

　平板壁近傍には速度境界層と温度境界層が形成される．定常二次元で物性値一定の条件における基礎微分方程式は次のようになる．

3.3 強制対流伝熱

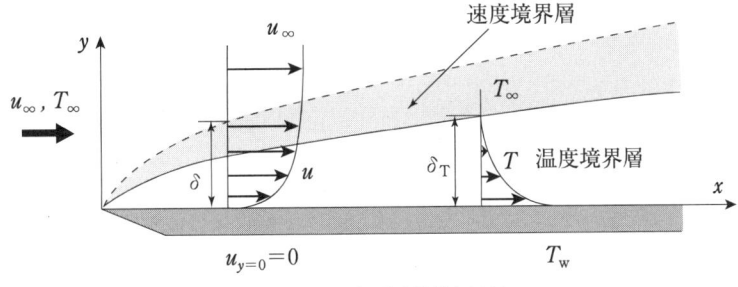

図 3.8 平板強制対流伝熱

連続式：
$$\frac{\partial u}{\partial x}+\frac{\partial u}{\partial y}=0 \tag{3.48}$$

運動量の式：
$$u\frac{\partial u}{\partial x}+v\frac{\partial u}{\partial y}=\nu\frac{\partial^2 u}{\partial y^2} \tag{3.49}$$

エネルギーの式：
$$u\frac{\partial T}{\partial x}+v\frac{\partial T}{\partial y}=a\frac{\partial^2 T}{\partial y^2} \tag{3.50}$$

自然対流の場合と同様に，境界層内の温度分布をプロフィル法により近似的に求めるために，運動量とエネルギーの積分方程式を導くと次式が得られる．

運動量の式：
$$\frac{d}{dx}\int_0^\delta (u_\infty-u)u\,dy+\left(\frac{du_\infty}{dx}\right)\int_0^\delta (u_\infty-u)\,dy=\nu\left(\frac{\partial u}{\partial y}\right)_{y=0} \tag{3.51}$$

エネルギーの式：
$$\frac{d}{dx}\int_0^\delta (T-T_\infty)u\,dy=-a\left(\frac{\partial T}{\partial y}\right)_{y=0} \tag{3.52}$$

式 (3.51) から速度境界層厚さ δ を求める．境界条件は（速度境界層外の主流速度 $u_\infty=$ 一定として）

$$y=0 \text{ で } u=0,\ \frac{\partial^2 u}{\partial y^2}=0\,;\quad y=\delta \text{ で } u=u_x,\ \frac{\partial u}{\partial y}=0 \tag{3.53}$$

これらの条件で速度分布を壁面からの距離 y の三次式で近似すれば

$$\frac{u}{u_\infty}=\frac{3}{2}\left(\frac{y}{\delta}\right)-\frac{1}{2}\left(\frac{y}{\delta}\right)^3,\qquad 0\le y\le\delta \tag{3.54}$$

となる．これを式 (3.51) に代入し積分すれば最終的に次式が求まる（ただし，局所レイノルズ数 $Re_x=u_\infty x/\nu$）．

$$\frac{\delta}{x}=\sqrt{\frac{280}{13}\cdot\frac{\nu}{u_\infty x}}\cong 4.64\,Re_x^{-1/2} \tag{3.55}$$

式 (3.52) から温度境界層厚さ δ_T を求める．境界条件は

$$y=0 \text{ で } T=T_w,\ \frac{\partial^2 T}{\partial y^2}=0\,;\quad y=\delta_T \text{ で } T=T_\infty,\ \frac{\partial T}{\partial y}=0 \tag{3.56}$$

これらの条件で温度分布を y の三次式で近似すれば

$$\frac{T-T_\infty}{T_w-T_\infty}=1-\frac{3}{2}\left(\frac{y}{\delta_T}\right)+\frac{1}{2}\left(\frac{y}{\delta_T}\right)^3, \quad 0\leq y \leq \delta_T \tag{3.57}$$

となる．式(3.54)と式(3.57)を式(3.52)に代入して積分すれば次式が得られる．

$$u_\infty \frac{d}{dx}\left[\delta\left(\frac{3}{20}\xi^2-\frac{3}{280}\xi^4\right)\right]=\frac{3}{2}\frac{a}{\delta_s} \tag{3.58}$$

ここで，$\xi=\delta_T/\delta$（両境界層厚さの比）である．いま，$\xi<1$ と仮定すると，上式左辺の ξ^4 の項が無視できるので，上式の δ に式(3.55)を代入して積分すれば

$$\xi=\frac{\delta_T}{\delta}=\sqrt[3]{\frac{13}{14}}Pr^{-1/3} \tag{3.59}$$

となる．この式に式(3.55)を代入すると，δ_T が以下のように求まる．

$$\frac{\delta_T}{x}=4.53\cdot Re_x^{-1/2}\cdot Pr^{-1/3} \tag{3.60}$$

平板上の位置 x における局所熱伝達率 h_x は，式(3.19)と式(3.20)より

$$h_x=\frac{-\lambda(\partial T/\partial y)_w}{T_w-T_\infty}=\frac{3}{2}\frac{\lambda}{\delta_T} \tag{3.61}$$

式(3.60)と式(3.61)より δ_T を消去して局所ヌッセルト数 Nu_x で表現すると

$$Nu_x=\frac{h_x x}{\lambda}=0.331\cdot Re_x^{1/2}\cdot Pr^{1/3} \tag{3.62}$$

となる（問題3.3参照）．局所熱伝達率が $x^{-1/2}$ に比例していることがわかる．実用上は平板全体の平均熱伝達率 h_m の方が重要な場合が多いので，区間 0〜x の平均を求めると

$$h_m=\frac{1}{x}\int_0^x h_x dx=2h_x \tag{3.63}$$

となる．平均ヌッセルト数 Nu_m は次式で与えられる．

$$Nu_m=\frac{h_m x}{\lambda}=0.662\cdot Re_x^{1/2}\cdot Pr^{1/3} \tag{3.64}$$

（2）円管内強制対流伝熱　円管内に流体を流して管壁の任意の部位を一様な熱流束で加熱した場合の管壁と流体との間の熱伝達を考えてみよう．円管内の流れが十分発達した層流であるとするとハーゲン・ポアズイユ(Hagen-Poiseuille)流れ(2.4節d)となり，速度分布は放物線状となる．

$$\frac{u}{u_m}=2\left[1-\left(\frac{r}{r_0}\right)^2\right] \tag{3.65}$$

3.3 強制対流伝熱

ただし，u_m は平均流速，r_0 は円管半径である．加熱開始点から下流に進むにつれて温度境界層が発達し，ついには管中心まで達する．これを**温度助走区間**（thermal entrance region）という．それ以降は温度分布が相似形に保たれ，これを温度分布が**十分に発達した流れ**（fully-developed flow）（2.4節d）という．

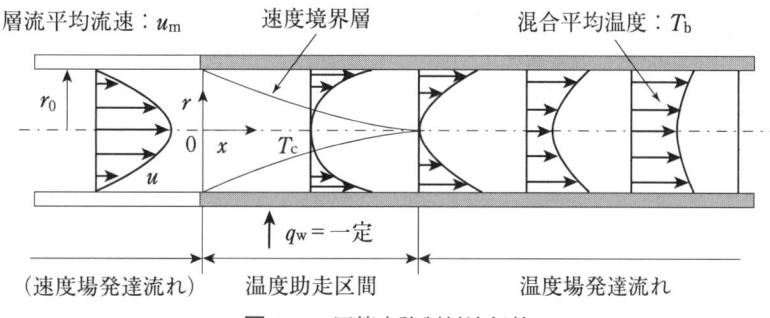

図 3.9 円管内強制対流伝熱

流体の物性値と速度分布は一定，軸対称，定常状態にあるとし，半径 r の円管微小領域に関するエネルギーのつり合いを考える．すると，エネルギーの式は次のように表すことができる．

$$u\frac{\partial T}{\partial x}=a\left(\frac{\partial^2 T}{\partial r^2}+\frac{1}{r}\frac{\partial T}{\partial r}\right)=a\frac{1}{r}\frac{\partial}{\partial r}\left(r\frac{\partial T}{\partial r}\right) \tag{3.66}$$

この式を解くために速度分布の式（3.65）を代入する．

$$\frac{\partial}{\partial r}\left(r\frac{\partial T}{\partial r}\right)=\frac{2u_m}{a}\frac{\partial T}{\partial x}\left[1-\left(\frac{r}{r_0}\right)^2\right]r \tag{3.67}$$

変数分離法により積分すると次の式を得る（C_1, C_2 は積分定数）．

$$T=\frac{1}{a}\frac{\partial T}{\partial x}2u_m\left(\frac{r^2}{4}-\frac{r^4}{16\,r_0^2}\right)=C_1\ln r+C_2 \tag{3.68}$$

熱流束一定の条件より境界条件は

$$\partial T/\partial x=\text{一定}; \quad r=0 \text{ で } \partial T/\partial r=0,\ T=T_c\text{（管中心温度）} \tag{3.69}$$

となるので，$C_1=0, C_2=T_c$ となり，次の式を得る．

$$T=\frac{1}{a}\frac{\partial T}{\partial x}2u_m\left(\frac{r^2}{4}-\frac{r^4}{16\,r_0^2}\right)+T_c \tag{3.70}$$

管内流では平板の場合のように主流が存在しないため，流体温度が流れの進行につれて変化する．そのため管内流の局所熱伝達率 h_x は，基準温度として管路断面内で流体を完全に混合したときの温度である混合平均温度 T_b を用いて次式で定義される．

$$q_w=h_x(T_w-T_b) \tag{3.71}$$

b. 熱交換器

熱交換器は，ある高温流体から別の低温流体へ効率的に熱を移動させるための装置であり，本章の伝導伝熱と強制対流伝熱の問題を組み合わせたものでもある．熱交換器の機能的な形式として，管や平板の仕切を介して二流体間の熱交換を行う隔壁式，蓄熱材の熱容量により二流体を交互に周期的に吸熱・放熱を繰り返して熱交換を行う蓄熱式，互いに溶け合わない二流体の直接接触により熱交換を行う直接接触式，の三種類があげられる．ここでは，もっとも広く用いられている隔壁式熱交換器に関する事項について説明しよう．

（1）並流・向流・直交流 図 3.10 に示すように，熱交換器は高温 T_1 と低温 T_2 の二流体の流れ方によって三形式に分けられる．

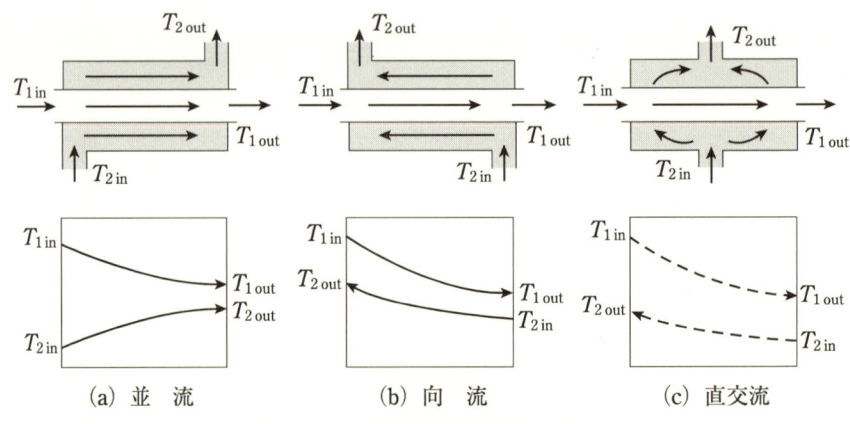

図 3.10 隔壁式熱交換器と流れ形式

・**並 流**（parallel flow）：二流体が同じ方向に並行して流れる形式である（図 3.10(a)）．二流体の温度差は入口から出口に向かって小さくなり，低温側の流体温度は高温側の流体温度より常に低くなる．このことから，温度に上限（下限）のある物質の加熱（冷却）に向いている．

・**向 流**（counter flow）：二流体が反対方向に流れる形式である（図 3.10(b)）．高温側流体の温度が低くなる出口側において低温側流体は入口側でさらに低温であり，低温側流体の温度が高くなる出口側において高温側流体は入口側でさらに高温となる．このように，二流体は常にある程度の温度差をもつことから，熱交換の効率が三方式の中で一番高い．

・**直交流**（十字流）（cross flow）：二流体が直交して流れる形式である（図 3.10(c)）．熱交換時に流体を流路内で混合するか否かで構造が分かれる．両流体とも自由に混合する場合は出口の温度分布は比較的一様に近いが，そうでない場合は出口の温度分布が一様にならない．そのため，設計上で流路の配置が難しい場合に限って用いられる．

（2）温度効率

熱交換器の性能を表す指標として温度効率（熱交換効率，平均温度差補正係数）が用いられる．温度効率は高温流体側 ϕ_h の場合と低温流体側 ϕ_c の場合がある．伝熱面積を無限大にすれば，温度効率は並流では 0.5，向流では 1 に近づく．

$$\phi_h = \frac{T_{hin} - T_{hout}}{T_{hin} - T_{cin}}, \qquad \phi_c = \frac{T_{cout} - T_{cin}}{T_{hin} - T_{cin}} \tag{3.72}$$

（3）平均温度差

熱交換中に流体の温度差が変化する熱交換器においては，平均温度差を使用する必要がある．定常状態にあっても装置内の位置によって流体温度が変わるため，温度差は位置によって変化する．同様の理由で総括伝熱係数も場所によって変化するため，平均総括伝熱係数 U_m を使うと，単位時間あたりの熱移動量 Q は

$$Q = U_m A \Delta T_{lm} \tag{3.73}$$

となる．このときの ΔT_{lm} が対数平均温度差である．もっとも単純な構造の二重管式熱交換器（両端 a, b）について解析すると，並流でも向流でも同様に次の式となる．

$$\Delta T_{lm} = \frac{\Delta T_a - \Delta T_b}{\ln(\Delta T_a / \Delta T_b)} \tag{3.74}$$

【例題 3.4】 手術の際に，向流型熱交換器を用いて 37.0°C の血液を質量流量 5.0 kg min^{-1} で体外に取り出して 30.0°C の水で冷却したい．熱交換器の出口において血液温度が 32.0°C，水の温度が 34.0°C のとき，血液の温度効率，単位時間あたりの熱移動量，冷却水の流量を求めよ．ただし，血液と水の比熱を 4.2 kJ kg^{-1} K^{-1} とする．

［解答］ 血液は高温側なので式（3.72）より温度効率は以下のようになる．

$$\phi_B = \frac{37.0[°C] - 32.0[°C]}{37.0[°C] - 30.0[°C]} = 0.71$$

単位時間あたりの熱移動量 Q は，比熱 c，質量流量 M，熱交換器の出入口温度差 ΔT とすると，$Q = Mc\Delta T$ となるので，1 秒あたりに換算すると血液の熱交換量は，

$$Q = \frac{5.0[\text{kg min}^{-1}] \times 4.2[\text{kJ kg}^{-1} \text{K}^{-1}] \times 5.0[°C]}{60[\text{s}]} = 1.8 \text{ kW}$$

熱移動量が等しいと考えて，冷却水については

$$Q = \frac{M_w[\text{kg min}^{-1}] \times 4.2[\text{kJ kg}^{-1} \text{K}^{-1}] \times 4.0[°C]}{60[\text{s}]} = 1.8 \text{ kW}$$

よって

$$M_w = 6.3 \text{ kg min}^{-1}$$

> **医療で活躍する熱交換器**
>
> 　心臓手術において心肺機能を停止させる際に，血液を体外にポンプで取り出して人工肺でガス交換し体内に戻す作業（体外循環）が必要となる．それと同時に，手術中は患者の代謝を抑えるために体温を 32～34°C に保ち，終了間際には元の体温に戻す必要がある．このことから，人工肺には血液を加温・冷却して温度管理するために熱交換器が内蔵されている．熱交換器には様々な形式があるが，多くのものはステンレス管の内部または外側に血液を流し（3～5 L min^{-1}），その反対側に温度制御された水を向流または直交流で流す（10～15 L min^{-1}）構造となっている．人工肺というとガス交換ばかりに目を奪われがちだが，熱交換器は患者の生命維持にとって不可欠な，縁の下の力持ち的存在である．

3.4 放射伝熱

　熱放射は，各物体の絶対温度がゼロでない限り放出される電磁波により，媒体を介さずに空間を直接移動する．このことは，媒体を介して熱移動する伝導や対流と根本的に異なる．身の回りでも，ストーブ，赤外線電気ヒーター，太陽熱温水装置などに応用されている．本節では**熱放射**（thermal radiation）の基礎事項について述べる．

a. 熱放射の種類

　すべての物質は内部エネルギーを放射エネルギーである電磁波の形で放出する性質がある．電磁波の形での放射（ふく射）は，波長の違いにより，短い波長の宇宙線（<10^{-8} μm）から長い波長の放送波（10^6 μm<）まで多くの種類がある．熱放射線もその中に属しており，波長範囲は約 0.1～100 μm である．それに対し，可視光線の波長範囲は 0.38～0.78 μm であることから，大部分が赤外線の波長範囲に属することがわかる．放射の真空中の伝播速度はどれも一定で光速 c に等しい（$c=\lambda\nu=3\times10^8$ m s^{-1}）．

b. 黒体放射

　入射するあらゆる熱放射線をすべて吸収する仮想の物体を**黒体**（black body）といい，この放射を**黒体放射**（black-body radiation）という．熱放射は不連続な量子の形で伝播するので，それぞれの量子のもつエネルギーの大きさは $E=h_c\nu$ となる．ここで，h_c は**プランク（Planck）定数**（$h_c=6.626\times10^{-34}$ J s）である．温度 T の黒体から単位面積・単位波長あたりに放射されるエネルギー（単色射出能）$E_{b\lambda}$ は，プランクの法則により次式で与えられる．

$$E_{b\lambda}=\frac{C_1\lambda^{-5}}{\exp(C_2/\lambda T)-1} \tag{3.75}$$

ここで，λ は波長 [μm]，T は絶対温度 [K]，k はボルツマン定数 1.381×10^{-23} J K^{-1}，$C_1=2\pi c^2 h_c=3.7400\times10^8$ W μm^4 m^{-2}，$C_2=ch_c/k=1.4387\times10^4$

3.4 放射伝熱

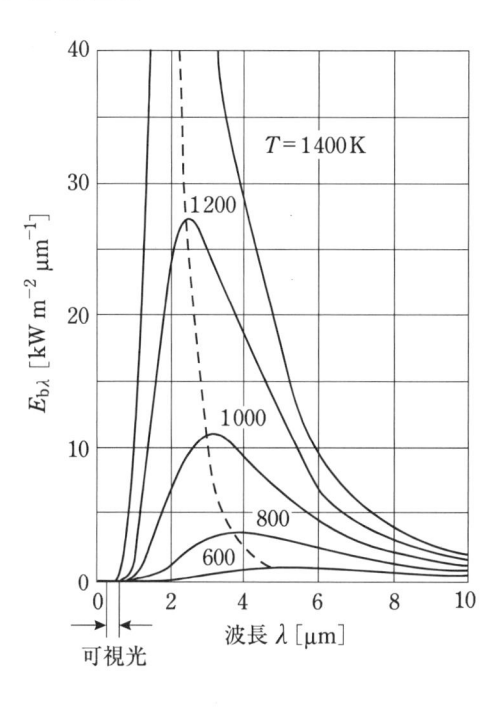

図 3.11 黒体の単色射出能

μm K である．

図 3.11 は $E_{b\lambda}$ を温度と波長の関数としてプロットしたもので，温度が高くなるにつれて，$E_{b\lambda}$ の最大値をとる波長が短くなる．この放射曲線の最大値を λ_{max} とすると，次式の**ウィーンの変位則**（Wien's displacement law）が成り立つ．

$$\lambda_{max} T = 2897.6 \text{ μm K} \tag{3.76}$$

さて，単色射出能をすべての波長にわたって積分すると，黒体から単位時間・単位面積あたり射出される全エネルギー，すなわち，**黒体の全射出能**（emissive power）E_b の関係式が得られる．

$$E_b = \int_0^\infty E_{b\lambda} d\lambda = \frac{\pi^4}{15} \frac{C_1}{C_2^4} T^4 \tag{3.77}$$

ここで，$\sigma = (\pi^4 C_1 / 15 C_2)$ とおくと，次式が得られる．

$$E_b = \sigma T^4 \tag{3.78}$$

この関係式を**ステファン・ボルツマンの法則**といい，放射エネルギーが絶対温度だけで決まり，絶対温度の4乗に比例することを示している．比例定数 σ は**ステファン・ボルツマン定数**で，$\sigma = 5.669 \times 10^{-8} \text{ W m}^{-2} \text{ K}^{-4}$ である．

c．放射の諸性質

（1）反射・吸収・透過　一般に，物体表面に熱放射線が入射すると，放射エネルギーの一部は反射し，一部は内部で吸収され，残りは透過する．また，物体表面でいったん吸収されたものは再び物体外に放射される．物体に吸収された放射エネルギーは別の形のエネルギーに変換されるが，そうで

ない場合は熱エネルギーに変換される．

　全入射エネルギーに対する各放射エネルギーの割合を**反射率** ρ (reflectivity)，**吸収率** α (absorptivity)，**透過率** τ (transmissivity) を定義する．また，波長が λ（$\lambda \sim \lambda + \Delta\lambda$ の範囲）の入射エネルギーの場合も，添え字 λ を用いて同様に定義する．このとき次式が成立する．

$$\rho + \alpha + \tau = 1, \qquad \rho_\lambda + \alpha_\lambda + \tau_\lambda = 1 \tag{3.79}$$

反射率，吸収率，透過率の割合は物体の性質に依存する．たとえば，多くの固体では熱放射を透過しないために透過率がゼロと見なせる場合が多く，$\rho + \alpha = 1$ となる．黒体面ではすべてが吸収されるので，$\alpha = 1$ となる．また，実際には完全な透過物質は存在せず，必ず一部は吸収される．

　反射には，入反射角が等しい**規則反射**（regular reflection）と，各方向に一様に分散する**乱反射**（diffuse reflection）がある．一般的に，高度な研磨面（鏡面）は規則反射的で粗い面は乱反射的といえるが，実在面は完全に規則反射的でも乱反射的でもない．たとえば，実際の鏡の面では，可視光線に対しては十分な規則反射性を示すが，熱放射線の全波長域では必ずしもそのようにならない．

（2）**放射率**　周囲が完全黒体でできた閉曲面を考える．この黒体面に入射する放射エネルギーはすべて吸収される．一方，この黒体面もステファン・ボルツマンの法則に従って熱放射線を射出する．空間内のある場所に達した放射熱流束を $q_1 \, [\mathrm{W \, m^{-2}}]$ とする．この閉空間の中に，ある物体が置かれて周囲と温度平衡を保っているとすると，平衡状態では物体の吸収するエネルギーと射出するエネルギーとが等しくなる．

$$EA = q_1 A \alpha \tag{3.80}$$

この閉空間内に置かれた物体を，大きさ，形ともに同一の黒体で置き換えて，同じ温度で周囲と平衡状態にあるとすれば，黒体の吸収率 α は1であるので

$$E_b A = q_1 A \tag{3.81}$$

となる．これら二式から吸収率の関係を得る．

$$\frac{E}{E_b} = \alpha \tag{3.82}$$

したがって，同温度におけるある物体の射出能と黒体の射出能の比が吸収率に等しい．この比 ε を物体の**放射率**（emissivity）と定義する．

$$\varepsilon = \alpha \left(= \frac{E}{E_b} \right) \tag{3.83}$$

この関係をキルヒホッフの法則という．ただし，この放射率と吸収率は，ある物体の全波長域における平均値である．

　実在物体の射出能は，同温度の黒体の射出能より小さく，その放射率も温

3.4 放射伝熱

度や波長により変化する．そこで，**単色放射率**（monochromatic emissivity）ε_λ を，物体の単色射出能と同温・同波長における黒体の単色射出能との比で定義する．

$$\varepsilon_\lambda = \alpha_\lambda \left(= \frac{E_\lambda}{E_{b\lambda}} \right) \tag{3.84}$$

ここで，単色放射率 ε_λ が波長に依存しない物体のことを**灰色体**（gray body）という．灰色体は，仮想物体として黒体と実在物体との差を埋めるのに重要な役割を果たしている．物体の放射率 ε と単色放射率 ε_λ とは次の関係にある．

$$E = \int_0^\infty \varepsilon_\lambda E_{b\lambda} d\lambda \tag{3.85}$$

したがって，上式と式（3.78）より

$$\varepsilon = \frac{E}{E_b} = \frac{\int_0^\infty \varepsilon_\lambda E_{b\lambda} d\lambda}{\sigma T^4} \tag{3.86}$$

表 3.1 代表的物質の放射率

材 質	状 態	温度範囲[K]	放射率 ε（垂直）
アルミニウム	高度研磨面	500〜850	0.039〜0.057
	普通研磨面	296	0.04
	酸化面	470〜650	0.11〜0.19
鉄	研磨面	700〜1300	0.14〜0.38
	あら磨き面	370	0.17
	赤錆面	290	0.61
銅	普通研磨面	370	0.052
	酸化面	470〜870	0.57
	厚い酸化面	300	0.78
黄 銅	高度研磨面(四六黄銅)	530〜650	0.033〜0.037
	酸化面	470〜870	0.59〜0.61
金	高度研磨面(純金)	500〜900	0.018〜0.035
銀	研磨面(純銀)	310〜900	0.020〜0.032
白 金	研磨面(純白金)	500〜900	0.054〜0.104
レンガ	耐火レンガ	860〜1270	0.80〜0.90
塗 料	鉄面上白エナメル	296	0.906
	鉄面上黒ラッカー	297	0.875
木	かんな加工樫	343	0.91
紙	薄いもの	290	0.93
ガラス	普 通	363	0.88
水	―	273〜373	0.95〜0.963

となる．しかし，一般に単色放射率 ε_λ は波長に依存して変化するため，式 (3.86) から放射率 ε を求めることは容易ではない．このことから，もし灰色体に近似可能ならば ε_λ は一定で $\varepsilon = \varepsilon_\lambda$ となり，放射の計算は簡単になる（問題 3.4 参照）．

各物質の放射率は波長・温度・表面の状態で大きく変化する．参考までにいろいろな表面の放射率の代表的な値を表 3.1 に示す．

【例題 3.5】 ある高炉では炉内温度 1500°C で鉄鉱石から鉄を取り出す．この炉には直径 10 cm の監視穴が設けられている．炉外温度が 30°C のとき，この穴からの放射熱損失量を求めよ．

[解答] 高温炉内，および，炉外からの放射を完全黒体と見なし，監視穴部（面積 A）の放射率 ε を 1 とする．炉外温度 30°C から炉内へ放射で伝わる熱量を考えると，

放射熱損失量 = (炉内から外への放射熱量) − (外から炉内への放射熱量)

$$= A\varepsilon\sigma T_{(炉内)}^4 - A\varepsilon\sigma T_{(炉外)}^4 = A\varepsilon\sigma (T_{(炉内)}^4 - T_{(炉外)}^4)$$
$$= \pi \times (0.1/2)^2 \times 1 \times 5.669 \times 10^{-8} \times \{(1500+273)^4 - (30+273)^4\}$$
$$= 4396\,\mathrm{W}$$

温室効果と地球温暖化

近年，地球温暖化の問題が深刻となっているが，この原因は地球における温室効果の変化によるものである．温室の屋根に用いられるガラスは，太陽光のうち可視光と近赤外光（波長約 $0.39\sim2.7\,\mu\mathrm{m}$）を透過し，それ以外を遮断する．上空を覆うように存在する二酸化炭素（CO_2）や水蒸気も，波長は異なるが温室のガラスと同様な働きをするので，温室効果とよばれている．

大気を透過した太陽光は，地表で吸収されるのに伴い地表から地表温度に対応する長波長（波長約 $3\sim100\,\mu\mathrm{m}$）の熱放射が起こるが，大部分が上空の二酸化炭素や水蒸気の層に吸収される．そして，吸収されたものが今度は地上へ放射され下層大気や地表面を温める．このことから，地球の平均気温は生物の生存に適した約 15°C に保たれる．しかし，温室効果がないと −18°C まで下がり，生物の生存が危うくなる．

ところが，過剰な産業発展や森林開発などにより，二酸化炭素のみならず，同様に温室効果を示す亜酸化窒素（N_2O：自動車排気ガス）やフロン（冷蔵庫などの冷媒）などの濃度も上昇している．そのため，大気中に吸収される熱放射量が増加して地球規模での気温上昇が進行し，氷河融解による海面上昇や異常気象が起こっており，生態系や環境への悪影響が懸念される．

3.5 相変化を伴う伝熱

a. 相変化の基礎

相変化に関する基礎的事項として，相，平衡状態図，相変化，熱平衡温度，潜熱，顕熱，比熱，飽和温度と飽和圧力の関係（**クラペイロン・クラウジウス（Clapeyron-Clausius）の式**）などについて述べる（1.4 節 b）．

（1）相，平衡状態図，相変化 物質は，通常，温度と圧力により，固体，液体，気体の三つの状態を取り，それぞれの状態に対応した均一な物質系（相）を，それぞれ気相，液相，固相という（図3.12）．温度や圧力の変化に対して，相が変化することを相変化という．ただ一つの相が存在する場合を単相といい，二つの異なる相が存在する場合を二相という（三つの場合を三相という）．相変化には，図3.13に示す6種類がある．(1) 液相 → 気相の変化を蒸発（または，沸騰），(2) 気相 → 液相の変化を凝縮，(3) 固相 → 液相を融解，(4) 液相 → 固相を凝固，(5) 固相 → 気相と(6) 気相 → 固相を昇華という．沸騰では，液体表面だけでなく，液体内部からも蒸発が起こる．また，水溶液や水を含む物質の凝固を凍結ともいう．

図 3.12 で，固相と液相の境界線（温度と圧力の関係）を融解曲線，液相と気相のそれを蒸発曲線，固相と気相のそれを昇華曲線という．これら三つの曲線の交点（A 点）を三重点といい，ここでは，固，液，気の三相が平衡状態にある．蒸発曲線の右端（高温側の端，B 点）を臨界点とい，液相と気相が区別できる限界である．

固相から液相へ，固相から気相へ，および，液相から気相への相変化では，系のエンタルピーが増加し（吸熱），エントロピーも増える（ただし，等温・等圧の条件では，ギブスの自由エネルギーは変化しない）．これらの逆向きの相変化では，いずれも減少する（放熱）．また，液相や固相から気相への相変化を気化，気相や固相から液相への相変化を液化，気相や液相から固相への

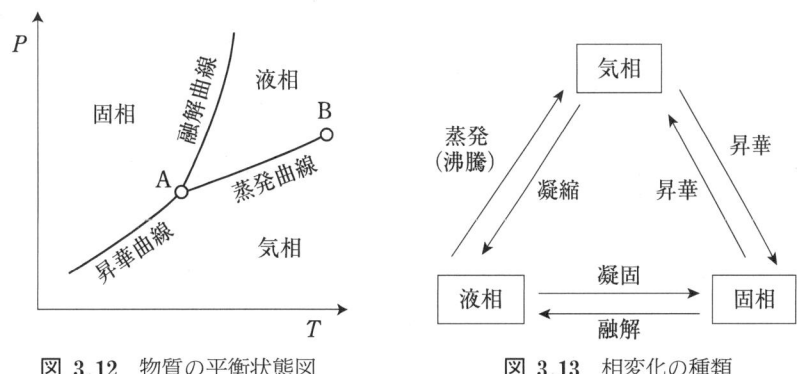

図 3.12 物質の平衡状態図   図 3.13 相変化の種類

相変化を固化ともいう．

（2） 純物質の加熱時の温度変化　一定圧力下で純物質（一成分系）の固相を外部からゆっくり（準静的に）加熱する場合，与えた熱量 Q [J] に対する温度 T [K] の変化を図 3.14 に示す．固相状態で Q に比例して T が上昇したのち，ある一定温度 T_m で融解が始まり，完了するまでこの温度を維持する．この融解過程では，固相と液相が熱平衡的に共存し，供給される熱量は固相から液相への相変化に当てられ，熱平衡温度 T_m を融解温度（融点）という．次に，液相状態では，再び，Q に比例して T が上昇したのち，一定温度 T_b で沸騰が始まり，液相がすべて気相に変化するまでこの温度を維持する．この沸騰過程では液相と気相が熱平衡的に共存し，供給される熱量は液相から気相への相変化に使われる．熱平衡温度 T_b を沸騰温度（沸点）という．気相状態では，Q に対して T は上昇する．

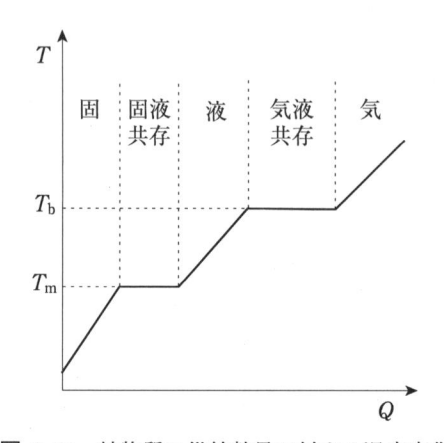

図 3.14　純物質の供給熱量に対する温度変化

（3） 熱平衡温度，潜熱，顕熱，比熱　物質の温度を変化させたり，相変化を引き起こしたりするには，外部との間で熱の授受が必要である．相変化過程では関連する二相が共存して相変化が進行するが，温度変化を生じさせない熱量を潜熱という．これに対して，単相状態で温度変化を引き起こす熱量を顕熱，単位質量あたりの物質に対して単位温度変化を引き起こす熱量を比熱という．相変化の際，二相が熱平衡状態で共存する温度（熱平衡温度）と潜熱には，各相変化に対応した呼び名が付いており，これらを表 3.2 に示す．また，我々の身の回りで見られる相変化の例も示す．この熱平衡温度や潜熱，比熱は，温度や圧力に依存する物質固有の値（物性値）（2.6 節，3.1 節 a）である．通常，顕熱に比べて潜熱は大きい値である．たとえば，1 気圧（1 atm），0°C では，水の比熱は 4.22 J g^{-1} K^{-1}，氷の比熱は 2.0 J g^{-1} K^{-1} で，氷と水の間の潜熱は 334 J g^{-1} である．また，1 気圧，100°C では，水の比熱は 4.21 J g^{-1} K^{-1}，水蒸気の比熱は 2.03 J g^{-1} K^{-1}，水と水蒸気の間の潜熱は

3.5 相変化を伴う伝熱

表 3.2 相変化における熱平衡温度，潜熱，現象の例

相変化		相変化温度	潜熱	例
固液相変化	融解	融解温度 融点	融解潜熱 融解熱	氷，アイスクリーム，バター，金属の融解
	凝固	凝固温度 凝固点	凝固潜熱 凝固熱	水の凍結，溶融金属の凝固，凍結保存，凍結手術
気液相変化	蒸発 沸騰	沸点 沸騰点	蒸発潜熱 蒸発熱	汗の蒸発，体表面からの水や消毒用アルコールの蒸発，濡れた洗濯物の乾燥，湿球温度計，打ち水の蒸発，日本酒の燗，蒸留過程の蒸発，湯の沸騰，蒸発器，ヒートパイプ(蒸発部)，ボイラー，金属材料の焼入れ，バブルジェットプリンター
	凝縮	凝縮温度 露点	凝縮潜熱 凝縮熱	雲，露，霧，蒸留過程の凝縮，凝縮器，ヒートパイプ(凝縮部)
固気相変化	昇華 (固→気)	昇華点	昇華潜熱 昇華熱	ショウノウ，ナフタレン，ドライアイス，凍結乾燥における乾燥
	昇華 (気→固)	昇華点	昇華潜熱 昇華熱	霜，ダイヤモンドダスト

$2260\,\mathrm{J\,g^{-1}}$ である．潜熱による熱エネルギー貯蔵の有用性はこの理由による．

(4) **飽和温度と飽和圧力の関係** 純物質の相変化における熱平衡温度は圧力により一義的に定まり，次のクラペイロン・クラウジウスの式により説明される．この温度，圧力をそれぞれ飽和温度，飽和圧力という．

$$\frac{\mathrm{d}P}{\mathrm{d}T} = \frac{L}{T(v_{\mathrm{II}} - v_{\mathrm{I}})} \tag{3.87}$$

相 I から相 II への相変化に対して，添え字 I，II は対応する相を表す．P は飽和圧力 $[\mathrm{Pa}]$，T は飽和温度 $[\mathrm{K}]$，v は比体積（単位質量あたりの体積）$[\mathrm{m^3\,kg^{-1}}]$，L は単位質量あたりの潜熱 $[\mathrm{J\,kg^{-1}}]$ である（式 (3.87) では，相変化過程で吸収される潜熱（吸熱）の符号は正，放熱の符号は負である）．

(5) **多成分系の相変化** 複数の成分が混合した多成分系（たとえば，塩水，合金など）の場合には，純物質のようにある一定温度で相が変化するのではなく，温度および各相の成分濃度が変化しながら，相変化が進行する．これは，各相の成分濃度を有する単相媒体の相変化を開始する温度が，成分濃度に依存するためである．たとえば，塩水の凍結では，温度低下に対して，氷（固相）と塩水（液相）が共存し，塩分を含まない氷が成長し，未凍結の塩水は濃縮されて塩分濃度が増加する．濃縮された塩水の凝固温度はさらに低下する．多成分系の相変化における熱平衡温度は，圧力に加え，成分濃度にも依存して複雑である．

【発展】 沸点上昇，凝固点降下

溶媒に溶質（不揮発性）が溶解した二成分系では，溶質により溶液の蒸気圧が降下し，沸点上昇や凝固点降下が起こる．この飽和温度と飽和圧力の関係も，ク

ラペイロン・クラウジウスの式（式 (3.87)）により記述される．たとえば，溶質濃度が小さい（希薄溶液の）場合，凝固点降下度 $\Delta T_m = \{RT_m^2/(1000 \times L_m)\} \cdot C_M$，沸点上昇度 $\Delta T_b = \{RT_b^2/(1000 \times L_b)\} \cdot C_M$ である．C_M は質量モル濃度（溶媒 1.0 kg 中に溶けている溶質のモル数），R は気体定数，T_m と T_b は純溶媒の凝固点と沸点（絶対温度），L_m と L_b は純溶媒単位質量あたりの凝固潜熱と蒸発潜熱であり，$RT_m^2/(1000 \times L_m)$ と $RT_b^2/(1000 \times L_b)$ は，溶質の種類にはよらず，溶媒に特有の値である．たとえば，水溶液（1 atm）では，1 質量モル濃度あたり，$\Delta T_m = 1.858$K，$\Delta T_b = 0.521$K で，それぞれ水のモル凝固点降下，モル沸点上昇という．

相変化の温度をコントロールする！

クラペイロン・クラウジウスの式によれば，相変化の温度は圧力と蒸気圧に依存する．この特性を利用して相変化温度をコントロールし，身の回りの現象に役立てることができる．たとえば，圧力釜によって水の沸点を上げることにより，調理時間の短縮，気圧の低いところ（たとえば，富士山頂）での調理が可能となる．また，寒冷地では，路面の凍結防止のために，路面に塩（塩化ナトリウム，塩化カルシウム，塩化マグネシウムなど）をまくことにより，水の凝固点を低下させている．さらに，自然界でも，凝固温度低下の原理を利用して，寒冷の厳しい環境を生き抜く生物がいる．越冬性の両生類，は虫類，昆虫などは，体内に低分子量の水溶性溶質［塩，糖（グルコース，トレハロースなど），糖アルコール（グリセロール，ソルビトールなど）］を増加させ，束一的に（濃度に比例して）体液の凝固温度を環境温度より低下させることにより，体の凍結を回避している．

【例題 3.6】 圧力により水の沸点は変化するが，富士山頂（標高 3776 m）［平均気圧は，約 6.4×10^4 Pa (0.63 atm)］，および，圧力釜内（圧力が 1.5 atm のとき）における水の沸点を算出せよ．（ヒント：圧力 $P_0 = 1.0$ atm，沸点 $T_0 = 373$K (100℃)，蒸発潜熱 L は圧力・温度に対して一定とし，クラペイロン・クラウジウスの式を積分せよ．ただし $L = 2.26 \times 10^3$ J g^{-1}，気体定数 $R = 8.31$ J K^{-1} mol^{-1}，水の分子量 $M = 18.0$ である．）

[解答] クラペイロン・クラウジウスの式 (3.87) で，水（液相）の比体積が蒸気の比体積 v に比べて十分小さく無視できるとすると，式 (3.87) は，$dP/dT = L/(Tv)$ となる．蒸気に対して理想気体の状態方程式 $PvM = RT$ が成り立つとすると，$dP/dT = PLM/(RT^2)$ となる．これを，1.0 atm での水の沸点を境界条件として積分すると

$$\frac{1}{T} - \frac{1}{T_0} = \frac{R}{LM} \ln\left(\frac{P_0}{P}\right)$$

この式により，圧力 P に対する沸点 T を求めることができる．

富士山頂では $P_0/P = 1.0/0.63$ で $T = 360.4$K (87.4℃)，圧力釜内では $P_0/$

$P = 1.0/1.5$ で $T = 384.9\text{K}$ (111.9°C) となる．

b．相変化伝熱の基礎

相変化の過程では，相変化のための熱の授受を伴いながら，物質内を熱が移動するとともに，相変化した物質も移動する．このような現象を"相変化を伴う伝熱"，"相変化伝熱"という．相変化伝熱では，大別して，単相の中にもう一つの異なる相のごく小さな塊（核）が発生する"核生成"，および異なる二相の共存する状態で相変化が進行する"相成長"という，二つの問題がある．本章では，相変化伝熱として，おもに"相成長"を扱う．

相変化を伴う伝熱では，共存する二相の界面で，潜熱の放出，または吸収を伴いつつ，各相内では伝導，対流，ふく射の伝熱形態で熱が移動する．さらに，相変化した物質の移動も起こる．とくに，液相や気相の流動がある場合には，流れ（単相流，二相流）に乗った熱移動（対流伝熱）があり，現象は非常に複雑となるが，興味深い伝熱現象が多くある．また，相界面が複雑な"形態形成"の問題もある．とくに，多成分系の凝固での結晶成長，氷結晶の成長において，樹枝状などの形をした結晶界面が形成される．

（1）**核生成と過飽和**　凝固，沸騰，凝縮，昇華（気相 → 固相）の相変化（相Ⅰから相Ⅱへの相変化）では，相Ⅰの単相状態の中に相Ⅱが最初に出現するためには，相Ⅰの状態である程度の過飽和状態を経由して，相Ⅱの核（微小粒子）を生成する必要がある．たとえば，1 atm で容器の影響や液中の溶存ガス・不純物を取り除いた水を徐々に加熱する場合，沸点100°C以上になっても沸騰は開始せず，沸点を超えた温度（過熱状態）になって，急に沸騰を開始すること（突沸）がある．また，逆に，同様の水を徐々に冷却する場合，凝固点0°C以下になっても氷が発生せず，さらに温度降下して（過冷却状態で）急に氷が発生・成長する場合がある．過熱，過冷却状態は，いずれも過飽和状態である．過飽和状態は，ある量が飽和状態より増加した状態であり，熱力学的に不安定である．

（2）**相変化における相界面での伝熱**　相変化を伴う伝熱では，共存する二相の界面で，潜熱の放出，または吸収を伴いつつ，各相内では，伝導，対流，放射により熱が移動する．相Ⅰから相Ⅱへの相変化伝熱において，二相界面での伝熱の境界条件は，温度 T [K] の連続と熱流束 q [W m^{-2}] の連続（熱エネルギーの保存）である（図3.15）．すなわち界面で

$$T_\text{Ⅰ} = T_\text{Ⅱ} = T_\text{e} \tag{3.88}$$

$$q_\text{Ⅰ} + m \cdot L = q_\text{Ⅱ} \tag{3.89}$$

ここで，添字Ⅰ，Ⅱは相Ⅰと相Ⅱを表す．T_e は両相が共存する熱平衡温度 [K]，L は潜熱（単位質量あたり）[J kg^{-1}]，m は界面で相Ⅰから相Ⅱに変

化（移動）する質量流束（界面を単位面積・単位時間あたりに通過する質量）[kg m^{-2} s^{-1}] である．各相内の伝熱として，放射伝熱の寄与がない場合には，熱流束 q は伝導のみで表され，式 (3.89) は

$$-\lambda_\mathrm{I} \cdot \frac{\partial T_\mathrm{I}}{\partial x} + m \cdot L = -\lambda_\mathrm{II} \cdot \frac{\partial T_\mathrm{II}}{\partial x} \tag{3.90}$$

となる．λ は熱伝導率 [W m^{-1} K^{-1}]，x は界面の法線方向座標 [m] である．たとえば，図 3.15 で，相 I が氷，相 II が水で，氷が融解して水になる相変化を考えると，界面温度 T_e は融解温度（凝固温度）を表し，界面で相 II から相 I へ供給された熱（q_II）[W m^{-2}] は，その一部（$m \cdot L$）[W m^{-2}] が氷を融解し，残りの熱（q_I）[W m^{-2}] が相 I に伝わる．

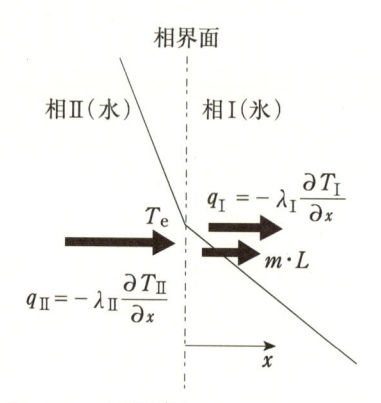

図 3.15 相界面でのエネルギー保存

c. 相変化伝熱の概要

相変化伝熱には，伴う相変化に対応して，凝固伝熱，融解伝熱，凝縮伝熱，蒸発・沸騰伝熱などがある．

（1）凝固伝熱と融解伝熱 液体がその凝固温度より低い伝熱面と接触すると，潜熱（凝固潜熱）を放出して固相に変化する．この伝熱を凝固伝熱という（問題 3.5 参照）．身の回りでは冷凍庫での氷生成や食品凍結，保冷パックの凍結などがあり，電力有効利用のための氷蓄熱，自然界では氷柱，霜柱などがある．また，医療分野でも，生体に対する凍結効果が，凍結手術と凍結保存として利用されている．

固相が融解温度（凝固温度）以上の伝熱面と接触すると，潜熱を吸収して液相に変化する．この伝熱を融解伝熱という．凝固伝熱と逆の現象である．身の回りで見られたり，利用されたりする凝固はそのままで完結することはなく，そのあとに融解を伴ったり，融解が利用されたりする．冷凍庫でつくられた氷や冷凍食品は，利用される過程や前に融解される．氷蓄熱では，冷媒の冷却に氷が使われる．自然界の氷柱や霜柱は，暖かくなると融解して水

3.5 相変化を伴う伝熱

に戻る．

〔**液体の一次元凝固**〕　凝固や融解では，固相と液相の界面が時間経過とともに移動し，さらに，界面での潜熱の吸収や放出があるため，熱伝導問題と比べて現象が複雑になり，取扱いが難しい．

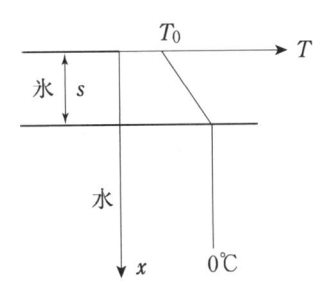

図 3.16　液体の一次元凝固

凝固問題の簡単な例として，図 3.16 のような凝固温度にある静止液体の一次元凝固過程を考え，固相の成長速度を求める．たとえば，1 atm で 0 °C の水が表面から一次元的に冷やされ，氷が成長する場合を考える．液相内の温度は 0 °C，凝固潜熱は大きく，凝固の進行は固相内の熱伝導に比べて緩慢であるため，固相内の熱伝導は準定常状態と見なすことができ，温度分布は直線で表される．氷層の厚さを s [m]，時間を t [s]，氷内の温度分布を T [°C]，氷の熱伝導率を λ [W m^{-1} K^{-1}]，水の凝固潜熱を L [J kg^{-1}]，水の密度を ρ [kg m^{-3}] とおくと，凍結面（固相と液相の境界面）$x = s$ でのエネルギー保存式は次のようになる．

$$\rho \cdot L \cdot \frac{ds}{dt} = \lambda \cdot \frac{dT}{dx}\bigg|_{x=s} \tag{3.91}$$

これは，氷・水界面で放出される潜熱が氷内の伝導で移動することを意味する．氷内の温度が，厚さ s [m]，両端の温度が T_0 [°C]（<0 °C）と 0 °C である平板内の定常温度分布で与えられるとすると，氷内の温度勾配 $dT/dx = -T_0/s$（一定）[K m^{-1}] である．初期条件 $t = 0$ s で $s = 0$ m を用いて上式を積分すると

$$s = \left[\frac{2\lambda(-T_0)}{\rho \cdot L} \cdot t\right]^{1/2} \tag{3.92}$$

となる．凍結界面は $t^{1/2}$ に比例して移動する（氷層は $t^{1/2}$ に比例して厚くなる）．またその移動速度 [m s^{-1}] は

$$\frac{ds}{dt} = \left[\frac{\lambda(-T_0)}{2\rho \cdot L \cdot t}\right]^{1/2} \tag{3.93}$$

となり，$t^{-1/2}$ に比例して減少する特性をもつ．

固相が液相に変化する融解問題（たとえば氷 → 水）においても，上で述べた凝固問題と同様の取扱いができる．

【発展】 ノイマンの解

解析解が求められる凝固問題の簡単な例として，「(1)凝固伝熱と融解伝熱」の「液体の一次元凝固」で，0°Cの水の一次元凝固を取り扱った．このとき，氷の成長速度が固相内の熱伝導の速さに比べて十分に緩慢である（たとえば，凝固潜熱が大きく，冷却壁の温度が0°Cに比べてあまり低くない場合）と仮定した．しかし，より一般的には，固-液境界は時間とともに移動し，固相と液相で非定常熱伝導が起こる．凝固温度以上の一様な初期温度の液相（半無限）が，その端面を凝固点以下の温度に保持される場合の凝固問題は，ノイマンにより解析解が求められている．

【例題 3.7】 池の水（一様温度 0°C）に対して，池の表面温度が -10°C に保持され，表面から冷却されて氷が成長する状況を考える．このとき，氷の厚さが 10 cm になる時間を求めよ．水の密度 $\rho = 1000 \mathrm{~kg~m^{-3}}$，凝固潜熱 $L = 334 \mathrm{~kJ~kg^{-1}}$，氷の熱伝導率 $\lambda = 2.2 \mathrm{~W~m^{-1}~K^{-1}}$ である．

[解答] 式(3.92)より，$t = \rho L s^2 / \{2\lambda(-T_0)\}$ となり，$s = 0.1$ m となる時間は 75.9 ks = 21.1 h となる．

凍結して，濃縮ジュースをつくる？！

濃縮還元ジュースが広く飲まれている．果汁を凍結により濃縮（凍結濃縮）すると，濃縮ジュースをつくることができる．凍結濃縮では，低温で果汁を凍結させると，水だけからなる氷結晶が形成されると同時に，未凍結の水溶液中に果汁が濃縮される．この状態で，固相と液相を分離して，液相（濃縮果汁）を取り出す．この方法は，減圧で水分を蒸発させて濃縮する方法（減圧濃縮）に比べ，香り成分や低沸点成分の保持に優れるとともに，省エネルギーの点からも優れる．また，低温プロセスであるので，原材料の劣化や微生物の増殖も少ない．そのため，ジュースの濃縮の他にコーヒー抽出物の濃縮にも利用されている．

他方，半導体材料の製造プロセスにおいても，この凍結濃縮の原理と逆の効果を利用することにより，高純度（不純物の少ない）の単結晶が半導体材料として得られている．すなわち，結晶材料を融解させたのちの凝固過程で，不純物は液相内に濃縮されて固相内の不純物濃度は低下する．この固相に対して融解・凝固をさらに繰り返すことにより，高純度の結晶を製造できる．

---

(2) 凝縮伝熱 蒸気が，その蒸気圧に対応した飽和温度（露点）より低い冷却面（固体面，または液体面）に接触すると凝縮が生じ，同時に潜熱（凝縮潜熱）を放出する．この現象を凝縮伝熱という．身の回りでは，冷たい水を入れたコップ表面や窓ガラス表面での水滴付着があり，エアコン，冷蔵庫，冷凍機の凝縮器（放熱器），蒸気タービンの凝縮器などで凝縮が利用されている．

(i) 膜状凝縮と滴状凝縮：冷却面への凝縮形態には，冷却面と凝縮液の

3.5 相変化を伴う伝熱

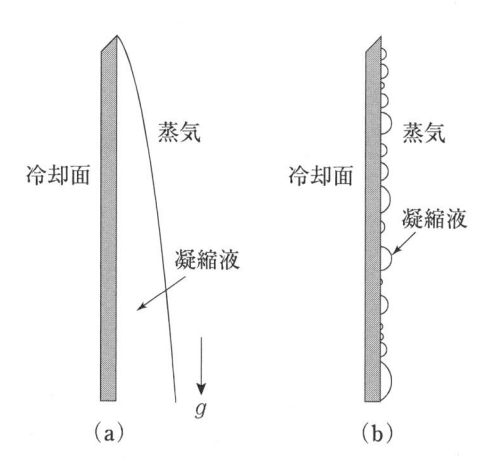

図 3.17 膜状凝縮(a)と滴状凝縮(b)

間の濡れ性の大きさにより，膜状凝縮と滴状凝縮がある（図3.17）．冷却面が凝縮液で濡れやすい場合（たとえば，金属の清浄面），凝縮液は冷却面上で膜状になり流下する．これを膜状凝縮という．これに対して，冷却面が凝縮液で濡れにくい場合（たとえば，冷却面に油脂が塗布されていたり，テフロンなどの高分子材料で表面処理されている場合），蒸気は冷却面上に滴状で凝縮し，液滴は成長と合体を繰り返して大きくなり，重力落下しながら，周囲の液滴を拭い去る．凝縮伝熱では凝縮液が冷却面を覆うため，凝縮液内には温度勾配が形成され，凝縮液は蒸気が凝縮するときの熱抵抗となる．したがって，凝縮液により冷却面が覆われる程度が少ない滴状凝縮の方が，流下するほど液膜厚さが増大する膜状凝縮に比べて熱伝達率は大きい（約10倍）．しかし，表面処理などによる滴状凝縮を長時間維持することは難しい．

(ii) 飽和蒸気の膜状凝縮：単一成分の飽和蒸気の膜状凝縮は数学的に取り扱いやすく，解析解が得られている．たとえば，図3.18に示す垂直な平板冷却面上での飽和蒸気の膜状凝縮（液膜の流れは層流）に対して，ヌッセルト（Nusselt）の解析によれば，冷却面上での平均ヌッセルト数 Nu は，

$$Nu = \frac{\alpha \cdot H}{\lambda} = \frac{4^{3/4}}{3}\left[\frac{Ga \cdot Pr}{Ph}\right]^{1/4} \quad (3.94)$$

と表される．ここで，α は冷却面上での平均熱伝達率 [W m^{-2} K^{-1}]，H は冷却面の高さ [m]，ガリレオ数 $Ga = H^3 g/\nu^2$，プラントル数 $Pr = \nu/a$，相変化数 $Ph = C_p(T_s - T_w)/L$，L は凝縮潜熱 [J kg^{-1}]，g は重力加速度 [m s^{-2}]，T_s は蒸気の飽和温度 [K]，T_w は冷却面温度 [K] であり，また λ，a，C_p，ν はそれぞれ凝縮液の熱伝導率 [W m^{-1} K^{-1}]，温度伝導率 [m^2 s^{-1}]，定圧比熱 [J kg^{-1} K^{-1}]，動粘性係数 [m^2 s^{-1}]

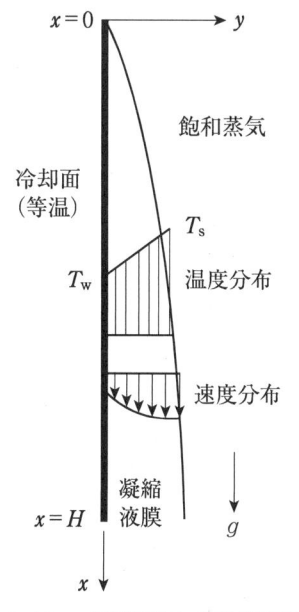

図 3.18 垂直平板上の膜状凝縮に対するヌッセルトの解析

である．Ga, Pr, Ph は無次元数である．この式は，非常に細い円管を除いた垂直円管面，重力成分を考慮した傾斜平板にも適用できる．

【発展】

(1) **膜レイノルズ数** 上述の膜状凝縮で，凝縮面の寸法が長い場合や凝縮面温度が低い場合には，液膜の流量が増加して液膜に乱れが生じ，波状流液膜（液膜表面に長い波長の波を伴う）や乱流液膜（液膜流れが乱流）に遷移すると，熱伝達率は，層流液膜の場合（ヌッセルトの解）より大きくなる．なお，液膜流のレイノルズ数（膜レイノルズ数）$Re \equiv 4 \cdot \varGamma / \mu$（$\varGamma$ は凝縮面単位幅あたりの流下液膜の質量流量 [kg m^{-1} s^{-1}]，μ は液の粘性係数 [kg m^{-1} s^{-1}]）が約 1400 以下の範囲では，液膜は層流状態が維持される．

(2) **滴状凝縮の不確実性** 滴状凝縮は膜状凝縮に比べて高い熱伝達率（たとえば，1 atm の水蒸気が鉛直銅平板上で滴状凝縮する場合の熱伝達率は 190～350 kW m^{-2} K^{-1}）を示すが，凝縮面での液滴の生成・成長・合体・流下などの挙動，凝縮面と液の塗れ性に強く影響を受けるため，伝熱現象の数学的な記述が非常に困難で，定量的な理解も不十分である．したがって，高熱伝達率という大きな魅力がありながら，その予測が正確にできないため，実際の凝縮装置の設計などでは，滴状凝縮を前提とすることはできず，膜状凝縮を想定した取扱いをせざるを得ない．

(3) **不凝縮性気体** 水蒸気などの凝縮の際に，空気などの不凝縮性気体が混入していると，凝縮の熱伝達率，すなわち，凝縮量が低下する．凝縮液面近傍では，不凝縮性気体が蓄積され，拡散層が形成されるとともに，蒸気分圧が低下することにより，凝縮液面の温度（蒸気の飽和温度）が低下する．このため，凝縮に有効な冷却面と液面の温度差（液膜内での温度勾配）が低下し，凝縮量の減少を引き起こす．不凝縮気体のわずかな混入でも伝熱量は大幅に減少するので，凝縮器の性能を確実に発揮するには，不凝縮性気体を完全に除く必要がある．

【例題 3.8】 1 atm の飽和水蒸気（100°C）が，50°C に保たれた鉛直な冷却板（高さ 1 m，幅 1 m）の片面で膜状凝縮するとき，冷却面上の平均熱伝達率，1 分あたりの冷却熱量と凝縮水量を求めよ．（ヒント：式(3.94)を用いる）

[解答] 式(3.94)中の物性値を，膜温度$(100+50)/2=75$°C で評価すると，$\nu = 0.3794$ mm^2 s^{-1}，$\lambda = 0.6646$ W m^{-1} K^{-1}，$Pr = 2.331$，$C_\mathrm{p} = 4.194$ kJ kg^{-1} K^{-1}，$L = 2317$ kJ kg^{-1}，$T_\mathrm{s} = 100$°C，$T_\mathrm{w} = 50$°C，$H = 1$ m．これらを代入すると，平均熱伝達率 $\alpha = 4055$ W m^{-2} K^{-1}，1 分あたりの伝熱面積 A に対する冷却の熱量 Q は，$\alpha \cdot (T_\mathrm{s} - T_\mathrm{w}) \cdot A = 4055 \times (100-50) \times 1 \times 1 = 202.7$ kW $= 12.16$ MJ min^{-1}，さらに，1 分あたりの凝縮水量 m は，$Q/L = 1.216 \times 10^7 / 2.317 \times 10^6 = 5.250$ kg min^{-1} となる．

---

(3) **蒸発・沸騰伝熱** 液相から気相への相変化を蒸発という．液体内部からも蒸発が起こる場合を沸騰といい，それによる伝熱を沸騰伝熱とい

3.5 相変化を伴う伝熱

う．沸騰の発生によらず，液相と気相の界面では蒸発が起こる．身近の沸騰例として，ガスコンロで加熱された薬缶や鍋の中の湯の沸騰，ボイラーや原子炉などにおける沸騰，高温金属の水中焼入れなどがある．蒸発の例としては，洗濯物の乾燥，体表面の汗の蒸発，打ち水の蒸発，海水淡水化における水の蒸発などがある（問題3.6参照）．いずれも，液体に対して潜熱の供給が必要であり，蒸気発生，エネルギー利用などに用いられるとともに，周囲の熱が潜熱として奪われるため，それを冷却効果として利用している．

（ⅰ） 沸騰様式と沸騰曲線：容器に入れた液中に金属細線や伝熱面を沈め，加熱していく場合を考える．このような形式の沸騰をプール沸騰という．伝熱面からの熱流束を $q\,[\mathrm{W\,m^{-2}}]$，伝熱面温度を $T_\mathrm{w}\,[\mathrm{K}]$，液体の飽和温度を $T_\mathrm{s}\,[\mathrm{K}]$ とし，過熱度 $\Delta T_\mathrm{sat}=T_\mathrm{w}-T_\mathrm{s}\,[\mathrm{K}]$ を定義する．この q と ΔT_sat の関係（図3.19）は沸騰曲線といい，沸騰の様式と対応する．

伝熱面回りの沸騰では，基本的に，伝熱面温度が液体の飽和温度より高い状態が要求される．これは，伝熱面上，および，近傍の液体中で，蒸気の気泡が生成され，成長するには，液体が過飽和（過加熱）状態になければならないことを意味する．

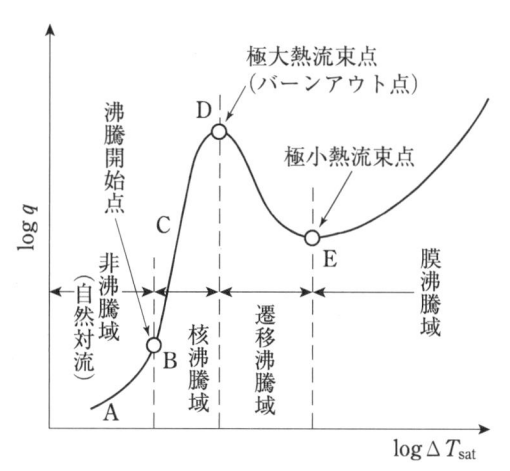

図 3.19 沸騰曲線
[伝熱工学資料，改訂4版，p.127，日本機械学会 (1986)]

加熱量が小さい場合には沸騰は起こらず，伝熱面近くの流体は加熱され，自然対流が発生して，自然対流伝熱が起こる（領域AB）．加熱量を増して伝熱面温度が高くなると，伝熱面から小さな気泡が発生し，離脱し始める（B点）．容器内の液体の温度が飽和温度より低いと，離脱した気泡は上昇する過程で凝縮し，液表面に達する前に消滅する（領域BC）．さらに加熱量を増して液温が飽和温度近傍になると，気泡発生が増えるとともに，離脱した気泡はもはや消滅することなく，逆に成長しながら液表面にまで到達して崩壊す

る（領域 CD）．この過程では，気泡により液全体は激しく撹拌される．気泡の挙動は複雑で，気泡の撹拌による液体運動も複雑である．気泡は伝熱面の特定の部位から繰り返し発生する．この気泡の発生する点を発泡点，または気泡発生点といい，発泡点を伴う沸騰形態を核沸騰（領域 BD）という．従来の実験結果から，核沸騰領域では $q \propto \Delta T_{sat}^n$ ($n=2\sim5$) となる．（液温が飽和温度より低い場合をサブクール沸騰（飽和温度と液温の差をサブクール度），液温が飽和温度にほぼ等しい場合を飽和沸騰という．）

核沸騰領域の熱流束の極大値（D点）を限界熱流束という．D点をわずかに超えると，伝熱面は急激に蒸気膜で覆われるとともに，伝熱面温度は飛躍的に上昇し，伝熱面は赤熱する．このとき，伝熱面の材料の融点を超える場合には溶融する．これをバーンアウト（焼損）といい，D点を極大熱流束点，または，バーンアウト点といい，高熱負荷機器の設計や作動条件の安全上，非常に重要である．伝熱面が溶融損傷しない場合には，赤熱した伝熱面は薄い蒸気膜で覆われ，膜の一部から規則正しく気泡が発生する．この状態を膜沸騰という．膜沸騰では，伝熱面が蒸気で覆われるため，核沸騰に比べて熱伝達率が小さい．

沸騰状態や条件に対して q と ΔT_{sat} の間の実験相関式が提案されている [参考文献 5]．

【発展】 核沸騰での気泡発生点と過熱度

伝熱面上での気泡発生は，特定の位置（気泡発生点）で繰り返し行われる．伝熱面上には傷や割れ目などの微細なくぼみ（キャビティー）が存在し，それらの中に，液体は完全に進入することはなく，気体や蒸気が残留している．その気液界面で，過熱液の蒸発が進行し，くぼみ内で気泡が成長する．過熱液中で気泡がある程度まで成長すると，浮力や流体の流動による力のために，気泡は伝熱面から離脱すると同時に，周囲の相対的に低温の液体と入れ替わる．この液体は伝熱面から加熱されて過熱液となり，再び気泡発生点の微細なくぼみ内で気泡が成長するという過程を繰り返す．

くぼみ内の気泡の曲率半径を R [m] とし，気泡外の液の圧力 P_L [Pa]，気泡内の水蒸気の圧力 P_V [Pa]，気-液界面の界面張力（表面張力）σ [N m^{-1}] に対してこの気泡が安定に存在するとき，$P_V - P_L = 2\sigma/R$ が成り立つ．すなわち，気泡内の圧力が，表面張力に基づく圧力だけ，外部の液の圧力より高い．したがって，気-液界面で蒸発が進行して気泡が成長するためには，液温は少なくとも P_V に対する飽和温度（沸点）である必要があり，この値は P_L に対する飽和温度より高く，液体は過加熱される．この過熱度（過加熱される温度）ΔT は，クラペイロン・クラウジウスの式（3.87）より算出され

$$\Delta T = \frac{2\sigma}{R} \cdot \frac{(v_V - v_L) \cdot T_s}{L}$$

となる．L は蒸発潜熱 [J kg^{-1}]，v_V と v_L はそれぞれ気相（蒸気）と液相の比体積

3.5 相変化を伴う伝熱

$[\mathrm{m^3\,kg^{-1}}]$，T_s は圧力 P_L における飽和温度である．

【例題 3.9】 1 atm の水の中で，曲率半径 10 μm の水蒸気の気泡が安定に存在するための加熱度 ΔT を計算せよ．

[解答] 上式で，$R = 10$ μm，$\sigma = 58.84\,\mathrm{mN\,m^{-1}}$，$v_\mathrm{V} = 1.672\,\mathrm{m^3\,kg^{-1}}$，$v_\mathrm{L} = 1.044\,\mathrm{dm^3\,kg^{-1}}$，$T_\mathrm{s} = 100°\mathrm{C} = 373\,\mathrm{K}$，$L = 2260\,\mathrm{kJ\,kg^{-1}}$ とおくと，$\Delta T = 3.25\,\mathrm{K}$ となる．

フライパンの上で，水滴が躍る？ 踊る？

高温の鉄板など（たとえば，フライパン）（温度が約 160°C から 300°C）の上に水滴を落とすと，水滴は鉄板から加熱を受ける．加熱された液面から急激な蒸発が起こり，水滴はいくつかの小さな水滴に分裂し，それぞれは加熱面上で飛び跳ねながら（躍りながら）蒸発して消滅する．これをライデンフロスト現象という．この過程では，まず，水滴が高温面と接すると急激な蒸発が起こり，水滴は高温面から浮いた状態になるが，水滴が高温面から離れると蒸気発生は弱まるため，水滴は再び高温面と接触する．これを繰り返すうちに，水滴は消滅する．高温面の温度が 300°C 以上では，水滴からの蒸発がさらに盛んになるため，水滴は加熱面から蒸気により完全に隔てられ，浮いた状態が保持され，そのまま蒸発が進行して消滅する．

(ii) 蒸発による冷却効果の利用

- 砂漠で冷たい水をつくる方法 [参考文献 6]：砂漠では，湿度が非常に低い（空気がとても乾燥している）ため，水の蒸発は盛んで，たとえば，素焼きの壺の中の水は壺の表面に滲み出して盛んに蒸発する．その際，周囲（壺やその中の水）から蒸発潜熱を奪うため，壺の中の水は冷却され，砂漠でありながら，冷たい水を得ることができる．この冷却法は，古代メソポタミア以来の生活の知恵である．ワインやバターを冷やすための素焼きのワインクーラーやバター冷やし器なども，同様の原理による．

- 人体からの放熱 (3.6 節)：人体は，栄養や酸素などを外部から摂取し，体内で様々な生化学反応を行い，老廃物を体外に排泄・排出するが，伝熱学的には人体は発熱体と見なすことができる．すなわち，体内で代謝により発生した熱は，伝導と血流による対流により体表面まで輸送され，体表や呼吸気道を通して体外に放散されることにより，熱的恒常性（ホメオスタシス）が維持される．体外への熱放散機構は，伝導，対流（強制対流と自然対流），放射，不感蒸泄（発汗によらない皮膚からの水分蒸発）や発汗による気化熱放散，気道からの蒸発による気化熱放散である．この水蒸気の気化熱放散は，熱的恒常性を保つために重要な役割を果たしている．

【例題 3.10】 浴槽に 42°C の温水が満たされている．温水表面からの蒸発により，温水温度が低下する過程を考える．温水内の温度は一様で，浴槽の上面以外の面は周囲と断熱されており，上面では蒸発による熱移動のみを考える．蒸発する水の質量流束 $m = 1.0\,\mathrm{kg\,m^{-2}\,h^{-1}}$ のとき，$\Delta t = 10$ 時間後の温水の温度は何°C になるか．ただし，浴槽の上面の面積は $1.0\,\mathrm{m^2}$，温水の深さは $0.6\,\mathrm{m}$ とし，水の密度 $\rho = 991\,\mathrm{kg\,m^{-3}}$，比熱 $C = 4180\,\mathrm{J\,kg^{-1}\,K^{-1}}$，蒸発潜熱 $L = 2400\,\mathrm{kJ\,kg^{-1}}$ である．浴槽内の温水の量に比べ，蒸発量はわずかなので，蒸発の過程で浴槽内の温水量は変化しないとして計算せよ．

[解答] 水の蒸発に必要な熱量（潜熱）は温水が失う熱量（顕熱）に等しいので，温度降下量 $\Delta T = m \cdot A \cdot L \cdot \Delta t / (\rho \cdot V \cdot C)$ となる．ここで，A は蒸発面の面積，V は浴槽内の温水量である．したがって，$\Delta T = 9.7$°C となり，10 時間後の温水温度は 32.3°C となる．

乾湿計の原理（問題 3.6, 6.1 節コラム参照）

夏の暑いときに庭や道に打ち水をして涼を取ったり，注射の前の消毒用アルコールの蒸発により清涼感を覚えたりなど，いずれも，蒸発時の潜熱が周囲から奪われるためである．蒸発により奪われる熱量は，周囲の温度や湿度の条件に大きく影響される．この特性を利用して，空気中の湿度を測るものに乾湿計がある．乾湿計は，2 個の温度計からなり，一方は，空気の温度を測る乾球温度計，他方は，感温部を水で湿らせたガーゼで包み，常に水を蒸発している状態での温度を測る湿球温度計である．湿度が低いほど，ガーゼからの水の蒸発量が多く，湿球温度は気温（乾球温度）より低くなるので，その差と気温から湿度（空気中の水蒸気の濃度）を求めることができる．

---

d. 医療における相変化の利用 [参考文献 7]

医療において凍結は重要な役割を果たしている．

生体は約 60〜70 wt% の水を含むため，温度低下に対して凍結を生ずる．凍結は生体にとって厳しい環境であるが，生体に対して，"破壊効果" と "保存効果" をもち，"両刃の剣" である．"破壊効果" では，体内の腫瘍などの病変組織を凍結により破壊・壊死させる凍結手術に利用される．"保存効果" では，移植用の細胞・組織・器官などを体外で凍結することにより，代謝を抑制して生命機能を損なわず，長期間保存後，融解し，元の状態に戻す凍結保存に利用される．

細胞は半透膜である細胞膜で覆われ，細胞の集合体である組織は細胞膜などにより細区画化されている．したがって，生体の凍結は，複雑な構造や機能をもつ媒体における相変化を伴う複雑な熱・物質移動問題である．

（1）**凍結手術** アルゴンガスなどのジュール・トムソン効果や液体窒

素により極低温に冷却された凍結プローブを用いて（図 3.20），腫瘍などの病変組織を凍結し破壊する凍結手術は，他の手術方法に比べて低侵襲性，低温麻酔効果による術中の無痛性，治療による異常副産物の未産生，自然の治癒過程による正常組織の再生性に優れる（問題 3.1 参照）．生体組織を凍結壊死させる条件は，冷却速度，加温速度，最低到達温度，凍結時間，凍結・融解の反復回数，組織の凍結感受性（凍結感受性が高いほど，凍結による損傷を受けやすい）などに依存する．凍結手術では，標的とする組織を完全に破壊し，その周囲の正常組織を生かすことが目標である．温度制御法やデバイス（凍結プローブ），および超音波や MRI などの無侵襲計測法による病変部や凍結領域の術中モニタリングの進歩により，凍結手術の適用性は拡大している．施術過程を伝熱工学的に数値計算する手術支援も重要である．

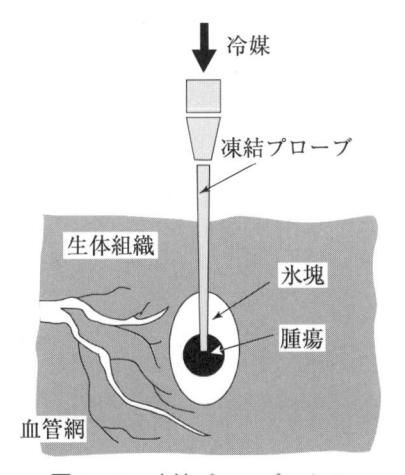

図 3.20 凍結プローブによる腫瘍部の凍結

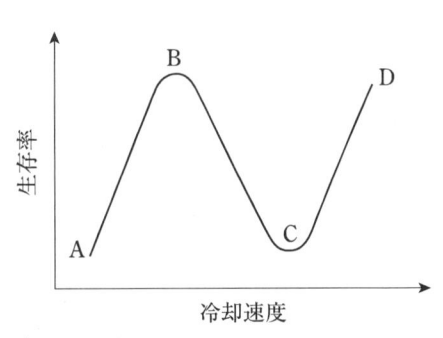

図 3.21 冷却速度に対する細胞の凍結・融解後の生存率（生存曲線）

（2）**凍結保存** 凍結保存は，医療における移植だけでなく，農林業での種子の保存，畜産での家畜動物の生殖細胞の保存，食品の長期保存などにも利用されている．最近では，凍結保存はティッシュエンジニアリングでつくられる組織の保存法としても有用視されている．

現在，単一細胞（血球，精子，卵細胞，胚，酵母，バクテリアなど）や単純な形態・構成のごく限られた組織（骨髄，角膜，皮膚など）に対して，凍結保存はある程度実用されている．しかし，移植の際に血行の再建が必要な大きなスケール・複雑な構造・機能の組織や器官（腎臓，肝臓，心臓，肺臓など）では，いまだ可能ではない．

生体は凍結・融解過程で物理・化学的な種々のストレスを受けるが，それらを緩和するために，凍結前に凍結保護物質（グリセロールやジメチルスルホキシドなど）とよばれる添加剤が用いられる．凍結・融解後の生体の生存

性（生存率）は，生体の特性，凍結保護物質の種類と濃度，冷却速度，加温速度，保存温度，保存時間などの熱的条件に依存する．冷却速度はとくに重要なパラメーターで，細胞の生存率は冷却速度に対して概念的に図 3.21 のように変化する．この生存曲線の特性は，凍結様式や損傷原因から説明される．すなわち，① 緩速凍結（領域 AB），② 急速凍結（領域 BCD），③ 超急速凍結（D 点）などの冷却速度に対して，各々，① 細胞外凍結，② 細胞内凍結，③ ガラス化という特徴的な凍結様式を示す．① では，細胞外での氷結晶の成長と細胞外水溶液の濃縮により，細胞は，高濃度の電解質，脱水・収縮，氷結晶からの機械的作用を受け，それらが過度の場合には，損傷を引き起こす（A 点でこの種の損傷の程度がもっとも大きい）．② では，細胞内の過冷却により細胞内で氷晶形成が起こり，細胞の膜構造が機械的損傷を受ける（C 点でこの種の損傷の程度がもっとも大きい）．③ では，水溶液が濃縮されない非晶質（ガラス質）となり，損傷の可能性が少ない（D 点で生存率が高い）．また，B 点で緩速凍結と急速凍結による損傷がともに起こりにくい．

このように，凍結保存を成功させるには，生体内の熱移動と物質移動の高精度制御が要求される．

3.6 人体における伝熱 ［参考文献 8］

人体における伝熱は，体内での熱収支や体温調節の観点からみて重要な問題で，臨床医学，スポーツ医学，温熱生理学，空気調和工学の分野で多くの研究が行われた結果，様々な人体の体温調節機構がわかってきた．そこで，ここまでに述べた熱移動の原理に基づいて，人体における伝熱を考えてみたい．

a．体温とは ［参考文献 8～11］

生体では，通常エネルギーの補給を食物の分解によって生ずるエネルギーによってまかなっている．食物中の栄養素であるタンパク質，脂質，糖質が体内で低分子物質に分解していくときに，多量の化学エネルギーが放出される．生体は，この化学エネルギーを力学的・電気的エネルギーに変えて利用している．このような生体内のエネルギー変換をエネルギー代謝という．つまり生体では，化学エネルギーを力学的エネルギーに変換する（メカノケミカル変換）という効率のよいエネルギー変換を行っている．生体内では，栄養素の分解で生じるエネルギーを，一般の熱機関のように熱エネルギーに変えることなく利用できる特殊な仕組みがある．すなわち，栄養素の分解で生じるエネルギーをまず貯蔵型の化学エネルギーに変換し，必要に応じて化学エネルギーを生体活動に利用する．その貯蔵役となる物質が ATP（アデノ

3.6 人体における伝熱

シン三リン酸）で代表される高エネルギーリン酸化合物である．栄養素の分解で生ずるエネルギーの多くはATPに変換できずに熱エネルギーとなって，仕事に利用されていない．つまり化学エネルギーの約80％は熱となり，恒温動物ではその熱によって体温を外界の温度より高く維持することが可能となっている．生体内代謝過程で，熱は安静時もある一定量を継続的に発生しており，体重60 kgの人の基礎代謝量が1500 kcal day^{-1}のとき，熱放散がまったくなければ，体温が30℃ day^{-1}も上昇することになる．実際には，恒温動物の深部温度（生体内の温度環境を表す指標として使われる）は動物の種類によって異なり，表3.3のような値を取る．深部温度が35～40℃のような狭い温度範囲に維持されるときにのみ，生理的機能を維持できる．したがって，熱の発生よりも熱の放散の巧みな調節によって恒温動物の体温は一定に保たれている．

一方，生体内の温度は部位による違いが著しいため，体温といっても漠然としており，どの部位の温度を指すのか明確でない．外気温が低くなると，手足や顔の表面などの温度は低下するが，内部温度は一定に保たれている．そこで温度勾配の比較的大きい体表面近くの層を外郭部（shell），内部を深部または中核部（core）といい，深部の温度を一定に保つために，外郭部での伝熱機構が重要な役割を果たす．中核部と外郭部は外気温によって変化する．図3.22に温環境と冷環境における体内温度分布を示す．人体の回りの温度が高い温環境では，体内のほとんどが中核部温度に近い（37℃の等温線で

表3.3 恒温動物の体重と深部温度

	体　重	深部温度 [℃]
アフリカゾウ	6000 kg	36.4
ウ　シ	500 kg	38.5
ラクダ	280 kg	38.1
オオカモシカ	200 kg	38.7
カ　バ	135 kg	36.5
ブ　タ	100 kg	39.7
イルカ	95 kg	38.2
ヒ　ト	70 kg	36.6～37.0
ヒツジ	50 kg	38.5
ヤ　ギ	30 kg	39.0
ウサギ	2.4 kg	38.5
ハムスター	400 g	39.5
シロアシネズミ	100 g	37.8
リ　ス	100 g	36.5
モグラ	90 g	35.0

[Shitzer, A. and Eberhart, R.C. (eds.), *Heat Transfer in Medicine and Biology*, Vol. I, p. 5, Plenum Press (1985) より改変]

囲まれた領域で，網点をかけた部分）．一方，人体の回りの温度が低い冷環境では，末梢温度が下がり，中核部温度の領域は著しく狭くなる．

恒温動物では，内部温度である中核部温度が一定に保たれている．人が病気になると，診断指標として体温を測るが，普通はガラス棒状温度計を脇の下あるいは口腔内に入れて測定する．しかしながら，人体内の温度分布が回りの温度環境によって大きく変化することを考えると，脇の下や口腔内の温度が必ずしも中核部温度に対応するわけではない．そこで，中核部体温は，体温調節を司っている視床下部の温度を代表すると考えると，中核部温度は生体の生理的状態の指標となり，臨床医学的にも有用な診断情報となる．視床下部の温度を直接測定することは困難であるが，鼓膜温が視床下部温にほぼ比例することがわかり，鼓膜温が内部温度として用いられるようになった．

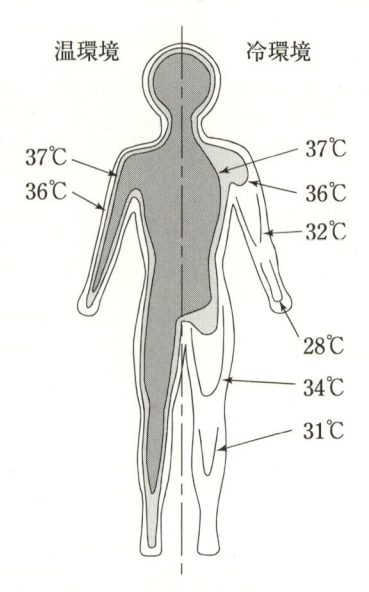

図 3.22 人体内の温度分布
［日本生気象学会編：生気象学，p. 49，紀伊國屋書店（1968）］

生体における熱収支を見積もるとき，体内温度の分布を考慮した平均温度が用いられる．測定が容易であることから，直腸温 T_{re} を中核部温度とし，皮膚温 T_s を外郭部温度として，平均体温 T_b を求める．しかしながら，中核部と外郭部の分布が詳しく知られていないので，厳密に平均体温を求めることはできず，実際には，経験的な係数を掛けて平均体温を求めている．

$$T_b = 0.65\, T_{re} + 0.35\, T_s \tag{3.95}$$

外郭部温度は環境によって大きく変化し，部位ごとの差異も著しい．さらに，身体の外表面である皮膚には，温かさや冷たさを感じる受容器（神経の終末）が分布しており，それからの信号と中核部の温度によって寒暖の温度感覚を生ずると考えられているので，皮膚温は人体における伝熱機構に重要な役割を演じている．しかしながら，皮膚温は部位による違いが大きいことから，各部での温度に重みをつけた平均皮膚温を使うことが多い．たとえば，頭部，腕，手，背中，大腿部，脚，足の 8 箇所の表面積の割合で重みをつけると，次式のように与えられる．

$$\bar{T} = 0.07\, T_{head} + 0.14\, T_{arms} + 0.05\, T_{hands} + 0.17\, T_{back}$$
$$+ 0.18\, T_{chest} + 0.19\, T_{thighs} + 0.13\, T_{legs} + 0.07\, T_{feet} \tag{3.96}$$

3.6 人体における伝熱

b. 人体における熱移動の物理 [参考文献 9, 10, 12]

　　熱発生と熱放散が等しければ，体温は一定に維持される．そこで恒温動物の体温調節のメカニズムを明らかにするために，熱発生と熱放散がどのようにしてバランスを保っているかを考える必要がある．熱発生には，生体組織での代謝に伴う熱発生，寒冷時のふるえによる筋肉の発熱，筋肉の収縮によらない代謝調節による熱発生，疾患などがあげられる．表 3.4 は人の体内における熱発生量を臓器別に調べた結果である．安静時では全体で 83.72 W (72 kcal h^{-1}) の熱発生であるが，労作時には約 3 倍になっている．臓器別で見ると，心臓では労作時の増加が著しいが，消化器系では多少減少している．労作時に大きな増加を示すのは筋肉である．

表 3.4　安静時と労作時における各臓器の代謝量 (W)

部　　位	安静時	労作時
全　　身	83.72	251.16
筋　　肉	31.81	174.42
肝　　臓	10.40	5.51
胃　　腸	6.35	4.05
腎　　臓	6.28	1.81
脾　　臓	5.30	6.98
心　　臓	3.70	11.16
脳	2.51	2.79
膵　　臓	1.12	0.49
血　　液	0.91	0.91
唾　液　腺	0.56	0.21
臓　器　計	37.13	33.91

[横山真太郎ほか：からだと熱と流れの科学，p. 35, オーム社 (1998)]

　一方，熱放散には，① 伝導，② 対流，③ 放射，④ 蒸発がある．伝導には，深部から体表面までの熱移動，体表面から衣服との隙間の空気層，衣服などへの熱移動がある．対流には，体内での血液の流れ，体表面および衣服表面での空気の流れ，あるいは水の流れがある．とくに組織内では，血液の流れによる影響が大きく，体内の部位別の血液流分布を調節することによって，巧みな体温調節を行っている．さらに動・静脈管の間での対向流熱交換も重要な働きをしていることは古くから指摘されている．放射には，体表面・衣服表面と外界，生体と太陽・外部高温熱源の間の熱移動がある．蒸発は，潜熱が関与する相変化を伴うので，とくに環境温度が高いときに有効な放熱機構となる．蒸発による熱放散には，体表面からの発汗によるものと，上気道からの蒸発によるものがある．このように，環境条件や身体側の条件によって熱放散の形態が異なるが，気温 17°C，気流がほとんどなく，湿度も低く，

壁面が気温と同じ室内で安静にしている状態では，放熱量の 2/5 が放射，2/5 が対流，1/5 が蒸発によって行われている．

図 3.23 は，体温調節を司る熱発生量，蒸発による熱放散量，深部温度，環境温度との関係を示す概念図である．図中に示されている温熱中立帯とは，ふるえによる熱発生や，蒸発による熱放散によらないで，深部温度が基礎代謝による熱発生と皮膚血管の緊張，衣服，姿勢などの調節によって一定に保たれる温度範囲をいう．環境温度が温熱中立帯の下限以下になると熱発生量が増加し，ふるえによる熱発生を増加させて深部温度を一定に保とうとするが，ある限界以下になるとバランスが崩れ，深部温度の低下（低体温）が起こる．ついには回復不能となり，寒冷死にいたる．逆に環境温が温熱中立帯の上限以上になると，蒸発による熱放散が増加して深部温度を一定に保とうとするが，この場合もある限界以上になると深部温度の上昇（高体温）が起こる．

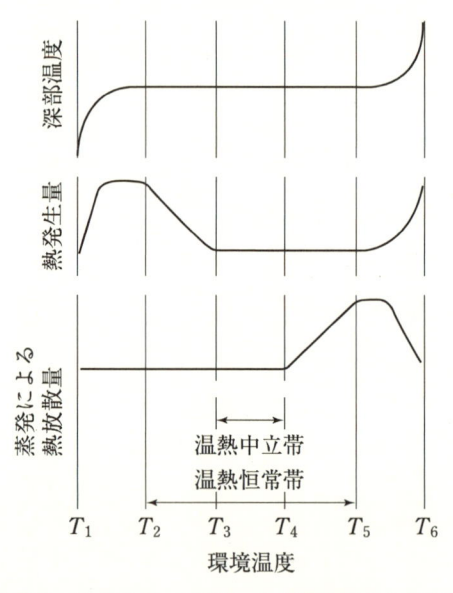

図 3.23 深部温度，熱発生量，蒸発による熱放散量と環境温度との関係
[Shitzer, A. and Eberhart, R.C. (eds.)：Heat Transfer in Medicine and Biology, Vol. I, p. 31, Plenum Press (1985)]

図 3.24 は，環境温度の変化に伴って，代謝熱発生量，蓄熱量，放射と対流による熱放散量，蒸発による熱放散量がどのように変化しているかを，一人の被験者（裸体）について行った実験結果である．縦軸のプラス側は，受熱（熱発生を含む），マイナス側は放熱を意味する．環境温度が 30℃ 前後で，ほぼ平衡がとれている（蓄熱量が一定）．放射と対流の合計値は，環境温度にほぼ比例して増加しているが，とくに 35℃ 以上では，その傾きがやや大きくなっている．蒸発による熱放散量は，30℃ 以上での発汗開始によって急激に

3.6 人体における伝熱

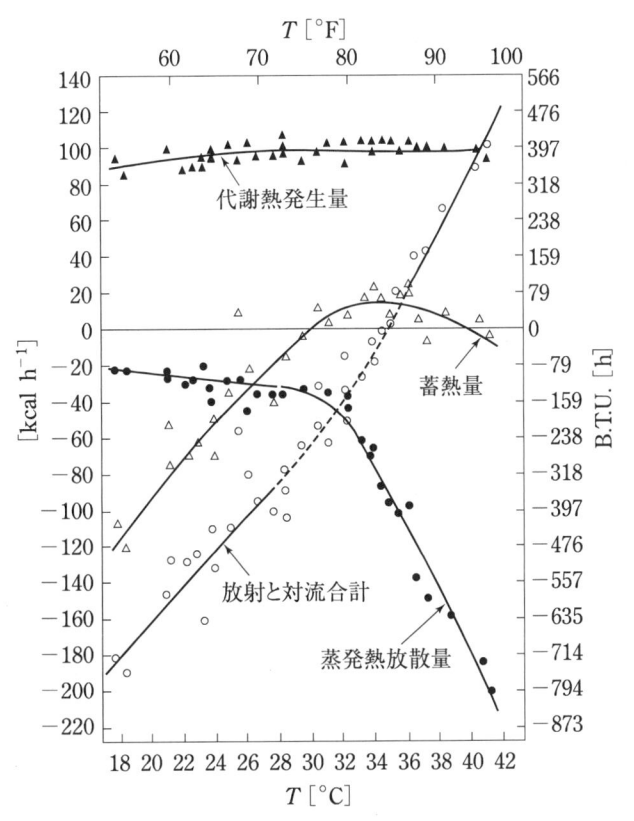

図 3.24 環境温度の代謝熱発生量(蓄熱量), 放射と対流による熱放散量, 蒸発による熱放散量に対する影響
［中山昭雄：体温とその調節, 中外医学社 (1970)］

増加している．蓄熱量は, 30℃以上でプラスであるが, 30℃以下で体温が低下している．この実験結果では, 29〜33℃の間が, この被験者の温熱中立帯といえよう．このようにして, 外部環境や, 身体内部の状況変化に応じて, 熱の平衡を保つことにより, 一定の体温を維持している（1.4節コラム）．

c．血流による熱交換［参考文献10］

　　　生体組織における熱移動は, 熱媒体としての血液が主要な役割を演じているので, 生体内の熱移動量を求めるためには, 血液による影響を明確にする必要がある．

　　　生体組織内の熱移動を解析するとき, または組織内血液灌流量を求めるとき, Pennesにより得られた次に示すエネルギー収支式（生体伝熱方程式）(bioheat equation) がよく用いられる．

$$\rho c \frac{\partial T}{\partial t} = k_t \nabla^2 T - \rho_b w_b c_b (T - T_a) + H_m \tag{3.97}$$

ここで, T：組織温度, T_a：動脈血の温度, ρ：組織密度, ρ_b：血液密度, c：組織比熱, c_b：血液比熱, k_t：組織熱伝導率, w_b：組織単位体積あたりの

血液流量，H_m：組織単位体積あたりの代謝熱である．式 (3.97) は熱伝導の方程式 (3.11) に，血液灌流によって運ばれた熱が等方的に熱発生していることを表す項を加えた式である．式 (3.97) は極めて簡便な方程式であるため，組織内の熱移動を求めるときによく用いられる．さらに組織内のマクロ的な熱移動量を計測して，組織内の血流量を式 (3.97) から求めている．

d．温度感覚器

温度感覚器として知られている部位は，前述の視床下部のほかに，中脳，延髄，脊髄および皮膚である．中心的に機能しているのは視床下部であるが，中脳や延髄は補助的な立場にある．中でも人体の温度環境にさらされている皮膚には，温度感覚器が豊富に分布していることが知られている．とくに興味深い点は，温かさを感じる感覚器と冷たさを感じる感覚器が別々に存在していることである．たとえば，金属棒を 20℃ 程度に冷やして皮膚に触れさせると，冷たさを感じる部分が見つかり，さらに金属棒を 45℃ 程度に熱して皮膚に触れさせると，温かさを感じる部分が見つかる．冷たさを感じる部位を冷点，温かさを感じる部位を温点というが，人の全身に分布している冷点と温点の分布密度を表 3.5 に示す．冷点の方が温点よりも多いことが印象的である．

表 3.5 温度感覚点の分布密度 [個数 cm^{-2}]

部 位	冷 点	温 点
前額部	5.5〜8	0.6
鼻	8〜13	1
口 腔	<4.6	<3.6
その他の顔面	8〜9	1.7
胸 部	9〜10	0.3
前 腕	6〜7.5	0.3〜0.4
手 背	7.5	0.5
手 掌	1〜5	0.4
指 背	7〜9	1.7
指 掌	2〜4	1.6
大 腿	4〜5	0.4
全身平均	6〜23	0〜3

[間田直幹, 内薗耕二, 伊藤正男, 富田忠雄編：新生理学(下), 第二版, p.699, 医学書院 (1968)]

● 3章のまとめ

(1) 熱伝導のフーリエの法則：$dq = \dfrac{dQ}{S} = -\lambda \dfrac{dT}{dx}$

(2) 熱伝導方程式：$\dfrac{\partial T}{\partial t} = \alpha \left(\dfrac{\partial^2 T}{\partial x^2} + \dfrac{\partial^2 T}{\partial y^2} + \dfrac{\partial^2 T}{\partial z^2} \right) + \dfrac{H}{\rho c}$

3章のまとめ

(3) 対流熱伝達：自然対流（密度差による浮力）と強制対流（人工的力）

(4) 温度境界層：流体運動と熱伝導が関与，温度境界層厚さ → 速度境界層と熱拡散の速さに影響

(5) 熱伝達率：フーリエ（Fourier）の法則（温度勾配の代りに壁面温度と温度境界層外温度との差を用いて表現）

局所熱伝達率：$h_x = q_w/(T_w - T_\infty)$

平均熱伝達率：$h_m = \dfrac{1}{A}\displaystyle\int_A h_x \, dA$

(6) 対流熱伝達の相似則：

プラントル数：$Pr \equiv \dfrac{\nu}{a} = \dfrac{c_p \mu}{\lambda}$ （速度境界層と温度境界層の厚みの相対的割合）

ヌッセルト数：$Nu \equiv \dfrac{hx}{\lambda}$ （流体と伝熱面間の熱伝達の強さ）

グラスホフ数：$Gr \equiv \dfrac{g\beta(T_w - T_\infty)x^3}{\nu^2}$ （自然対流の駆動力）

(7) 鉛直平板の自然対流熱伝達：層流境界層から乱流境界層への遷移，プロフィル法による近似解

局所熱伝達率：$h_x = \lambda \dfrac{2}{\delta_T} = \dfrac{2}{3.93}\dfrac{\lambda}{x}\left(1 + \dfrac{0.952}{Pr}\right)^{-1/4}(Pr\, Gr_x)^{1/4}$

局所ヌッセルト数：$Nu_x = \dfrac{h_x x}{\lambda} = 0.509\left(1 + \dfrac{0.952}{Pr}\right)^{-1/4}(Pr\, Gr_x)^{1/4}$

(8) 平板強制熱伝達：外部流，プロフィル法による近似解

局所熱伝達率：$h_x = \dfrac{-\lambda(\partial T/\partial y)_w}{T_w - T_\infty} = \dfrac{3}{2}\dfrac{\lambda}{\delta_T}$

局所ヌッセルト数：$Nu_x = \dfrac{h_x x}{\lambda} = 0.331 \cdot Re_x^{1/2} \cdot Pr^{1/3}$

平均熱伝達率：$h_m = \dfrac{1}{x}\displaystyle\int_0^x h_x \, dx = 2\, h_x$

平均ヌッセルト数：$Nu_m = \dfrac{h_m x}{\lambda} = 0.662 \cdot Re_x^{1/2} \cdot Pr^{1/3}$

(9) 円管内強制対流熱伝達：内部流，温度境界層の発達，ハーゲン・ポアズイユ流れ

熱流束一定の場合の温度分布：$T = \dfrac{1}{a}\dfrac{\partial T}{\partial x} 2u_m\left(\dfrac{r^2}{4} - \dfrac{r^4}{16\, r_0^2}\right) + T_c$

局所熱伝達率（基準温度＝混合平均温度）：$q_w = h_x(T_w - T_b)$

(10) 熱交換器：隔壁式（並流，向流，直交流）

温度効率：高温流体側 $\phi_h = \dfrac{T_{hin} - T_{hout}}{T_{hin} - T_{cin}}$

低温流体側 $\phi_c = \dfrac{T_{cout} - T_{cin}}{T_{hin} - T_{cin}}$

平均温度差：二重管式熱交換器の場合（並流・向流同様）

$$\Delta T_{lm} = \dfrac{\Delta T_a - \Delta T_b}{\ln(\Delta T_a / \Delta T_b)}$$

(11) 熱放射：電磁波，媒体を介さずに空間を直接移動，真空中の伝播速度＝光速

熱放射線の波長範囲：約 $0.1 \sim 100 \,\mu m$（可視光線 約 $0.38 \sim 0.78 \,\mu m$）

黒体放射：黒体＝入射するあらゆる熱放射線をすべて吸収する仮想物体

プランクの法則：$E_{b\lambda} = \dfrac{C_1 \lambda^{-5}}{\exp(C_2 / \lambda T) - 1}$

ウィーンの変位則：$\lambda_{\max} T = 2897.6 \,\mu m\, K$

ステファン・ボルツマンの法則：$E_b = \sigma T^4$

放射の諸性質：反射（規則反射，乱反射），吸収，透過

反射率・吸収率・透過率：$\rho + \alpha + \tau = 1$

放射率：物体の吸収エネルギー＝物体の射出エネルギー（平衡状態）

キルヒホッフの法則：$\varepsilon = \alpha \left(= \dfrac{E}{E_b} \right)$

灰色体：単色放射率が波長に依存しない物体

(12) 相変化における飽和温度と飽和圧力の関係（クラペイロン・クラウジウス（Clapeyron-Clausius）の式）

$$\dfrac{dP}{dT} = \dfrac{L}{T(v_{II} - v_I)}$$

(13) 相変化における相界面での伝熱

$$-\lambda_I \cdot \dfrac{\partial T_I}{\partial x} + mL = -\lambda_{II} \cdot \dfrac{\partial T_{II}}{\partial x}$$

(14) 凝縮伝熱：飽和蒸気の膜状凝縮

$$Nu = \dfrac{4^{3/4}}{3} \left[\dfrac{Ga\, Pr}{Ph} \right]^{1/4}$$

(15) Pennes による生体伝熱方程式

$$\rho c \dfrac{\partial T}{\partial t} = k_t \nabla^2 T - \rho_b w_b c_b (T - T_a) + H_m$$

3章の問題

[3.1] 生体組織を冷凍メスによって凍結させる状況を，次のような簡単な一次元モデルで考えよう．すなわち，メスの表面温度を T_s（一定），組織の内部温度を T_0（一定）とし，組織の熱容量を無視できるとする．時間 t における凍結部分の深さを x とし，凍結組織内では，熱は熱伝導のみによって運ばれるとするとき，凍結界面 x における熱エネルギー収支式を求めよ．$t=0$ のとき，$x=0$ とすると，凍結部の深さ x を時間経過 t の関数として求めよ．ただし，λ は凍結部の熱伝導率，ρ は凍結部の密度，L は凍結による潜熱である．

[3.2] 低粘度のスープと高粘度のシチューを鍋で加熱する場合，シチューの方が焦げやすい理由について自然対流の観点から考察せよ．

[3.3] 対流の伝熱面における熱の授受の条件として，温度（T_w）一定と熱流束（q_w）一定の場合がある．平板強制熱伝達において熱流束一定の場合の局所ヌッセルト数は，温度一定の場合の式（3.62）と形が同様で，次式のように求められている．

$$Nu_x = \frac{h_x x}{\lambda} = 0.458 \cdot Re_x^{1/2} \cdot Pr^{1/3} \quad (Pr > 0.5) \tag{3.98}$$

局所伝熱面温度 $T_{w,x}$ は前縁からの距離 x とともにどのように変化するか．

[3.4] 幅 0.64 m，高さ 0.77 m の遠赤外線平板ヒーターが宇宙船に取り付けられて，その裏面（宇宙船側）は完全に断熱されている．ヒーターの表面温度を 45℃ に保つために必要な出力（W）を求めよ．ただし，ヒーター表面の放射率を 0.70 とし，ヒーター表面と宇宙空間（0K の完全黒体とみなす）の間で垂直に放射されるものとする．

[3.5] 円筒容器の中の 0℃（1 atm）の水が，容器側面（円筒面）（温度 T_0 [℃] < 0℃）から冷却され，氷が円筒状に成長するとき，氷が容器中心に達する（凍結が完了する）までの時間が，$\rho \cdot L \cdot R_0^2 / \{4 \cdot \lambda \cdot (-T_0)\}$ となることを示せ．ただし，R_0 は円筒容器の半径，ρ，L，λ は，それぞれ，水の密度，凝固潜熱，氷の熱伝導率である．また，「3.5 節 c の(1) 凝固伝熱と融解伝熱」の「液体の一次元凝固」の場合と同様，氷内の熱伝導は準定常で，その温度は定常状態の分布で表されるとする．

[3.6] 湿球温度計のように，空気流中に，水を含んだガーゼで覆われた円柱があり，その表面からの水分蒸発により円柱が冷却されている．空気流の温度 T_∞，密度 ρ，湿度（水分の質量分率）W_∞，円柱ガーゼ表面と空気流の間の熱伝達率 h，物質伝達率 h_D とする．定常状態でのガーゼ表面の温度 T_s（これが，湿球温度計の指示値である）が，$T_\infty - (W_s - W_\infty) \cdot h_D \rho L / h$ となることを示せ．

ただし，ガーゼ表面は水蒸気の飽和状態で，湿度 W_s とする．

● 参考文献

1) J.R. ホールマン（平田 賢監訳）：伝熱工学（上）（下），理工学海外名著シリーズ 38，ブレイン図書出版 (1982)．
2) 北山直方（西川兼康監修）：図解伝熱工学の学び方，オーム社 (1982)．
3) 竹内正雄：新版 熱計算入門 II—伝熱・流体の流れ—，(財) 省エネルギーセンター (1989)．
4) 市原正夫，大賀文博，水野直治，山本茂夫，鈴木善孝：化学工学の計算法，化学計算法シリーズ 4，東京電機大学出版局 (1999)．
5) 伝熱工学資料，改訂 4 版，p.127，日本機械学会 (1986)．
6) 相原利雄：プロメテウスの贈りもの，p.79，裳華房 (2002)．
7) 石黒 博：生体，医療における低温利用，日本機械学会誌，**99** (927), 21 (1996)．
8) 日本機械学会編：生体力学，pp.208-246，オーム社 (1991)．
9) 中山昭雄：体温とその調節，中外医学社 (1970)．
10) Shitzer, A. and Eberhart, R.C. (eds.)：Heat Transfer in Medicine and Biology, Vol. I and II, Plenum Press (1985).
11) 日本生気象学会編：生気象学，紀伊國屋書店 (1980)．
12) 山田幸生ほか：からだと熱と流れの科学，オーム社 (1998)．
13) 間田直幹，内薗耕二，伊藤正男，富田忠雄編：新生理学（下），第二版，p.699，医学書院 (1968)．

● 参考書

1) 日本熱物性学会編：熱物性ハンドブック，養賢堂 (1990)．

〔熱 力 学〕
2) 森 康夫，一色尚次，河田治男：熱力学概論，養賢堂 (1997)．
3) 谷下市松：基礎熱力学，裳華房 (1994)．

〔伝 熱 工 学〕
4) 甲藤好郎：伝熱概論，養賢堂 (1982)．
5) 相原利雄：伝熱工学，第 10 版，裳華房 (2003)．
6) 庄司正弘：伝熱工学，東京大学出版会 (1995)．

〔凝 固〕
7) B. Chalmers（岡本 平，鈴木 章訳）：金属の凝固，丸善 (1971)．

〔医療における凍結利用〕
8) 阿曽弘一，隅田幸男編：低温医学，朝倉書店 (1983)．

4 物質の移動

キーワード　分子拡散　拡散　拡散係数　等モル相互拡散　一方拡散　境膜　境膜物質移動係数　物質収支　透析　人工膜　総括物質移動係数　オームの法則　直列抵抗モデル　律速段階　対数平均濃度差　向流　並流　十字流（直交流）　モデリング　薬物送達システム　放出制御　沪過　逆沪過　沪過係数　ルンゲ・クッタ法

● 4章で学習する目標

　本章では，化学工学の基本的な現象である物質の移動について学ぶ．物質の移動には，流れを伴わない物質移動（拡散）と流れを伴う物質移動がある．これらの物質移動現象についていくつかの実例を紹介し，その中で化学工学の基礎概念である収支・平衡・速度の有用性と重要性を理解する．

4.1 グラハムとフィック（拡散）

　拡散あるいは対流によって，気体，液体あるいは固体中を溶質が移動する現象を**物質移動**（mass transfer）というが，これは化学工学でもっとも基本的な現象である．

　一定の温度と圧力にある静止した均一相（気体，液体，固体）内で，ある溶質の濃度が場所によって異なるとき，その溶質は高濃度側から低濃度側に移動して，溶質濃度が最終的に均一になろうとする．この現象を**分子拡散**（molecular diffusion）といい，この分子拡散のことを**拡散**（diffusion）ということが多い．この現象は自発変化であり，エネルギーを必要としない．また系と周囲のエントロピー変化の和は常に増加し，最終到達点の平衡状態でエントロピーは極大となる．このような物質移動現象を受動輸送という．これに対して，濃度の低い所から濃度の高い所に向かって溶質が移動する現象を能動輸送といい，エネルギーを必要とする．

　拡散現象を見つけてグラハムの法則を提唱したのが，イギリスの化学者**グラハム（グレアム）**（Thomas Graham）（図 4.1）である．一定の温度と圧力

のもとで，気体が短い細孔を熱運動で透過し，圧力の高い所から低い所へ流出するとき，その流出速度は気体分子量の平方根に反比例する，というのが**グラハムの法則**（Graham's law）であり，実験的に見つけた分子拡散の物理化学法則である．気体分子運動論でグラハムの法則を理論的に導くこともできる．流体（気体あるいは液体）が層流で流れているとき，流れに直角方向の物質移動も拡散である．グラハムの法則によれば，分子量の異なる分子からなる気体混合物を拡散で分離することができる．

図 4.1　Thomas Graham (1805-1869)

図 4.2　Adolf Eugen Fick (1829-1901)

拡散速度はフィックの法則で定義されており，理工学分野で広く使われている基本法則である．この法則を提唱したのが，ドイツの生理学者フィック（Adolf Eugen Fick）（図 4.2）である．

4.2　フィックの法則

成分 A の濃度 C_A [mol m^{-3}] 勾配が x 方向に存在しているとき，単位面積，単位時間あたりの拡散による x 方向の**物質流束（拡散流束）** N_A [mol m^{-2} s^{-1}]（mass flux）は

$$N_A = D_{AB} \frac{dC_A}{dx} \tag{4.1}$$

で表される．ここで D_{AB} [m^2 s^{-1}] は**拡散係数**（diffusion coefficient）である．式（4.1）が成り立つのは**等モル相互拡散**（equimolal counterdiffusion）（$N_A + N_B = 0$）のときである．気相における拡散は気体分子運動論に従う．

A，B の 2 成分系において，成分 A の拡散流束を N_A，成分 B の拡散流束を N_B，成分 A のモル分率を x_A [－]，単位体積中の A，B 両成分のモル数の和を c [mol m^{-3}] とすると

4.2 フィックの法則

$$N_A - x_A(N_A + N_B) = -cD_{AB}\frac{dx_A}{dx} \tag{4.2}$$

が成り立つ．この式 (4.1) および式 (4.2) が**フィックの第一法則**である．

成分 A に濃度分布が存在すると，成分濃度が均一になる方向に自発変化する．この濃度の時間的変化が一次元方向で起こるとき

$$\frac{\partial C_A}{\partial t} = D_{AB}\frac{\partial C_A}{\partial x^2} \tag{4.3}$$

が成り立ち，式 (4.3) が**フィックの第二法則**である．これらの式を与えられた初期条件，境界条件で解くことによって，場所による濃度分布，またその濃度分布の時間的変化が求められる．

蒸留 (distillation) などのような**等モル相互拡散**の場合には，$x=x_1$ で分圧 $p_A=p_{A1}$ [mmHg]，$x=x_2$ で分圧 $p_A=p_{A2}$ の境界条件で式 (4.1) を積分すると

$$N_{Ae} = \frac{D_{AB}}{RT}\frac{p_1-p_2}{x_1-x_2} \tag{4.4}$$

となる．

乾燥 (drying)，**ガス吸収** (absorption)，**昇華** (sublimation) のような**一方拡散** (unidirectional diffusion) ($N_B=0$) の場合には，式 (4.2) を同じ境界条件 ($x=x_1$：分圧 $p_A=p_{A1}$ [mmHg]，$x=x_2$：分圧 $p_A=p_{A2}$) で積分すると

$$N_{Au} = \frac{D_{AB}P}{RT(x_1-x_2)}\frac{p_1-p_2}{p_{BM}} \tag{4.5}$$

となる．ここで P は全圧 [mmHg]，p は分圧 [mmHg]，p_{BM} は

$$p_{BM} = \frac{p_1-p_2}{\ln\frac{p_1}{p_2}} \tag{4.6}$$

である．N_{Ae} と N_{Au} には

$$\frac{N_{Ae}}{N_{Au}} = \frac{p}{p_{BM}} \tag{4.7}$$

の関係があり，気体中の拡散成分 A の濃度が小さくて

$$p_{BM} = P \tag{4.8}$$

であれば，一方拡散と等モル相互拡散による物質流束は同じになる．

流れ場においては，拡散だけでなく流れによって物質が運ばれる．この場合の物質移動速度は非常に大きく，工業的な拡散的単位操作装置のほとんどが流れを伴う物質移動を利用している．ここでは，化学工学において重要な基礎概念の一つである**境膜** (film) の考え方を用いている (2.5 節 a, 3.2 節 b, 3.3 節 a における境界層の概念と類似)．この境膜の概念は，物理化学者

のネルンスト（H.W. Nernst）が固体の溶解現象を説明するのに用いたのが最初である．化学工学分野では，ルイス（W.K. Lewis）とホイットマン（W.G. Whitman）がガス吸収における**二重境膜説**（two-film theory）(1923-24) を初めて提唱している．

　流体中に置かれた物体の回りには，流体本体が**乱流**（turbulent flow）であっても，**層流**（laminar flow）の薄い層が形成される（2.5節a）．この層を化学工学では境膜という．固体-流体間で物質移動が起こるとき，拡散が支配的な境膜での物質移動抵抗が大部分を占めている．拡散係数を境膜厚みで割った値は，層流境膜内を溶質が拡散で移動するときの速さを表す．すなわち，拡散係数が大きいほど，また境膜が薄いほど，溶質は境膜を速やかに移動する．この値を**境膜物質移動係数**（film mass transfer coefficient）という．流体本体の溶質濃度と固体表面での溶質濃度の差を ΔC_A，境膜物質移動係数を k_C とすると，流れを伴う物質移動における物質流束 N_A は

$$N_A = k_C \Delta C_A \tag{4.9}$$

で表される．

　気体-液体間，液体-液体間などのように，濃度の異なる二つの相が直接接触しているときの**異相間物質移動**（heterogeneous mass transfer）の場合には，2相間の濃度差を ΔC_A とすると，物質流束 N_A は

$$N_A = K_C \Delta C_A \tag{4.10}$$

で表される．ここで K_C は総括物質移動係数である．この場合でも境膜が大きな役割を演じている．蒸留，吸収，**抽出**（extraction），**吸着**（adsorption），**晶析**（crystallization），**膜分離**（membrane separation），**調湿**（gas conditioning），乾燥などは拡散的単位操作であるが，いずれも異相間物質移動が起こっている．

　拡散的単位操作装置と反応器の性能は，装置内を流れる流体の流動形式・

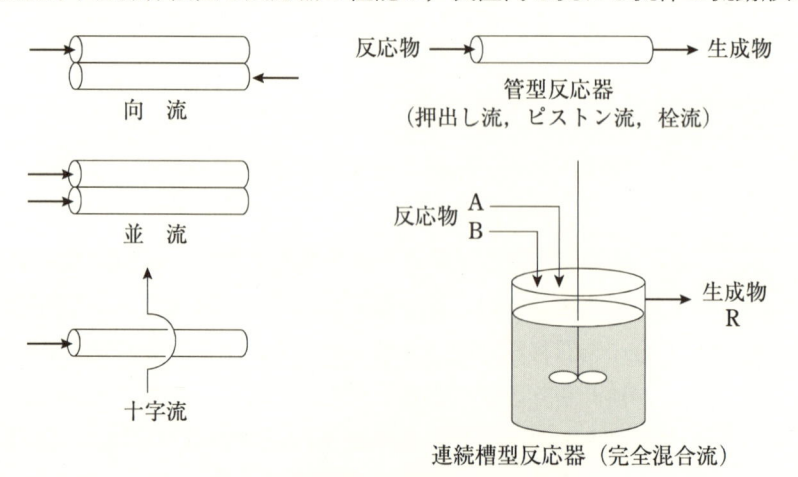

図 4.3　装置内の流動形式・流動状態

流動状態（図4.3）によって変化する．二つの流体の流動形式 [**向流** (counter current flow)，**並流** (parallel flow)，**十字流（直交流）**(cross flow)] によって（3.3節 b），また装置内を流れる流体の流動状態 [**栓流** (plug flow)，**完全混合流**（mixed flow)] によって，装置性能が変化する．

【発展】 肺胞内の物質移動

肺には非常に小さい無数の肺胞が存在し，そこに毛細血管が集中している．吸気中の酸素は肺胞に達し，肺胞にある毛細血管の壁を透過して血液に吸収される．そして血液中の二酸化炭素は呼気中に放散される．肺胞内の酸素濃度は均一で C_1 とする．あるとき肺胞壁面の酸素濃度が上昇して C_0 になり，そのあとこの値に維持されたとする．肺胞中心酸素濃度 C が平衡状態の 99% に達するまでの時間はどのくらいか？ 空気中の酸素の拡散係数 D は $18\,\mathrm{mm^2\,s^{-1}}$ とする．肺胞中心酸素濃度の時間的変化を表す近似式は

$$\frac{C-C_1}{C_0-C_1} \cong 1 - 2\exp\left(-\frac{D\pi^2 t}{R^2}\right) \tag{4.11}$$

である．ここで R は肺胞の半径であり，$50\,\mathrm{\mu m}$ とする．

上式の左辺が 0.99 のとき $D\pi^2 t/R^2 = 5.30$ となり，これより時間 t は $74.6\,\mathrm{\mu s}$ となる．

もし肺胞半径が $5\,\mathrm{mm}$ としたら，この時間 t はどのくらいになるであろうか？ 肺胞半径が 100 倍になるから，時間 t は 10 000 倍になる．したがって $0.746\,\mathrm{s}$ と計算される．

このように，肺胞が非常に小さいことから拡散抵抗が小さくなり，速やかに平衡に達することがわかる．ちなみに，肺胞壁の総面積は約 $90\,\mathrm{m^2}$ である．

この概念は他の現象にも当てはまる．細かい粒子状の砂糖と大きな塊の砂糖では，どちらが溶解しやすいか？ 固体粒子の回りに形成される境膜の物質移動係数は小さい粒子ほど大きくなる．また固体粒子周辺の流体が撹拌によって流動しているとき，境膜物質移動係数はさらに大きくなる．したがって，細かい砂糖粒子が十分に撹拌されている水槽中に投入されると溶解しやすくなる．

4.3 開栓香水びん中の香料は何故香る？

香水びん（図 4.4）に香料のエチルアルコール溶液が入っている．匂いを決めるのは有香物質の蒸気成分である．多くの香料を調合して目的とする匂いをつくり出す仕事は芸術的であり，科学的に解明されていないことが多く，調香師の独壇場である．しかし有香物質（揮発性蒸気成分）の物理化学的性質の一つである蒸気圧は，香りに影響する重要な因子である．

図 4.5 のような試験管状の香水びんをここでは想定し，香水表面において，温度 $T\,[\mathrm{K}]$ での飽和蒸気圧 $p\,[\mathrm{mmHg}]$ で有香物質が蒸発する．開栓した香水びんの口の外側に空気が流れている．香水が液表面で蒸発し，香水び

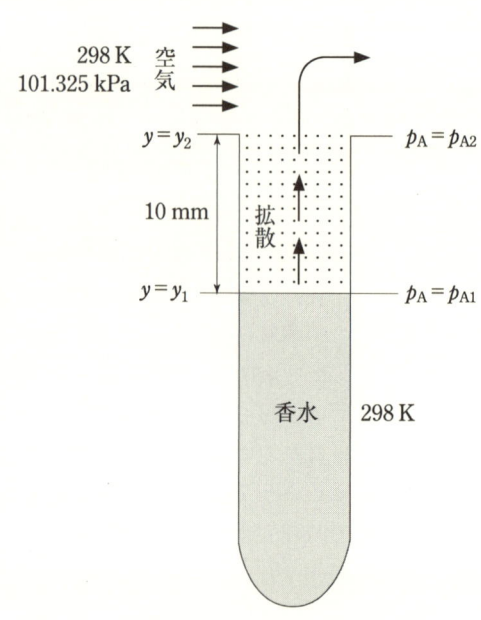

図 4.4 香水びん　　図 4.5 試験管中の香水からの香料の拡散

んの口までの静止気体中を拡散した香料の蒸気成分が空気中に流出していく．この空気中の香料の**閾値**（threshold）（刺激の強さを連続的に変化させたとき，生体に反応を引き起こすか起こさないかの限界値，『岩波国語辞典』，第 5 版，岩波書店，1994）に達すると，われわれは有香物質の匂いを感じる．

【例題 4.1】　図 4.5 では，香水びんの上端から 10 mm まで 298 K の香水が入っており，その周囲に 298 K，1 atm (101.325 kPa) の乾燥空気が流れている．香水表面が 1 mm 下がるのに要する時間はどのくらいか？　また香水表面が上端から 20 mm の所にあるとき，香水表面が 1 mm 下がるのに要する時間はどのくらいか？

[解答]　香水びん中の静止気体における香料蒸気成分の拡散現象は一方拡散であるから，式 (4.5) を変形した式 (4.12)

$$N_{Au} = -\frac{D_{AB}P}{RT(x_1-x_2)}\frac{p_1-p_2}{p_{BM}} = -\frac{D_{AB}}{RT(x_1-x_2)}\ln\frac{p-p_2}{p-p_1} \quad (4.12)$$

を用いる．

　香水は多くの香料から調合されているため，その蒸気圧を正しく求めることは難しい．そこでここでは，シトラス系の香りである Bergamon II (dipentene)（分子量：136）だけの香水モデルを考える．Bergamon II の蒸気圧は 298 K で 1.4 mmHg，エチルアルコールの蒸気圧は 298 K で 59 mmHg である．Bergamon II を香料とした香水は Bergamon II 15 vol% とエチルアルコール 85 vol% からなる．この香水が 298 K で蒸発するとき**ラウールの**

法則（Raoult's law）が成り立つと仮定すると，低沸点成分であるエチルアルコール（分子量：46）の蒸気中のモル分率 y は

$$y = \frac{\alpha x}{1+(\alpha-1)x} \tag{4.13}$$

で表される．ここで x は香水中のエチルアルコールのモル分率，α は 298K におけるエチルアルコールの蒸気圧 p_A と Bergamon II の蒸気圧 p_B との比 p_A/p_B である．

298K における Bergamon II の密度は 844 kg m^{-3}，エチルアルコールの密度は 785 kg m^{-3} であるから，Bergamon II 15 vol% とエチルアルコール 85 vol% の香水におけるエチルアルコールのモル分率 x は

$$x = \frac{\dfrac{85 \times 785}{46}}{\dfrac{15 \times 844}{136} + \dfrac{85 \times 785}{46}} = 0.94 \tag{4.14}$$

また α は

$$\alpha = \frac{p_A}{p_B} = \frac{59}{1.4} = 42 \tag{4.15}$$

となる．よって 298K において，香水と平衡状態にある蒸気中のエチルアルコールのモル分率 y は

$$y = \frac{42 \times 0.94}{1+(42-1) \times 0.94} = 0.998 \tag{4.16}$$

となる．また蒸気中の Bergamon II のモル分率は 0.00152（1520 ppm）となる．よって 1 atm での Bergamon II の分圧 p_{A1} は

$$p_{A1} = 0.00152 \times 760 \text{ mmHg} = 1.16 \text{ mmHg} \tag{4.17}$$

となる．

香水表面 $y_1=0$ m，試験管出口 $y_2=0.01$ m，気体定数 $R=62.36$ mmHg m^3 kmol^{-1} K^{-1}，$T=298$K，$P=760$ mmHg，Bergamon II の 298K における飽和蒸気圧 $p_{A1}=1.4$ mmHg，拡散係数 $D_{AB}=0.01$ m^2 h^{-1}，また試験管出口における Bergamon II の閾値 0.1〜1 ppm（これは経験的な値で，人種差，性差，個人差がある）の最大値から，$p_{A2}=0.76$ μmHg とすると

$$\begin{aligned}
N_{Au} &= \frac{0.01 \times 760}{62.36 \times 298 \times 0.01} \ln \frac{760-0.00076}{760-1.16} \\
&= \frac{0.01 \times 760}{62.36 \times 298 \times 0.01} (0.001526 - 0.000001) \\
&= \frac{0.01 \times 760 \times 0.001525}{62.36 \times 298 \times 0.01} = 6.24 \times 10^{-5} \text{ kmol m}^{-2} \text{ h}^{-1} \\
&= 0.0173 \text{ mmol m}^{-2} \text{ s}^{-1}
\end{aligned} \tag{4.18}$$

298K における Bergamon II の密度は 844 kg m^{-3} であるから，求める時間は

$$\frac{0.001 \times 844}{136 \times 6.24 \times 10^{-5}} = 99.5 \text{ 時間} \tag{4.19}$$

となる．また上端から 20 mm のときは

$$\frac{2 \times 0.001 \times 844}{136 \times 6.24 \times 10^{-5}} = 199 \text{ 時間} \tag{4.20}$$

となる．

　使い始めのときには香水液面は香水びんの口近くまであるため，香水の蒸発速度は大きくなり，キャップを閉め忘れると香水の液面低下速度は大きくなる．しかし液面が低下して液面から香水びんの口までの距離が大きくなると，液面低下速度は小さくなる．液面が香水びんの口にある使い始めにキャップを閉め忘れると大事になることがわかる．

4.4　コーヒーカップ内の砂糖塊の溶解

　図 4.6 のように，温かいコーヒーの中にいくつかの砂糖塊（あるいは角砂糖）を入れた．温度が高いことで溶解は加速される．この溶解過程を眺めると，**化学工学の基礎概念（収支，平衡，速度）**（1.4 節）を学ぶことができる．砂糖塊の表面で起こっている現象を考えてみよう．

　カップ内のコーヒーは一定温度で十分に撹拌されていると仮定しよう．このとき砂糖塊の表面で起こる現象を示したのが図 4.7 である．

　十分に撹拌されているコーヒー本体は乱流である．砂糖塊表面では，一定温度での溶解度に対応した飽和濃度に維持されている．すなわち固体表面において**平衡**（equilibrium）（1.4 節）が成立している．

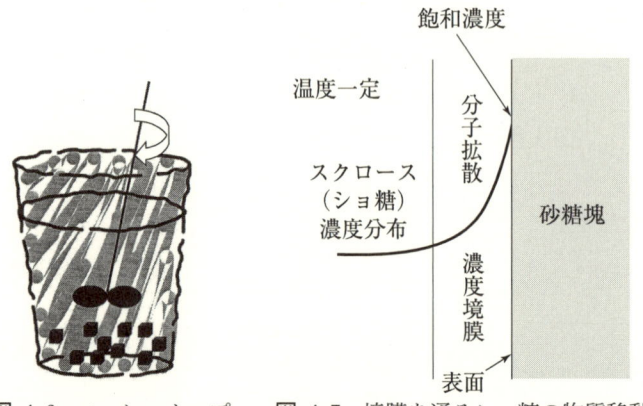

図 4.6 コーヒーカップ　　**図 4.7** 境膜を通るショ糖の物質移動

4.4 コーヒーカップ内の砂糖塊の溶解

　固体近傍を流れる流体は固体の影響を受けて動きが制限され，層流となる．この結果，砂糖塊表面上に形成される濃度境膜を透過して，固体表面から流体本体にショ糖は拡散で移動する．砂糖塊がコーヒーカップ内で完全に溶解して均一濃度になるまでの時間は，砂糖塊の**溶解速度**（rate）（1.4節）で決まる．

　カップ内に投入された砂糖塊の質量が与えられると，完全に溶解したときのカップ内のショ糖濃度はどのくらいになるであろうか．カップ内のコーヒーの体積がわかれば，**物質収支**（mass balance）（1.4節）でこの値を求めることができる．

物質収支マジック

　ある閉じた領域内の物質収支を考えることによって，物質濃度を制御したり，評価したり，装置を至適設計・至適操作したり，またデータの精度（マスバランスエラー）を評価したり，装置からの物質の漏洩を評価することができる．さらに未知の値の推算も可能である．まさにマジックのような活躍ぶりである．

【例題 4.2】 コーヒーカップの中に80℃のコーヒーが150 mL 入っているとする．この中に砂糖を5 g 入れる．カップ内のコーヒーをスプーンで強く撹拌すると，2分で砂糖塊は完全に溶解した．このときの砂糖塊の溶解速度と砂糖塊が完全に溶解したときのショ糖濃度を求めよ．

[解答] 砂糖塊の溶解速度は

$$\frac{5\,\mathrm{g}}{2\,\mathrm{min}} = 2.5\,\mathrm{g\,min^{-1}} \tag{4.21}$$

となる．また砂糖塊が完全に溶解したときのショ糖濃度は物質収支から求められる．

$$C = \frac{5\,\mathrm{g}}{150\,\mathrm{mL}} = 0.033\,\mathrm{g\,mL^{-1}} \tag{4.22}$$

となる．

　以上は身近に誰でも経験する実例であり，化学工学の基礎概念を容易に理解できることを期待して取りあげたが，計算は至極簡単である．このあとにも出てくる具体例を通して，化学工学の基礎概念の有用性と重要性を学んでほしい．

> **体の中の水**
>
> 　人の体の約6割は水である．体重の6割が水ということは，われわれが歩いたり運動したりするとき，多くの水を運んでいることになる．もしそうならば，この水を減らせないかと考えたくなる．女性の"痩せ"志向が流行であるが，体の中の水を減らせれば痩せられるかもしれない，と考えたくなる．しかしそれは不可能である．脱水症状を起こすことは必定である．体重の約6割の水は体の機能にとって必要不可欠であり，理に適った水の量であるといえる．
>
> 　体の中の水の量に関して，1日の物質収支を考えてみよう．飲水量によっても季節によってもこの物質収支は変わってくるが，平均的な考え方をしてみよう．
>
> 　体の中に入ってくる水の量と体の中で生成される水の量は大まかに次のようになる．食べ物からの水は1000g，飲水は2000g，吸気中の水は40g，食糧の酸化反応でつくられる水は400gとなり，合計は3440gとなる．一方，体から出て行く水の量は大まかに次のようになる．呼気中の水は440g，不感蒸泄の水は700g，糞に付着している水は150g，尿は1500g，発汗は650gとなり，合計は3440gとなる．このように，準定常状態で体への水の入量（＋生成量）は体からの水の出量（＋消滅量）に等しくなる．すなわち1日で平均すると，体における水の蓄積量はゼロとなる．健常人の場合，このことは正しい．しかし透析治療を受けている患者さんの場合には，水の蓄積量は正の値になる．すなわち水の入量が水の出量を超えてしまう．水を体に入れれば，体は水のタンクのように水を溜め込んでしまう．
>
> 　酒を大量に飲んだとき，朝起きたとき，スポーツで汗を流したときには脱水症状になり，体の中の水のバランスが崩れる．

4.5　面白い膜の話！

　われわれの身の回りには多くの**人工膜**（artificial membrane）（半透膜）が使われている．たとえば家庭で水道の蛇口に取り付けられている浄水器をご存知であろうか？　日本浄水器協会によると，この家庭用浄水器には精密沪過膜（セルロース膜，ポリプロピレン膜など）（孔径 0.4〜0.01 μm）が使われている．人体に有害な物質（残留塩素，トリハロメタンなど）を水道水から除去する浄水器は，プレフィルター，繊維状活性炭，抗菌性粒状活性炭，中空糸膜，ポストフィルターなどから構成されており，活性炭による吸着と膜による分離で水道水を浄化して飲み水を作っている．大別すると，活性炭層と沪過膜層に分けられ，活性炭層で残留塩素，カルキ臭，カビの原因となる有機物，トリハロメタン，農薬などを除去し，沪過膜層で鉄サビ，カビ，濁り，一般細菌，大腸菌，クリプトポリジウムなどを除去している．これによって得られた沪過水は美味しくて安全な飲み水になる．

　膜はこの他にもいろいろな分野で使われている．人工腎臓，人工肺，血漿分離，センサー，海水の淡水化，注射用水・透析液用純水・超純水の製造，タンパク質回収，液体飲料の精澄・殺菌，染料回収，コロイドの除去，工業

4.5 面白い膜の話！

プロセス用水・かん水の淡水化，廃水処理，有価物回収，薬物送達システム，カビ・雑菌・酵母・濁り・微粒子の除去などである．これらに使われている人工膜は，複雑な構造と多様な機能を有する**生体膜** (biological membrane)（細胞膜，腹膜，糸球体基底膜，肺胞など）とは異なり，単純な構造と簡単な機能しか有していない．しかし偉大な手本である生体膜に近づくように努力することによって，近い将来，高度分離が可能になることが期待される．さらに生体膜にない機能をもつ超人工膜が出現する可能性もある．夢のある人工膜である．

人工膜は表 4.1 のように，逆浸透膜，ナノ沪過膜，透析膜，限外沪過膜，精密沪過膜，ガス分離膜に分けられる．透析膜は濃度差を推進力として拡散で物質を分離する膜であるが，それ以外の人工膜は圧力差を推進力として沪過で物質を分離する膜である．膜透過のメカニズムには透過・浸透・沪過がある．

表 4.1 人工膜の分類

人 工 膜	分離操作名	略称
逆浸透膜	Reverse Osmosis	RO
ナノ沪過膜	Nanofiltration	NF
透析膜，電気透析膜	Dialysis, Electrodialysis	ED
限外沪過膜	Ultrafiltration	UF
精密沪過膜	Microfiltration	MF
ガス分離膜	Gas Separation	GS

逆浸透は海水・かん水の淡水化などに用いられており，逆浸透膜片側の加圧により，浸透と逆方向に溶媒を移動させる圧力差駆動の膜分離プロセスである．ナノ沪過は 2 nm より小さい粒子や高分子の排除などに用いられている圧力差駆動の膜分離プロセスである．**透析**と電気透析は生体機能代行と食塩製造などに用いられており，透析膜およびイオン選択性膜を介する濃度差および電位差によって，物質およびイオンを透過させる膜分離プロセスである．限外沪過は 0.1〜2 nm の粒子やタンパク質などを排除するために用いられている圧力差駆動の膜分離プロセスである．メンブレンフィルターとしてよく知られている精密沪過は 0.1〜10 μm より大きな粒子や高分子を排除するために用いられている圧力差駆動の膜分離プロセスである．ガス分離は，多孔質膜，均質膜あるいは非対称膜を用いてガス混合物からある特定の成分を分離するために用いられており，圧力差駆動と溶解による膜分離プロセスである．

人工膜単独では分離操作を行うことはできないので，人工膜はモジュールの中に充填されて用いられる．膜モジュールには，平板型，中空糸型，多管

型，コイル型，スパイラル型などがある．膜の形状，用途などによって膜モジュールの形状が決められる．また人工膜を用いる分野によって，同じモジュールでも呼称とサイズが異なる．

家庭用，工業用人工膜ばかりでなく，医療分野でも人工膜は大活躍している．とくに腎不全治療に透析器（人工腎臓），開心術に人工肺が使われて，生体腎臓では，生体膜を用いる血圧駆動沪過によって体液中の老廃物を尿として排泄している．生体機能代行装置の一つである人工腎臓では，透析と沪過によって血液から老廃物を効率良く除去しており，同時に沪過によって過剰水分を排泄している．2004年末の統計によると，日本で24万8千人，世界で120万人以上の腎不全患者が透析治療を受けており，この治療に用いられる透析器は，約 $1.5\,\mathrm{m}^2$ の膜面積をもち，膜形状は中空糸である．1万本以上の中空糸膜を透析器のジャケットに充填し，血液流量を $200\,\mathrm{mL\,min^{-1}}$，透析液流量を $500\,\mathrm{mL\,min^{-1}}$ に設定して4時間の透析治療を施行し，透析と沪過を同時に行う．低分子量物質である尿素などを90%以上，低分子量タンパク質である分子量 11800 の β_2-microglobulin を約 80% 除去している．

透析器の中では，血液は中空糸の中を流れ，透析液は中空糸とジャケットの間を血液と反対方向に流れる．すなわち**向流**である．装置効率は**並流**より向流の方が優れている．同じ仕事をするには，向流の方が装置は小さくなる．**十字流（直交流）** の装置効率は向流と並流の中間である（3.3節 b，4.2節）．

透析膜を用いて血液と透析液を間接的に接触させ，血液と透析液を向流に流したときの物質移動の様子（**境膜モデル**，film model）（2.5節 a，3.2節 b，3.3節 a）を図 4.8 に示す．溶液1を血液，溶液2を透析液とすると，血

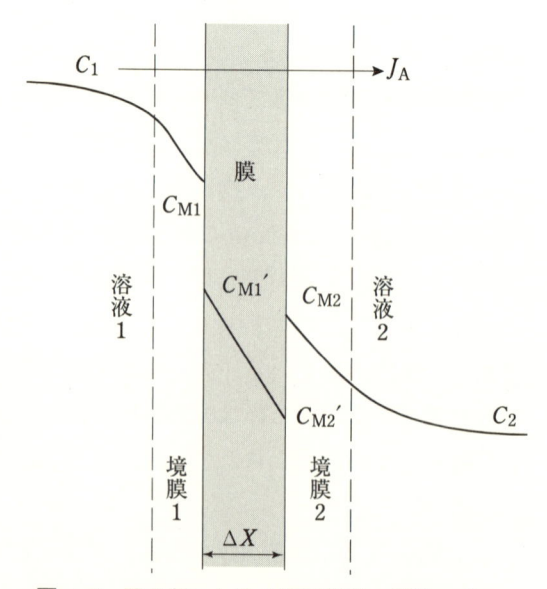

図 4.8　膜分離における物質移動の境膜モデル

4.5 面白い膜の話!

液中に存在する尿毒症病因物質を透析膜で除去するときの膜中および膜に隣接した境膜1,2中の濃度分布を示している．濃度勾配が大きいところでは**物質移動抵抗**（mass transfer resistance）が大きい．血液側の尿毒症病因物質移動抵抗の大きい所は境膜1であり，透析液側の尿毒症病因物質移動抵抗の大きい所は境膜2である．また透析膜内においても尿毒症病因物質は移動抵抗を受ける．

溶液1側の膜表面濃度 C_{M1} と透析膜側の膜表面濃度 C_{M1}' は異なる．これは尿毒症病因物質の透析膜への溶解のためであり，両濃度の間には次の関係がある．

$$K_d = \frac{C_{M1}'}{C_{M1}} \tag{4.23}$$

ここで K_d は**平衡分配係数**（equilibrium partition coefficient）である．

血液から透析液へ尿毒症病因物質が移動するときの物質流束を N_A [mol m^{-2} s^{-1}] とすると，物質流束は推進力である濃度差に比例するから

$$N_A = K_L(C_1 - C_2) \tag{4.24}$$

となる．ここで比例定数の K_L は**総括物質移動係数**（overall mass transfer coefficient）であり，操作条件，装置形状，流体の物性値の影響を受ける．物質流束を電流，濃度差を電位差，総括物質移動係数の逆数を電気抵抗と考えると，式（4.24）はオームの法則と同じである．**オームの法則**（Ohm's law）は熱伝導理論から導かれたといわれている．

血液側と透析液側の**境膜物質移動係数**（film mass transfer coefficient）をそれぞれ k_1, k_2 [m s^{-1}] とすると，物質流束は

$$N_A = k_1(C_1 - C_{M1}) = k_2(C_{M2} - C_2) \tag{4.25}$$

となる．透析膜面において不連続性が存在しているので，膜内拡散係数を D_m，透析膜の拡散透過係数を k_M [m s^{-1}]，透析膜の厚みを ΔX [m] とすると

$$N_A = \frac{D_m}{\Delta X}(C_{M1}' - C_{M2}') = \frac{D_m K_d}{\Delta X}(C_{M1} - C_{M2}) = k_M(C_{M1} - C_{M2}) \tag{4.26}$$

となる．

式（4.26）で示されるように，膜内拡散係数と平衡分配係数の積を膜厚で割った値は**拡散透過係数**（diffusive permeability）に等しい．この拡散透過係数は溶質，温度によって変化する膜固有の値で，溶質の膜への溶解と膜の多孔性（コラム参照）の影響を受ける．

式（4.23）から式（4.26）を用いると

$$N_A = \frac{C_1 - C_2}{\dfrac{1}{K_L}} = \frac{(C_1 - C_{M1}) + (C_{M1} - C_{M2}) + (C_{M2} - C_2)}{\dfrac{1}{k_1} + \dfrac{1}{k_M} + \dfrac{1}{k_2}} \quad (4.27)$$

$$\frac{1}{K_L} = \frac{1}{k_1} + \frac{1}{k_M} + \frac{1}{k_2} \quad (4.28)$$

となる．上式より総括物質移動抵抗は，血液側境膜物質移動抵抗，透析液側境膜物質移動抵抗および透析膜物質移動抵抗の和に等しい．すなわち物質移動抵抗に関する**直列抵抗モデル**（series resistance model）が成立する．三つの抵抗のうち，他に比較して一番大きな抵抗を有する箇所が**律速段階**（rate-determining step）となる（1.3 節，6.1 節）．以上の解析は平面透析膜の定常状態を想定している．中空糸透析膜の場合には，中空糸の曲率を考えなければならない．膜が非常に薄い場合には，中空糸透析膜の取扱いは平面透析膜と同じになる．

【例題 4.3】 透析器で尿素（分子量：60）を除去するときの総括物質移動係数を求めよ．ただし，血液側境膜物質移動係数（尿素）k_B は 15.1 μm，透析液側境膜物質移動係数（尿素）k_D は 30.5 μm，また測定された拡散透過係数 k_M は 46.4 μm で与えられる．

［解答］ 血液流量，中空糸の内径（湿潤時）と本数，血液物性値がわかれば，層流における物質移動の無次元式を用いて血液側境膜物質移動係数を算出することができる．また透析液流量，中空糸の外径（湿潤時）と本数，透析器ジャケットの内径，透析液物性値がわかれば，層流における物質移動の無次元式を用いて透析液側境膜物質移動係数を算出することができる．さらに光ファイバー法などで中空糸透析膜の拡散透過係数を測定することができる．

計算して求めた血液側境膜物質移動係数 k_B と血液側境膜物質移動係数 k_D，また測定して求めた拡散透過係数 k_M を次式に代入して，総括物質移動係数を求めることにする．ここでは数値が与えられているので

$$\frac{1}{K_L} = \frac{1}{k_B} + \frac{1}{k_M} + \frac{1}{k_D} = \frac{1}{15.1} + \frac{1}{46.4} + \frac{1}{30.5} = 0.120 \quad (4.29)$$

となり，この逆数から総括物質移動係数 K_L は

$$\therefore \quad K_L = 8.32 \ \mu\mathrm{m\ s^{-1}} \quad (4.30)$$

となる．

細　孔

　膜分離を行うとき，その分離特性を表すのに分画分子量と細孔径が用いられる．限外沪過膜の細孔の存在はすでに確認されている．最近になって原子間力顕微鏡（AFM）を用いて透析膜の細孔が観察され，孔径および孔径分布が求められている．分画分子量で膜の分離性能を表示していた限外沪過膜および透析膜も，それらの分離性能を表すのに，今後は細孔径が用いられるようになるであろう．

　再生セルロース膜の厚みは湿潤状態で20 μm，細孔径は約4.6 nmである．この細孔の中を溶質が透過して，分離が行われる．膜面に垂直に細孔が開いていると仮定する．新幹線がトンネルの中を通過する場合にたとえてみよう．トンネルの内径を10 mとすると，再生セルロース膜の細孔は約44 kmの長さのトンネルに相当する．溶質は，相当の長さのトンネルを通過しないと膜の反対側に到達しないことになる．ちなみに東海道線の丹那トンネルの長さは7807 m，関越自動車道の関越トンネルの長さは10926 mである．それらに比してはるかに長い距離を通過しなければならない．

　溶質はこの細孔の中に入るとき，また通るときに細孔壁から抵抗を受ける．この抵抗は主として細孔の大きさと溶質の大きさの比によって変化する．この概念が細孔拡散モデル（pore diffusion model）である．

4.6　膜モジュール（膜分離装置）の分離性能は？

　優れた膜が開発されても，実際に分離操作で使うのはこの膜を充填したモジュール（装置）であり，モジュール設計が良くないと，優れた膜の性能を十分に発揮することができない．モジュールの分離性能は，膜性能，流速と流動状態，流路形状，流体の物性値によって変化する（次のコラム参照）．層流で流体が流れている装置の場合，物質移動速度に大きく影響するのは流路幅である．乱流で流体が流れている装置の場合，物質移動速度に大きく影響するのは流速である．また2流体間の物質移動の場合，二つの流体の流動形式（**並流・十字流（直交流）・向流**）で装置性能（効率）が異なってくる（3.3節b）．一般的には向流で流れている装置の性能が良く，同じ仕事量を処理するのであれば，向流式物質移動装置は小さくなる．

　向流式透析器内における血液と透析液の濃度分布を示したのが図4.9である．両流体の濃度はともに血液出口方向に向かって減少している．また両流体間の濃度差は場所によって変化するが，大きな変化はない．これらの点が並流式透析器の場合と異なる．

　透析器内における物質移動は両流体間の濃度差によって駆動される．この濃度差が場所によって変わることから，任意の場所の微小領域における物質収支を取り，得られた微分方程式を透析器両端における境界条件を用いて積分することによって，透析器の性能評価式が得られる．これが微分と積分の

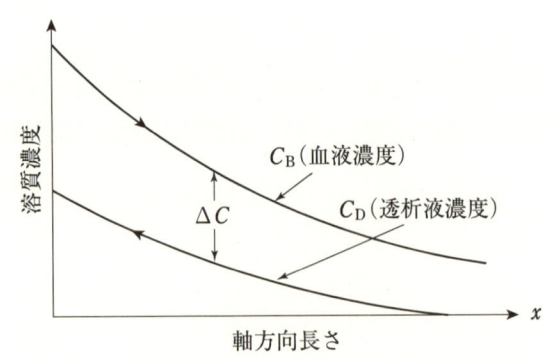

図 4.9 向流式透析器における血液と透析液の濃度差

基本的考え方である．

透析器内で拡散だけが起こると仮定すると，向流式透析器内の任意の場所の微小領域あるいは透析器全体において，血液から失われる病因物質の量は透析液が得た病因物質の量に等しく，またそれらは血液から透析液に移動した病因物質の量に等しい．これが2流体間物質移動における物質収支の基礎概念であり，この概念は熱交換器における熱収支にも適用できる．

血液と透析液の間の物質流束は，境膜モデルによると

$$N_A = K_L(C_B - C_D) \tag{4.31}$$

で表される．ここで，総括物質移動係数 K_L は透析器内で一定と仮定する．図4.9に示されるように，血液と透析液の間の濃度差は透析器内で変化する．そこで透析器内における濃度差に平均値の概念を導入して，**対数平均濃度差**（logarithmic mean concentration difference）$(\Delta C)_{lm}$（3.3節 b）を用いると

$$N_A = K_L (\Delta C)_{lm} \tag{4.32}$$

となる．この対数平均濃度差 $(\Delta C)_{lm}$ は

$$(\Delta C)_{lm} = \frac{(\Delta C)_1 - (\Delta C)_2}{\ln \dfrac{(\Delta C)_1}{(\Delta C)_2}} \tag{4.33}$$

$$(\Delta C)_1 = C_{Bi} - C_{Do} \tag{4.34}$$

$$(\Delta C)_1 = C_{Bo} - C_{Di} \tag{4.35}$$

で表される．ここで C_{Bi} は血液入口濃度，C_{Bo} は血液出口濃度，C_{Di} は透析液入口濃度，C_{Do} は透析液出口濃度である．

透析器全体で単位時間に移動する物質量は，物質収支の概念により

$$\dot{m} = Q_B(C_{Bi} - C_{Bo}) = Q_D(C_{Do} - C_{Di}) = K_L A (\Delta C)_{lm} \tag{4.36}$$

となる．さらに次の無次元数を定義する．

4.6 膜モジュール（膜分離装置）の分離性能は？

$$E = \frac{D_D}{Q_B} = \frac{C_{Bi} - C_{Bo}}{C_{Bi} - C_{Di}} \quad \text{（透析効率）} \tag{4.37}$$

$$Z = \frac{Q_B}{Q_D} = \frac{C_{Do} - C_{Di}}{C_{Bi} - C_{Bo}} \quad \text{（流量比）} \tag{4.38}$$

$$N_T = \frac{K_L A}{Q_B} \quad \text{（移動単位数）} \tag{4.39}$$

ここで D_D はダイアリザンス，Q_B は血液流量，Q_D は透析液流量，A は膜面積である．式（4.37）および式（4.38）を変形して得られる

$$C_{Bo} - C_{Di} = (C_{Bi} - C_{Bo})\left(\frac{1}{E} - 1\right) \tag{4.40}$$

$$C_{Bi} - C_{Do} = (C_{Bi} - C_{Bo})\left(\frac{1}{E} - Z\right) \tag{4.41}$$

と式（4.39）を式（4.36）に代入すると

$$E = \frac{1 - \exp\{N_T(1-Z)\}}{Z - \exp\{N_T(1-Z)\}} \tag{4.42}$$

が得られる．これは向流式透析器（物質移動装置，膜分離装置）の性能を表す式（性能評価式）である．透析器の性能を表すダイアリザンス（あるいは C_{Di} が 0 のときの値であるクリアランス）は，血液流量，透析液流量，総括物質移動係数，膜面積に依存することがわかる．またダイアリザンス（あるいはクリアランス）は血液流量を超えることはない．

【例題 4.4】 例題 4.3 の総括物質移動係数のデータを用いて，透析器の尿素クリアランスを求めよ．ただし血液流量は 200 mL min^{-1}，透析液流量は 500 mL min^{-1}，膜面積は 1.6 m^2 とする．

[解答] 例題 4.3 のデータを用いると

$$N_T = \frac{0.000832 \times 16\,000 \times 60}{200} = 3.99 \tag{4.43}$$

$$Z = \frac{200}{500} = 0.4 \tag{4.44}$$

となるので，向流式透析器の場合には

$$E = \frac{1 - \exp\{-N_T(1+Z)\}}{Z - \exp\{N_T(1-Z)\}}$$
$$= \frac{1 - \exp(3.99 \times 0.6)}{0.4 - \exp(3.99 \times 0.6)} = 0.943 \tag{4.45}$$

となり，尿素クリアランスは 189 mL min^{-1} となる．このクリアランスは透析器の装置性能を表すパラメーターであり，透析器に入る血液流量 200 mL min^{-1} のうち，病因物質である尿素が完全に除去された血液流量である．残りの 11 mL min^{-1} は透析器に入ったときの濃度のままである．この両者は完全に混合した状態で透析器を出る．血液出口の溶質濃度はこの両者が混合したときの濃度である．

また並流式透析器の性能を表す式（性能評価式）は

$$E = \frac{1-\exp\{-N_\mathrm{T}(1+Z)\}}{1+Z} \tag{4.46}$$

となる．

自動車エアコンによる車室内温度調節

　冬の寒い朝，速やかに車内温度を上げたいとき，皆さんはどのような行動をとるであろうか．まずエアコンのスイッチを入れて，風量のつまみを最大に設定するであろう．最新のエアコンは自動的に風量を調整してくれる．吹出し口に手を当ててもさほど高い温度の空気が出てくるわけではないが，比較的短時間のうちに車内温度は上昇し，快適に車を運転できるようになる．自動エアコンの風量は室内温度の上昇とともに自動的に低下していく．これらの操作は上述の装置性能の式に従っている．車内の温度上昇は，エアコンから噴出する空気の温度（この値はエアコンの能力によって変化する），風量，車室内容積によって決まる．ドライバーには身近な現象であるが，これが装置性能の概念である．ここでは伝熱現象を例にあげたが，2 流体間物質移動が装置内で起こる場合においても，まったく同じ装置性能の概念が適用できる．

4.7　コンパートメントモデルとは？

　モデルという言葉から想像するものは何であろうか．図 4.10 のように，数学モデル，機械モデル，動物モデル，ファッションモデルなどが頭に浮かんでくる．実際に起こっている現象を科学的に究明する手段の一つとして，それに良く似せた機械的実体モデルを作ったり，数学モデルを用いて解析したりすることは，理工学分野ではよく行われている．たとえば，化学プラントの設計および操作，自動車やコンピュータの設計，装置内での流体の流れ・熱の移動・物質の移動など，身の回りでよく経験する製品の設計・製造過程において，コンピュータを駆使した**モデリング**が有効な手段として行われている．試行錯誤による製品開発の時代から，バーチャルリアリティーによる開発の時代に確実に移行している．これによって開発に伴うコストと時間を大幅に節約できる．

　人の体についても，体温調節，血液循環システム，ホルモン調節，筋の運動システム，中枢システムなどで，**機械的実体モデル**および**数学モデル**が役

4.7 コンパートメントモデルとは？

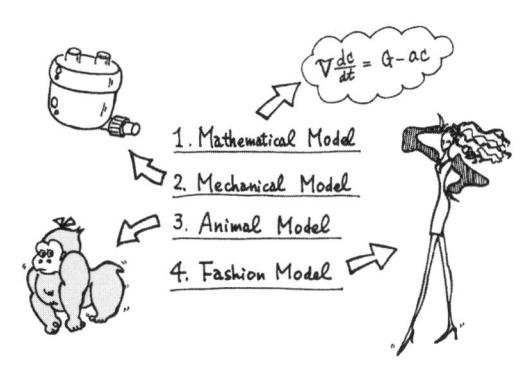

図 4.10 モデルには

に立っている．**動物モデル**は，病態生理を解明したり，疾病に対する治療法を開発するために不可欠である．動物を使った臓器不全モデルとして，心不全モデル，肝不全モデル，急性腎不全モデル，慢性腎不全モデル，急性呼吸不全モデル，免疫不全モデルなどを作る手法が確立され，研究に提供されている．ファッションモデルはわれわれを大いに楽しませてくれる．

血液浄化の分野では，**UKM**（urea kinetic modeling）がよく知られており，低分子量物質（分子量が 100 前後の尿毒症病因物質）の一つである尿素を透析で体外に除去するとき，患者体内からの尿素除去効率のパラメーターとして KT/V を提案している．さらに尿素濃度の対数が時間に対して直線的に減少することを UKM の数学モデルが明らかにしている．ここで K は前述のクリアランス $[\text{mL min}^{-1}]$，T は透析時間 $[\text{min}]$，V は透析患者体液量 $[\text{mL}]$ である．Babb らと Sargent & Gotch が 1975 年にこの数学的モデルを提案している．また Babb のグループは面積・時間仮説を 1971 年に提案し，翌年にこの仮説名を**中分子仮説**（middle molecule hypothesis）に変更している．慢性腎不全患者の中分子量物質（分子量：500〜5 000）に関して**シングルコンパートメントモデル**を適用すると，中分子量物質の透析効率は透析器の膜面積と透析時間の積によって決まり，透析液流量，血液流量には無関係になる．この概念に基づいて，透析液の頻繁な交換の必要のない**持続的外来腹膜透析**（continuous ambulatory peritoneal dialysis：CAPD）の治療法を Popovich と Moncrief が 1978 年に提案している．

数学モデルは，図 4.11 のように，いろいろな現象の系への入力と出力の関係を定量的に表す数理学的表現である．モデリングでは，対象の現象に対して，物性値，操作条件，装置寸法などを用いて，物理化学的法則・物質収支

図 4.11 数学モデル

の概念を適用する．物質移動速度が主要な役割を演じている現象では，数理学的に物質移動速度を推算する．その結果と実験データを照合することによって，モデルの妥当性，現象を支配する因子の抽出，パラメーターの影響度などを明らかにする．このような数学モデルの考え方，モデル構築の方法，モデルの活用法などは，理工学分野ではお馴染みの基本的手法である．

数学モデルにはいくつかのパラメーターが含まれている．複雑なモデルになるとパラメーターの数が多くなり，これらのパラメーターの値をすべて正確に求めることは難しい．通常は，系への入・出力データに数学モデルが一致するようにパラメーターが決められる．

物質移動に関するモデルには，diffusion model と flow-limited model がある．たとえば体内に薬物を送達するとき (4.7節)，また体内に蓄積した病因物質を体外に除去するとき（例題 4.5），両者の移動方向は逆であるが，物質移動速度が治療効果に大きく影響する．物質移動速度を評価し，治療指針を得るために用いる数理学的手法が上記の二つのモデルであり，薬物あるいは病因物質が移動するときの律速段階が拡散であるか流れであるかによって，二つのモデルが使い分けられる．すなわち，流体の流れよりは隔壁透過が支配的であるときに diffusion model が用いられる．また溶質が流体の流れによって運ばれるのが支配的であるときに flow-limited model が用いられる．

対象箇所にコンパートメントの概念を導入し，コンパートメント間の物質移動速度を解析するためのモデルをコンパートメントモデルとよんでいる．薬物動力学で用いられているモデルである．

このようなモデル解析において，化学工学の基礎概念である収支・平衡・速度が有効な手段となる．コンパートメントに物質収支を適用することによって，物質収支式が得られる（問題 4.4～4.6 参照）．この物質収支式を境界条件で解くと，物質移動速度が求められる．平衡時におけるコンパートメント間の溶質濃度比は，最終到達点として重要な情報である．

以上のようなモデリング（モデル解析）は理工学の常套手段であり，多くの分野で基礎研究，研究開発，技術開発に用いられており，その有効性は実証されている．しかし万能ではなく，いくつかの注意が必要である．

実際の現象に忠実なモデルを作るとモデルが複雑になり，多くのパラメーターが必要になる．パラメーターの組合せで，モデルは実際の現象を良く表すことが可能になる．パラメーターがもつ本来の物理化学的意味から外れても，モデルが実際の現象を説明できることも起こる．簡単なモデルを修正して複雑なモデルにしていくときに，注意しなければならない点である．多少の誤差を伴うことがあっても，簡単なモデルの方が実用的で，"The simplest is the best." である．

　化学工学は複雑系を対象にしている．この点が理学との大きな違いである．実際の系が複雑であっても，理想化した系を検討することを躊躇してはならない．理想化した系が実際の複雑系に役に立つのだろうかという異論が必ず出てくる．複雑系のメカニズムを解明するとき，モデリングは有効な手段である．

【発展】 モデリング

　自然現象を詳細に観察して律速段階を抽出し，自然現象をモデル化する．目的の現象が時間によって変化するならば，そのモデルにおいて微小時間に対する（運動量，熱，物質）収支をとる．目的の現象が位置によって変化するならば，そのモデルにおいて微小領域に対する（運動量，熱，物質）収支をとる．これによって得られた微分方程式を初期条件・境界条件を用いて数理学的（解析的，数値解析的）手法で解を得る．その解と実験データを比較・照合することによって，自然現象を解析・評価する．この手法は化学工学に限らず，理工学分野において一般的に用いられている理工学的手法である．

【例題 4.5】 タンパク質代謝産物の一つである尿素の体内動態を解析し，透析治療を定量化するのに初めて使われたのが UKM であり，これによって透析治療を評価し，至適透析を処方することが可能となる．この UKM は次の事柄を仮定する．

(1) 尿毒症の症状は尿素濃度に依存する．
(2) シングルコンパートメントモデルが成り立つ（体液は一つのコンパートメントに存在する）．
(3) クリアランスが時間と血中濃度によって変化しない．
(4) 体液量が時間によって変化しない．

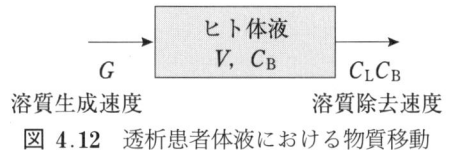

```
            ┌─────────┐
            │ ヒト体液 │
     ──→   │  V, C_B  │   ──→
       G    └─────────┘    C_L C_B
  溶質生成速度              溶質除去速度
```
図 4.12　透析患者体液における物質移動

　図 4.12 において，透析患者体液中の尿素に関する物質収支から UKM の基本式を導くことができる．血中尿素濃度を C_B [mg mL^{-1}]，尿素生成速度を G [mg min^{-1}]，患者体液量を V [mL]，透析時間を T [min]，クリアランスを C_L [mL min^{-1}] とすると，患者体液中の尿素量 VC_B の時間による変化は尿素生成速度 G から透析器による尿素除去速度 $C_L C_B$ を引いた値に等

しくなることから

$$V = \frac{dC_B}{dt} = G - C_L C_B \tag{4.47}$$

が得られ，これが UKM の基本式となる．透析中のクリアランスは透析器のクリアランスと残腎クリアランスの和である．透析間（透析を行っていないとき）のクリアランスは残腎クリアランスに等しい．

式 (4.47) を初期条件（$t=0$ で $C_B(0)$）で解析的に解くと

$$C_B(t) = \left\{ C_B(0) - \frac{G}{C_L} \right\} \exp\left(-\frac{C_L t}{V}\right) + \frac{G}{C_L} \tag{4.48}$$

となる．透析間では，式 (4.48) は時間 t が 0 からではなく，透析時間 T からの時間になり，また $C_B(0)$ は $C_B(T)$ に替わる．透析中は尿素生成速度を無視できるので，式 (4.48) は

$$C_B(t) = C_B(0) \exp\left(-\frac{C_L t}{V}\right) \tag{4.49}$$

となる．上式から，グラフの縦軸に $C_B(t)/C_B(0)$ の対数，横軸に時間 t をとって図 4.13 のようにデータをプロットすると，右下がりの直線になることがわかる．この直線の勾配が $-C_L/V$ に等しく，クリアランスが大きいと勾配が大きくなり，患者体液量 V が大きいと勾配が小さくなる．換言すると，透析器のクリアランスが大きくなり，患者の体重が減ると，患者体内からの尿素除去率は大きくなる．

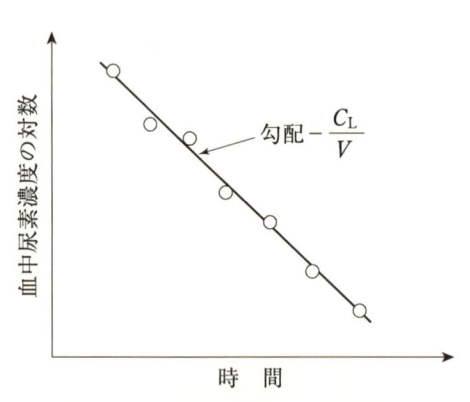

図 4.13 血中尿素濃度の経時変化

慢性腎不全による透析患者（体重 60 kg）の尿素窒素（もっとも量の多いタンパク質代謝産物で，尿毒症病因物質の一つである尿素の濃度として，尿素窒素濃度が慣用的に用いられている．これはウレアーゼ・インドフェノール法で尿素ではなく尿素窒素を定量するためである．尿素濃度は尿素窒素濃度の 2.14 倍である）の値が透析前に 100 mg%（mg% ＝ mg/100 mL）のとき，40 mg% まで下げるのに必要な透析時間を求めよ．ただし総体液量は体重の

65%,透析器のクリアランスは 190 mL min^{-1} とする.また除水は行われていない.

[解答] 式 (4.49) に既知の値を代入して透析時間 T を計算すると,188 分 (3 時間 8 分) となる.このように透析患者の体液量,透析器の性能がわかれば,尿素窒素を 60% 下げるのに必要な透析時間が求められる.すなわち,至適透析を数理学的方法で処方することができる.

【発展】 薬の上手な投与

薬物動力学は,薬効を最大限に発揮するために,投与量と標的臓器・組織への到達量をコンパートメントモデルを用いて算出することを目的とする(問題 4.10 参照).そのために,吸収界面での物質移動,血流による輸送,血液と臓器・組織間の分配,さらに代謝を考慮した標的臓器・組織への到達量などを知る必要がある.

シングルコンパートメントモデルに従う薬物の生物学的半減期は 7 時間,見かけの薬物分布容積は 50 L とする.同じ薬剤 200 mg を等間隔で静注したとき,平均血中濃度を 4 μg mL^{-1} に維持することができる静注間隔 T を求める.

消失速度定数を k とすると,半減期 $T_{1/2}$ は

$$T_{1/2} = \frac{0.693}{k} \tag{4.50}$$

で表される.この式を用いて消失速度定数 k を計算すると 0.099 となる.薬物投与中の体内濃度は時間変化する.そこで時間平均の体内薬物量 y は

$$y = \frac{y_0}{kT} \tag{4.51}$$

となることが理論的にわかっている.ここで y_0 は一回投与量である.上式に既知の値を代入すると,静注間隔 T は 10.1 時間となる.

4.8 拡散の制御

拡散による物質移動を促進するには,媒体中の溶質の濃度勾配を大きくするか,物質移動方向に直角の面を広くすると効果的である.物質移動速度を大きくできれば,装置容積が小さくなる.

層流で流れている流体中の拡散による物質移動を促進するには,流体が流れている流路を狭くすると効果的である.層流で流れている流体の速度を大きくすると,物質移動はわずかに促進される.これは乱流のメカニズムとは異なり,流体の入口効果に起因する.すなわち流体が流路内に入ってしばらくの間(前駆流動区間)は,流速分布が定常状態に達していないために起こる現象である.

化学装置の設計では,経済的配慮から装置をできるだけ小さくしたい.そのために,物質移動速度を大きくしようと努力する.一方薬物投与において

は，薬物の放出速度（と放出持続時間）を制御したい．放出速度を大きくしたいときもあれば，小さくしたいときもある．そして薬物放出制御では，薬物放出速度を一定に維持するように工夫する．本章で扱う問題ではないが，熱移動でも，熱交換器をできるだけ小さく設計したいために，熱移動速度を大きくしようと努力する．一方熱交換器からの熱損出を抑えるために，また熱交換器から外部への熱移動速度を小さくしたいために，断熱材を用いる．また化学反応の一つである燃焼において，燃焼装置をできるだけ小さく設計したいために，燃焼速度を大きくしようと努力する．しかし火災において燃焼速度をできるだけ小さくできれば，延焼を食い止めることができる．以上にように，物質移動速度，熱移動速度，化学反応速度の制御は，日常生活においても大切である．

ここでは**ドラッグデリバリーシステム（薬物送達システム）**（コラム参照）を例として取りあげ，拡散制御について考えてみよう．

日常生活において風邪をひいたときなどに，薬を経口的に服用することは誰でも経験している．1回に何錠，1日に何回薬を服用するかは，薬箱に貼ってある用量・用法に記載されている．その指示どおりに薬を服用する人もいれば，忘れて指示どおりに服用しない人もいる．薬を服用すると，消化管において溶解・吸収，さらに組織内移行，消失の過程を経ながら薬効を示す．そのとき血中薬物濃度の変化は，図 4.14 のような時間変化を示し，時間帯によっては血中薬物濃度が無効域に入って薬効を示さず，また時間帯によっては血中薬物濃度が毒性発現域に入って有害作用を示す．注射では速やかに血中薬物濃度はピークに達し，そのあと急速に血中から消失する．速やかに薬効を発揮させたいときには，経口薬に比して注射薬が有効である．濃度のピークと谷との差は注射薬に比して経口薬で小さくなり，毒性と無効の発現の可能性は低くなるが，不可避ではない．毒性と無効の発現を避けるために，少量頻回投与，徐放性製剤の開発，半減期の長い化合物の開発が試みられた

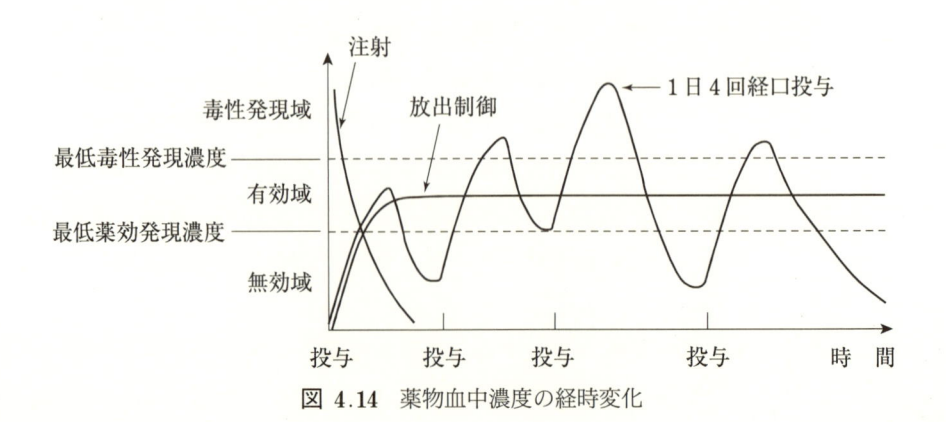

図 4.14 薬物血中濃度の経時変化

4.8 拡散の制御

が，いずれも問題がある．そこで考えられたのがドラッグデリバリーシステムである．

生体内での生理活性物質の分泌は自動制御されている．必要なときに生理活性物質は分泌され，生理活性物質が必要濃度に達すると分泌は中断する．これは自動制御におけるフィードバック制御である．家庭でお馴染みのエアコン温度調節は，このフィードバック制御で行われている．夏に室内を冷やしたいとき，設定温度より室温が上がったときにエアコンが作動し，設定温度より室温が下がったときにエアコンが中断する．薬物投与において，このようなフィードバック制御を取り入れたのがドラッグデリバリーシステムである．このシステムを世界で初めて開発したのは，Alza 社の A. Zaffaroni 博士である（1971）．ドラッグデリバリーシステムでは，薬物放出速度と薬物放出持続時間の制御が主目的である．そのためドラッグデリバリーシステムは，薬物貯蔵部，センサー・制御部，放出用エネルギー源，放出制御部から構成されている．

放出制御（controlled release）製剤では，再現性のある薬物投与が可能となる．しかし製剤が接する生体側の環境によって薬物放出速度が変化し，*in vitro* と *in vivo* では薬物放出速度が異なることが多い．放出制御製剤には，図 4.15 のように，**reservoir 型**と **monolithic 型**がある．

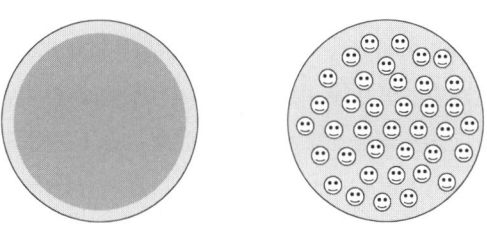

図 4.15 reservoir 型放出制御製剤（左）と monolithic 型放出制御製剤（右）

reservoir 型では，固形薬物は拡散膜に包まれており，薬効成分の放出速度は使われた膜の透過性，製剤の幾何学的形状の影響を受け，薬物が存在している限り一定速度で薬物を放出する．薬物の累積放出量は時間に比例する．また，拡散膜中にあらかじめ薬物が存在していないときには，拡散膜中に濃度勾配が形成されるまでに時間がかかる．これを**遅れ時間**（lag time）という．膜の厚みを l，薬物の膜内拡散係数を D_m [膜内の制限された空間（細孔）を溶質が拡散するときの**膜内拡散係数**（intramembrane diffusion coefficient）は，自由空間を溶質が拡散するときの通常の**拡散係数**（diffusion coefficient）に比して非常に小さい値になる] とすると，遅れ時間は $l^2/6D_m$ となる．遅れ時間の値は溶質の膜透過速度（拡散透過係数）を評価するときに有効である．拡散係数が大きいほど，膜が薄いほど，溶質は膜を拡散透過

しやすくなる.

monolithic 型では，拡散膜に薬物が分散しており，薬効成分の放出速度は薬効成分の分散状態，製剤の幾何学的形状の影響を受ける．薬物の累積放出量は時間の平方根に比例する．すなわち薬物放出が進行するにつれて薬物溶出速度は小さくなる．これは薬物が存在する領域が時間とともに溶出面から離れるためである．

以上のことから，初期に放出量を大きくしたいときには monolithic 型が有利であり，長期に一定の放出量を得たいときには reservoir 型が有利となる．

薬物送達システム

医療のルネッサンスと期待されている薬物送達システム．生分解性ポリマーに薬物を保存して徐放する注射薬，消化管内容物や pH などに依存せずにあらかじめ設定した速度で薬物を放出する経口持続製剤，眼組織や脳深部に直接挿入する生分解性・生体適合性ポリマーを用いた埋込み剤，鼻粘膜や肺気道吸収によるスプレー剤，口腔粘膜に付着させる徐放製剤，薬物を皮膚から吸収して体内の標的組織に送達する経皮吸収製剤などがある（このあとのコラム参照）．モルヒネの経口鎮痛剤，狭心症発作予防のためのニトログリセリンなどの経皮吸収製剤などにおいて，薬物送達システムが臨床応用されている．　　　　　　　　　　　　　　（東條角治）

【例題 4.6】　薬物が固体粒子として薄層ポリマー中に均一に分散している場合，このポリマーからの薬物放出速度が時間の 0.5 乗に反比例することを証明せよ．ポリマー単位体積中に最初に封入された薬物量を C_0，ポリマー中の薬物溶解度を C_S とする．ただし以下の仮定が成り立つとする．

(1) t 時間後，ポリマー中には薬物が溶解した領域，薬物が固体として存在している領域の二つが存在する．薬物は溶解したのちポリマー中を拡散して外部に放出される．溶解速度は拡散速度に比して非常に大きい．
(2) 時間の経過に伴い，二つの領域の境界面は内側に移動し，薬物粒子を含む領域は減少する．
(3) 薬物が溶解した領域の濃度分布は直線となる．
(4) 薬物は膜厚方向だけに拡散する．
(5) 外液の薬物濃度をゼロとする．

[解答]　図 4.16 のような形状の monolithic 型放出制御製剤において

$$x = l : C = 0 \quad \text{（外液濃度）}$$
$$X \leq x \leq l : C = C(x) \quad \text{（溶解領域での薬物濃度）}$$
$$x = X : C = C_S \quad \text{（薬物飽和濃度・溶解度）}$$
$$0 \leq x \leq X : C = C_0 \quad \text{（分散領域での薬物濃度）}$$

のとき，製剤の表面積を A とすると，時間 t における累積薬物放出量 M の

4.8 拡散の制御

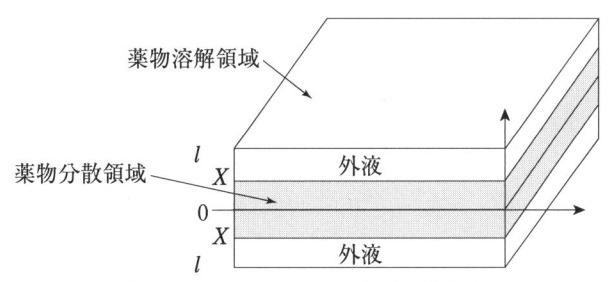

図 4.16 monolithic 型放出制御製剤

時間変化は，薬物溶解領域において

$$\frac{dM}{dt} = AD\left(-\frac{dC}{dx}\right)_{x=l} \tag{4.52}$$

となる．薬物溶解領域における薬物濃度分布は

$$C(x) = C_s \frac{l-x}{l-X} \tag{4.53}$$

であるので，$x=l$ における濃度勾配は上式を微分して得られる．

$$\left(\frac{dC}{dx}\right)_{x=l} = -\frac{C_s}{l-X} \tag{4.54}$$

この結果を式 (4.52) に代入すると

$$\frac{dM}{dt} = \frac{ADC_s}{l-X} \tag{4.55}$$

となる．物質収支の概念から，時間 t における累積薬物放出量 M は，最初に存在していた薬物量から現存している薬物量の差に等しい．したがって

$$M = AlC_0 - \left(AXC_0 + A\int_X^l C(x)\,dx\right)$$
$$= \frac{A(2C_0 - C_s)(l-X)}{2} \tag{4.56}$$

式 (4.56) を時間 t に関して微分すると，$X = X(t)$ なので

$$\frac{dM}{dt} = \frac{A(2C_0 - C_s)}{2}\frac{dX}{dt} \tag{4.57}$$

式 (4.55) と式 (4.57) から

$$\frac{ADC_s}{l-X} = \frac{A(2C_0 - C_s)}{2}\frac{dX}{dt} \tag{4.58}$$

となる．この微分方程式を時間 t に関して 0 から t まで，厚み x に関して l から X まで積分すると

$$X = l - 2\sqrt{\frac{DC_s t}{2C_0 - C_s}} \tag{4.59}$$

式 (4.59) を式 (4.57) に代入すると

$$\frac{dM}{dt} = \frac{A}{2}\sqrt{\frac{DC_s(2C_0-C_s)}{t}} \tag{4.60}$$

となり，薬物放出速度は薬物放出が進行するにつれて減少する．また式 (4.59) を式 (4.56) に代入すると，時間 t における累積薬物放出量 M が

$$M = A\sqrt{DC_s(2C_0-C_s)t} \tag{4.61}$$

となり，薬物の累積放出量は時間の平方根に比例することがわかる．これは溶解度以上に薬物が基剤中に分散しているとき，T. Higuchi (1961) が導いた薬物溶出速度式である．

ニトロのパッチ

　経皮的薬物送達システム（transdermal therapeutic system：TTS）としては，1974 年に Alza 社で開発された乗り物酔い製剤であるスコポラミンが最初で，1981 年には Ciba-Geigy 社より狭心症治療用にニトログリセリンの経皮的薬物送達システムが開発され，大ヒットしている．これらの製剤は transdermal patch といわれ，絆創膏に良く似た貼付剤である．皮膚は薬物を通さない防御壁と考えられていたが，適用面積と適用部位を変えることによって投与量を調節でき，経口投与できない患者への投与も可能となり，肝臓・消化管に対する副作用も低減できるなど，利点が多い．経皮吸収の律速段階は約 10 μm の厚みの角質層（層内の細胞はケラチンと繊維状タンパク質で満たされている）である．経皮吸収速度を高める方法として，吸収促進剤，プロドラッグ，超音波照射などの方法が考えられている．最近では，薬剤耐性が問題になる高血圧治療薬の経皮治療システムで，休薬期間を設けたり，生体の日照リズムを考慮したり，本来必要でない時間での投薬を回避したりなど，新しい時間制御型経皮的治療システムも考案されている．　　　　　　　　　　　　　　　　　　　　　　　　（東條角治）

4.9　沪過による物質移動

　心臓のポンプ機能で送り出された血液は，大動脈，動脈，細動脈，毛細血管，細静脈，静脈，大静脈を流れて心臓に戻る（2.4 節）．大動脈から動脈に入ると枝分かれして次第に細くなり，内径約 10 μm，長さ約 1 mm の無数の**毛細血管**（capillary）に達する．そこでの血圧は 10～30 mmHg である．この毛細血管において，拡散と外向きの**沪過**（filtration）によって血管内の血液から血管外の組織細胞に酸素と栄養分を移動させ，拡散と内向きの沪過によって物質代謝産物である二酸化炭素と老廃物を組織細胞から血液に移動させる．毛細血管壁は薄く（約 0.5 μm），静脈に近い毛細血管壁は内皮細胞だけでできている．そのため毛細血管壁は透過性に優れた生体膜（細孔直径は 6～7 nm，膜面開孔率は 0.1%）として機能し，拡散と沪過による物質交換が

4.9 濾過による物質移動

容易である．毛細血管壁の総面積は約 6 000 m² にも達し，毛細血管の総断面積が非常に大きくなることから血流速度は極端に小さく（約 0.5 mm s⁻¹），毛細血管系における物質交換効率を促進している．

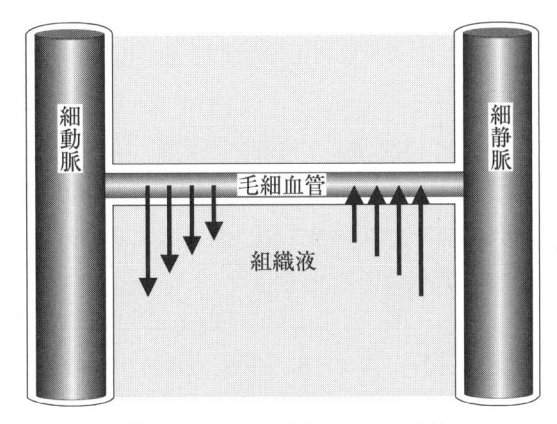

図 4.17 毛細血管における濾過

毛細血管では，図 4.17 のように血圧と**膠質浸透圧**（colloid osmotic pressure）のバランスで濾過が起こる．毛細血管細動脈端での血液静水圧は 30 mmHg，細静脈端での血液静水圧は 10 mmHg である．血中タンパク質は大きな分子なので，毛細血管壁を透過できない．このときの血液の膠質浸透圧は，細動脈側で 25 mmHg，細静脈側で 30 mmHg となる．組織液の静水圧は 10 mmHg，結晶物によって発生する浸透圧は 15 mmHg である．これらの値から，毛細血管の細動脈側における有効駆出力は 10 mmHg となり，この駆出力で水と電解質を血液から組織液に送り込んでいる．一方，毛細血管の細静脈側における有効吸引力は 15 mmHg となり，この吸引力で水と電解質を組織液から血液に取り込んでいる．これを**スターリングの法則**（1896 年）という．毛細血管におけるこの濾過現象によって，組織液が更新されている．これは濾過と**逆濾過**（back filtration）の現象によって起こる（あとのコラム参照）．水と電解質の交換に伴って，酸素，栄養分，二酸化炭素，代謝産物が生体膜を介して移動する．膜濾過装置においても，膜透過性が優れた人工膜を用いると，とくに流路内流体の圧力損失が大きいとき，流れの途中で濾過方向が逆転する現象が起こる．濾過に伴って物質の移動が起こるが，とくに分子量の大きい溶質の移動に濾過は有効である．

【例題 4.7】 内径 10 μm，長さ 300 μm のセロファン毛細管に平均流速 400 μm s⁻¹ で水が流入している．毛細管内の平均圧力は 40 mmHg である．またセロファン毛細管壁の**濾過係数**は 0.00306 mm³ mm⁻² h⁻¹ mmHg⁻¹ である．**浸透圧**（osmotic pressure）の影響がないと仮定して，次式を用いて**濾過流**

束 (filtration flux) を求めよ．
$$J = L_P \Delta P \tag{4.62}$$
[解答] 与えられた値を式 (4.62) に代入すると
$$J = (0.00306)(40) = 0.122 \text{ mm}^3 \text{ mm}^{-2} \text{ h}^{-1} \tag{4.63}$$
となる．沪過流束に毛細管壁の全面積を乗じると**沪過流量** (filtration rate) となる．
$$Q = \pi(10)(300)10^{-6}(0.122) = 0.00115 \text{ mm}^3 \text{ h}^{-1} \tag{4.64}$$

毛細管に流入する水の流量は $0.112 \text{ mm}^3 \text{ h}^{-1}$ であるから，毛細管に流入した水の約 1% が沪過され，流入した水のほとんどが毛細管出口から流出したことになる．

【例題 4.8】 図 4.18 に示すように，腹膜透析患者の体液と腹腔内透析液に関する物質収支を考えることにより，透析液を腹腔内に注入してからの血液濃度 C_B および透析液濃度 C_D，さらに体液量 V_B および透析液量 V_D の経時変化を，コンパートメントモデルを用いて求めよ．

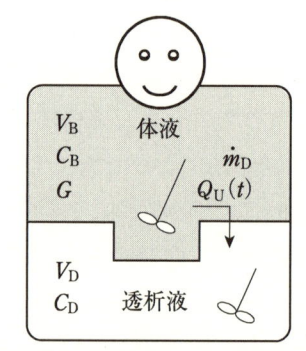

図 4.18 CAPDにおける物質移動の概念図 (山下明泰)

体液と透析液に関する 2-コンパートメントモデルの物質収支式は次のようになる．

$$\frac{d(V_B C_B)}{dt} = -K_{PM}(C_B - C_D) + G - (1-\sigma)Q_U(t)\bar{C} - \bar{K}_R C_B \tag{4.65}$$

$$\frac{d(V_D C_D)}{dt} = -K_{PM}(C_B - C_D) + (1-\sigma)Q_U(t)\bar{C} \tag{4.66}$$

ここで，K_{PM} は腹膜の総括物質移動膜面積係数 [mL min^{-1}]，G は代謝産物生成速度 [mg min^{-1}]，σ は Staverman の反発係数 [-]，$Q_U(t)$ は腹膜における沪過流量（浸透圧によって駆動され，腹膜内への水の移動を正とする値）[mL min^{-1}]，$\bar{C}$ は腹膜内の平均溶質濃度 [mg mL^{-1}]，$\bar{K}_R$ は残腎クリアラン

ス [mL min^{-1}] である．また体液量および透析液量を Pyle ら (1981) は次式で表している．すなわち

$$\frac{dV_B}{dt} = -Q_U(t) = -a_1 \exp(a_2 t) - a_3 \tag{4.67}$$

$$\frac{dV_D}{dt} = Q_U(t) = a_1 \exp(a_2 t) + a_3 \tag{4.68}$$

また腹膜内の平均溶質濃度 $\bar{C}$ は

$$\bar{C} = C_B - f(C_B - C_D) \tag{4.69}$$

$$f = \frac{1}{\beta} \frac{1}{e^\beta - 1} \tag{4.70}$$

となる．ここで β はペクレ (Peclet) 数

$$\beta = \frac{(1-\sigma) Q_U(t)}{K_{PM}} \tag{4.71}$$

で表される．腹膜の総括物質移動膜面積係数 K_{PM} は，溶質分子量 MW から次式を用いて求められる．

$$K_{PM} = 333 \, (MW)^{-0.56} \tag{4.72}$$

[**解答**] 以上の連立常微分方程式を**ルンゲ・クッタ (Runge-Kutta) 法**で数値解析的に解くと（エクセルを用いて解くことができる），血液中および透析液中の溶質濃度，クリアランス，溶質除去量，腹腔内透析液量の経時変化を求めることができる．尿素窒素に対する計算結果を示したのが図 4.19〜4.22 である．これらの結果は，グルコース濃度 1.5 wt% の透析液を用い，腹膜の総括物質移動膜面積係数は 20 mL min^{-1}，残腎クリアランスはゼロ，体液量 V_B は 31 850 mL，透析液量 V_D は 2 000 mL，尿素窒素の生成速度 G は 3.9 mg min^{-1}，Staverman の反発係数 σ は 0.212 としている．また式 (4.67) と式 (4.68) のパラメーター（山下明泰）には，$a_1 = 8.07$ mL min^{-1}，$a_2 =$

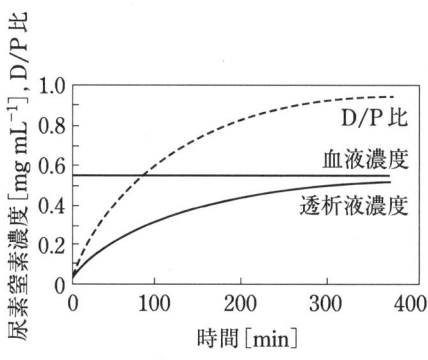

図 **4.19** 血液中および透析液中の尿素窒素濃度の変化
（グルコース濃度：1.5 wt%）

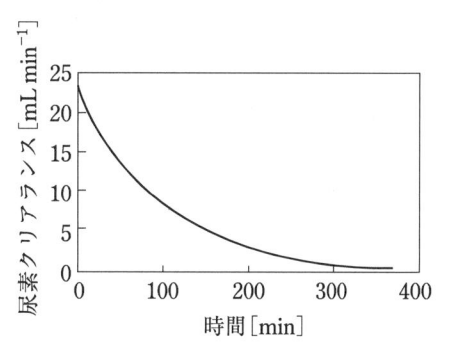

図 **4.20** 尿素クリアランスの経時変化
（グルコース濃度：1.5 wt%）

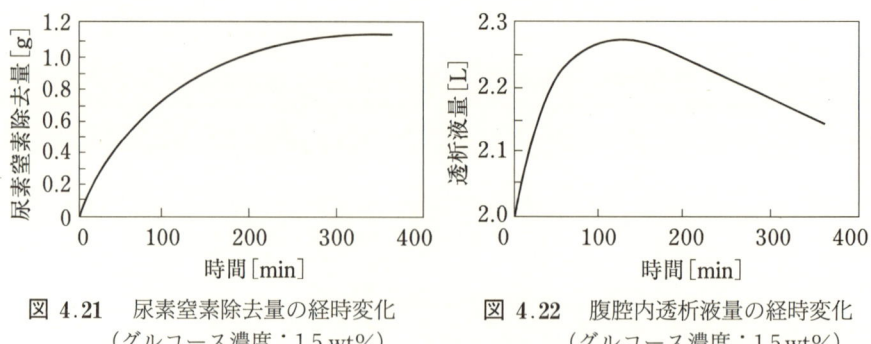

図 4.21 尿素窒素除去量の経時変化
（グルコース濃度：1.5 wt%）

図 4.22 腹腔内透析液量の経時変化
（グルコース濃度：1.5 wt%）

$-0.0208\ \mathrm{min}^{-1}$, $a_3 = -0.671\ \mathrm{mL\ min}^{-1}$ を用いている．このような腹膜透析治療では，血液濃度は治療中ほぼ一定に維持される．

濾過と逆濾過

濾過係数の大きい高性能透析膜を用いると，中空糸型透析器の血液出口側で，透析液側から血液側に濾過が起こり，滅菌されていない透析液（無滅菌透析液），すなわちパイロジェンが血液に侵入する可能性を Stiller らが 1985 年に指摘している．透析器内におけるこの逆濾過現象は，毛細血管におけるスターリングの法則と同じである．血液が中空糸型透析器に入ると，血液側から透析液側に濾過が起こり，この領域で血液は濃縮される．後半部では透析液側から血液側に逆濾過が起こり，この領域で血液は希釈される．血中タンパク質濃度が小さいとき，ヘマトクリット値が大きいとき，透析液流量が大きいとき，また中空糸内径が小さいときに，逆濾過現象は起こりやすい．血液が中空糸型透析器に流入する前半部では血液は濃縮されるので，血中溶質濃度は大きくなり，この領域で起こる濾過によって病因物質除去は促進される．とくに分子量の大きい溶質の除去に有利である．これを実用化したのが内部濾過促進型透析器である．透析器の中では，拡散でもパイロジェンや病因物質は透析膜を透過している．

● 4 章のまとめ

(1) 流れを伴う物質移動と流れを伴わない物質移動（拡散）がある．
(2) 物質移動は濃度差と移動方向に直角の面積に比例する．
(3) 物質移動は促進した方がよい場合と促進しない方がよい場合がある．
(4) サイズが小さい方が物質移動速度は大きくなる．

● 4 章の問題

[4.1] 2%の NH_3 を含む 293K，1 atm の空気が $600\ \mathrm{m}^3\ \mathrm{h}^{-1}$ で充填塔に流入している．充填塔内を向流あるいは並流で流れる水を用いて空気を洗浄し，充填塔

出口での空気中 NH_3 を 0.1% に減らしたい．向流および並流のときの最小水流量を求めよ．ただし平衡時の水中 NH_3 モル分率を x，気体中 NH_3 モル分率を y とすると，NH_3 の溶解度は $y = 0.78\,x$ で与えられる．

[4.2] 蒸留塔に原液（ベンゼン 28 wt%，トルエン 72 wt%）を供給する．塔頂からの留出液中ベンゼンは 52 wt%，塔底からの罐出液中ベンゼンは 5 wt% であった．留出液中ベンゼンの回収率を求めよ．

[4.3] 炭化水素燃料を炉で燃焼させたところ，排ガスに CO_2 10.2%，O_2 8.3%，N_2 81.5% が検出された．燃料の炭素と水素の重量% および過剰空気% を求めよ．

[4.4] 多孔性不溶解物質に 100 g の塩が含まれている．これを 10 L の水に入れて撹拌したところ，5 分間に 40 g の塩が溶解した．塩の 90% が溶解するのに何分かかるか？ ただし塩の溶解速度は未溶解塩量に比例し，また飽和濃度と溶液濃度の差に比例する．飽和濃度は 1 L の水に塩 300 g である．

[4.5] 塩 3 g が溶解している 1 L のビーカーがある．ビーカーは十分に撹拌されていて完全混合状態にある．このビーカーに水を毎分 5 mL 供給し，毎分 5 mL の塩水が流出している．2 時間後にビーカーに残っている塩の量を求めよ．

[4.6] 大きさが同じで，パイプでつながっている二つの大きなタンク A, B がある．いずれのタンクにも 40 L の水が入っている．操作前に A のタンクに塩を 200 g，B のタンクに塩を 100 g 入れる．水を A のタンクに 20 mL min^{-1} 供給し，同時に塩水を A のタンクから B のタンクに 20 mL min^{-1} 流す．さらに同流量の塩水を B のタンクから流出させる．タンク内で塩の生成と消失はなく，タンク内の塩水は完全混合状態にあると仮定する．5 時間後の B のタンク内に残っている塩の量を求めよ．

[4.7] 賭け事の好きな人がいた．彼は 50 000 円の週給を貰って，給料日に 2 時間で 2 ゲームを楽しんでいた．そしていつも 40 000 円をもって帰宅した．彼の賭け方はいつも決まっており，手持ち現金に比例する額だけ賭け，手持ち現金に比例する額だけ負けた．彼は今週から昇給した．そこで，いつもと違って 3 時間で 3 ゲームを楽しみ，いつもと同じ 40 000 円をもって帰宅した．今週の昇給額を求めよ．

[4.8] 無限に広がる 293K の静止媒体中に球状の小さい塩が置かれている．この塩の溶解における境膜物質移動係数 k を Sh（シャーウッド数）で表すと

$$Sh = 2$$

となることを証明せよ．

[4.9] ジクロロベンゼン 1,2-dichlorobenzene（衣類防虫剤）で成型した内径 30 mm，長さ 1 m の管内を，平均流速 20 m s^{-1} で空気が流れている（図 4.23）．系全体が 293K に保たれているとして，ジクロロベンゼンの昇華速度を求めよ．ただし，内径の変化は無視できると仮定する．物性値は

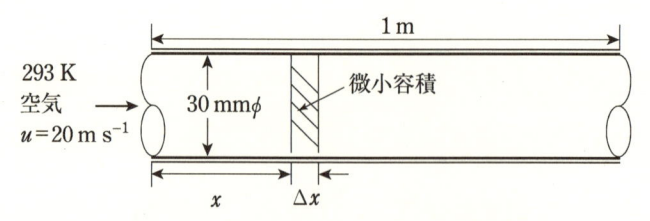

図 4.23 ジクロロベンゼンの昇華速度

ジクロロベンゼン 293K の蒸気圧：1 mmHg
ジクロロベンゼン 293K の拡散係数：$6.55 \text{ mm}^2 \text{ s}^{-1}$
空気 293K の密度：1.199 kg m^{-3}
空気 293K の粘度：$0.0181 \text{ cP} = 0.0652 \text{ kg m}^{-1} \text{ h}^{-1}$

である．また円管内乱流での実験式

$$Sh = 0.023 \, Re^{0.8} Sc^{0.33}$$

を用いて境膜物質移動係数 k_C を算出する．

[4.10] ある薬物を静注後に血中濃度を測定したところ，1時間で $28 \, \mu\text{g mL}^{-1}$，4時間で $20 \, \mu\text{g mL}^{-1}$ となった．この薬物の生物学的半減期と，血中濃度が $10 \, \mu\text{g mL}^{-1}$ に低下する時間を求めよ．

参考文献

1) 藤田重文，東畑平一郎編：化学工学 I，II，III，東京化学同人 (1963)．
2) 大竹伝雄，北浦嘉之：化学工学 I ― 単位操作 ―，工業化学基礎講座 9，朝倉書店 (1969)．
3) 内田俊一，亀井三郎，八田四郎次：化学工学，訂正版，丸善 (1957)．
4) 亀井三郎編：化学機械の理論と計算，第 2 版，産業図書 (1975)．
5) 吉田文武，酒井清孝：化学工学と人工臓器，第 2 版，共立出版 (1997)．
6) Babb, A. L., Strand, M. J., Uvelli, D. A., Milutinoric, J. and Scribner, B. H.：Quantitative description of dialysis treatment：A dialysis index, *Kidney Int.*, **7**(Suppl. 2), S23-S29 (1975)．
7) Sargent, J. A. and Gotch, F. A.：The analysis of concentration, dependence of uremic lesions in clinical studies, *Kidney Int.*, **7**(Suppl. 2), S35-S44 (1975)．
8) Popovich, P. R., Moncrief, J. W., Nolph, K. D., Ghods, A. J., Twardowski, Z. J. and Pyle, W. K.：Continuous peritoneal dialysis, *Annals of Internal Medicine*, **88**, 449-456 (1978)．
9) Higuchi, T.：Rate of release of medicaments from ointment bases containing drugs in suspension, *J. Pharm. Sci.*, **50**, 874-875 (1961)．
10) Stiller, S.：Mann, H. and Brunner, H.：Backfiltration in hemodialysis with highly permeable membranes, *Contr. Nephrol.*, **46**, 23-32 (1985)．
11) Middleman, S.：Transport Phenomena in the Cardiovascular System, Wiley-Interscience, New York (1972)．

参　考　文　献

12) 嶋井和世，永田 豊：目で見る人体生理学，第3版，廣川書店 (1980).
13) Pyle, W.K., Moncrief, J.W. and Popovich, R.P.：Peritoneal transport evaluation in CAPD. In：CAPD Update (J.W. Moncrief and R.P. Popovich eds.), pp. 35-51, Masson Publishing, New York (1981).

5 化学反応工学

キーワード	反応器操作　　回分操作　　流通操作　　反応物　　生成物
	限定反応成分　　管型反応器　　槽型反応器　　プラグ流反応器（PFR）
	完全混合槽型反応器（CSTR）　　理想反応器　　転化率　　膨張因子
	目的生成物　　複合反応　　リサイクル

● 5章で学習する目標

　　　　　化学工業は化学反応によって製品を得ることがその目的である．製品が効率良く得られる化学反応プロセスを至適に設計するための学問（反応工学）は，化学工学の中核といっても過言ではない．この反応工学も，基本は収支・平衡・速度を考慮した設計手法である（1.4節）．本章はこの反応工学の基礎の修得を目標とする．

5.1　反応操作の難しさ

　　反応プロセスとは，得られる原料を反応させて生成物を得ることである．そのための装置が**反応器**（リアクター，reactor）である．こう書いてしまうと簡単そうであるが，実験室のビーカーやフラスコを巨大化すれば，そのまま工業用の反応器になるというものではない．有機合成実験を経験すればわかると思うが，望む生成物を100％の収率で得ることは難しい．そのために生成物の分離精製が必要になる．これは実験室でも工場でも同じであるが，工場の場合は製造コストという現実問題にぶつかる．高度な分離をできるだけ使わないで収率が高いに越したことはない．しかし高収率を望むあまり，巨大な反応器を設計すると，建設コストや運転コストがかさんでしまう．収率，安全性，経済性を総合的に考えて，最適な反応プロセスを設計しなければならない．
　　"化学反応の操作や装置をどのように設計するか？"という課題が問われる場面は化学工業に限らない．たとえば，燃料電池や，ディーゼルエンジンに付属している有害物除去用触媒層も小型リアクターであり，反応器の設計

が課題となる．生体・人体も反応器という観点に立てば，医薬品の投与，薬品の代謝という問題が関係してくる．最適な投与の仕方を設計するには，体内で起こる代謝という"化学反応"を考慮する必要がある．まさしく反応工学といえよう．本章では実例をあげながら，反応工学の基礎概念について触れていく．

5.2 反 応 器

化学反応を行う装置を反応器（リアクター）という．反応プロセスの要(かなめ)と

(a) プロピレンプラント用ループ型リアクター［住友重機械工業(株)製］

(b) 脱硫用管型反応器［住友重機械工業(株)製］

(c) 撹拌槽型反応器
[http://www.postmixing.com/mixing%20forum/tanks.htm]

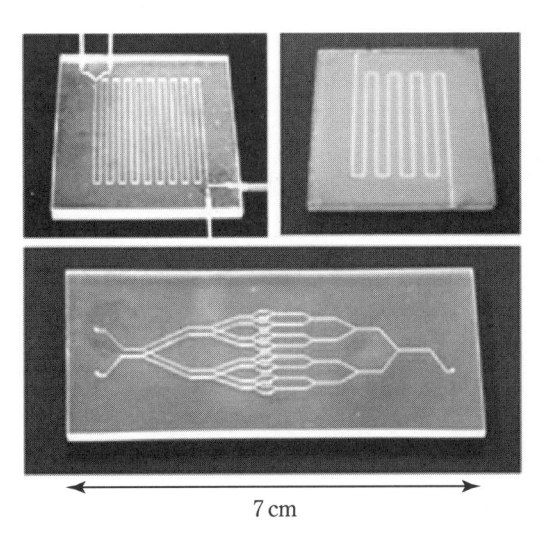

(d) マイクロリアクタ（開発中）[http://www.aist.go.jp/aist_j/organization/research_lab/mischel_main.html]

図 5.1 反応器の例

なる部分であり，この反応器の設計が反応工学の要である．

　反応器の種類は非常に多く，ここにすべてを列挙することは難しい．実験室にある反応用のガラス器具の種類とは比較にならないほど多い．

　反応器の分類は以下のとおりである．
(1) 操　作
　　（例）回分式，流通式
(2) 構　造
　　（例）管型，槽（タンク）型，充填層型，流動層型……
(3) 対象とする化学反応
　　（例）触媒反応器，化学蒸着（CVD）用装置，バイオリアクター

また，ビルのような巨大なもの（たとえば図5.1(a)）から，手のひらサイズのもの（たとえば図5.1(d)）まである．

5.3　回分操作と流通操作

　回分操作（batchwise operation）では，(1) 最初に反応に供する物質（**反応物**，reactant）を反応器に仕込んでから，(2) 反応物を反応させ，(3) 反応後の物質（**生成物**，product）を抜き出すという手順を踏んで，プロセスを完遂させる．

　流通操作（または**連続操作**，continuous operation）では，反応物を常に反応器に供給することによって，"仕込み"→"反応"→"抜き出し"の操作を同時に行う．すべての操作が同時進行するから，流通操作の方が効率は良く，大量生産に適している．これに対し，回分操作は，少量生産や，厳密な品質管理を必要とする生産に適している．

回分と流通の利点

　エレベーターが開いた瞬間，一斉に銃弾を浴びせて敵を仕留める……．ギャングものの映画ではおなじみのシーンだ．これがエスカレーターだったらどうだろうか？

　エレベーターとエスカレーターは，"お客さんを上下に運ぶ"という操作をそれぞれ回分式，流通式で行う昇降機である．エレベーターはお客さんがいるときだけ動かせるので，お客さんが少ない場所では経済的である．エスカレーターは，のべつ幕なしに流れ作業で人を運ぶので，効率が良く，お客さんが多い場所に適している．

　敵を追いかける場合はどうだろうか？　エレベーターなら敵が乗るところを見付ければしめたもの．あとは停まったところを見計らって仕留めればよい．

　エレベーターは追う側に有利である．しかし，エスカレーターは，駆け上がったり後退したりすることで，到着時間をごまかせる．追う側はいつ撃てばいいのか判断しにくい．エスカレーターは逃げる側に有利といえる．

　これを化学プロセスに置き換えたらどうなるであろうか？　たとえば操作ミスなどで有害な

非目的生成物がつくられ，これを排除せねばならない場合はどうだろうか？ 回分式の場合は，どの操作（バッチ）が怪しかったのかを追跡することは難しくない．検査して，有害物の多いバッチでつくられたものだけを棄てればよい．しかし流通式の場合はどうか？ いつからいつまでに生産されたものが怪しくて棄てなければいけないのか，特定するのは難しい．厳密に管理するには回分式の方が有利である．このような理由で，医薬品合成のように精密さが人命を左右する場合には，生産量が多い場合でも回分式で操作される．

5.4 物質収支

反応プロセスの設計の基本は，他の化学プロセスと同様に，収支と平衡と速度である（1.4節）．問題とする物質とエネルギーについて，以下の収支式に当てはめて計算すればよい（図5.2）．

(系への流入量) ＝ (系からの流出量) ＋ (系に蓄積する量)
　　　　　　　＋ (系で消失する量)   (5.1)

ただし生成物はプロセスにおいて生成するので，

(系で消失する量) ＝ －(系で生成する量)

とすればよい．

上式の両辺を時間微分すれば次の式になる．

(系への流入速度) ＝ (系からの流出速度) ＋ (系への蓄積速度)
　　　　　　　　　＋ (系での消失速度)   (5.2)

系で注目する物質の量が経時的に減少する場合もある．この場合は蓄積速度が負と見なせばよい．

この収支式を扱うことができれば，多くの化学プロセスが組み立てられる．また化学反応による"消失速度"の式をつくり，それを物質収支に関する式(5.2)に代入すれば，反応プロセスあるいは化学反応器の設計が可能となる．そのためには反応速度に対する正しい理解が必要である．

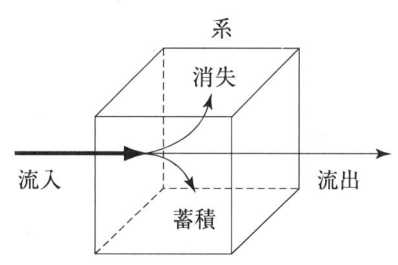

図 5.2　反応プロセスにおける収支

5.5 反応速度と生成速度

反応速度は系を構成する総物質量の大きさによらない示強変数で表されなければならない．したがって"反応する場の単位大きさ"あたりで計算する必要がある．系全体でまんべんなく反応する均一反応の場合，注目する物質の単位時間，単位体積あたりの反応に伴う変化量と定義される．反応によって生成する場合は正，消失する場合は負となる．

成分jに着目した反応速度 r_j は

$$r_j \equiv \frac{\partial}{\partial V}\left(\frac{\partial N_j}{\partial t}\right) \tag{5.3}$$

で表される．ここで N は系の中の物質量である．この場合 r_j の次元は，[物質量]・[長さ]$^{-3}$・[時間]$^{-1}$ であり，SI単位では $mol\,m^{-3}\,s^{-1}$ となる．

反応速度の定義式

多くの物理化学の教科書では，単位時間あたりの濃度変化を反応速度と定義している．

$$r_j = \left(\frac{\partial C_j}{\partial t}\right)$$

この定義式に従えば，各成分の濃度が定常に保たれている流通式反応器では，反応速度が0ということになってしまう．つまり，この式は容積を一定に保った回分式反応器の物質収支を示した式にすぎず，反応速度の正しい定義式とはいえない．

不均一反応の場合はどうであろうか？ たとえば触媒や電極反応のように固体表面のみで反応が起こる場合，反応速度は式 (5.3)′ で表される．

$$r_j' \equiv \frac{\partial}{\partial S}\left(\frac{\partial N_j}{\partial t}\right) \tag{5.3}'$$

S は反応が起こる表面の面積である．この場合 r_j' の次元は，[物質量]・[長さ]$^{-2}$・[時間]$^{-1}$ であり，SI単位では $mol\,m^{-2}\,s^{-1}$ となる．

ただし多孔質触媒は，その表面積の測定が難しく，また全表面が一様に機能していない場合が多い．そのとき式 (5.3)′ では計算が難しくなる．そこで触媒の単位表面積あたりではなく，式 (5.3)″ のように触媒の単位重量あたりで反応速度を表すのが普通である．

$$r_j'' \equiv \frac{\partial}{\partial W}\left(\frac{\partial N_j}{\partial t}\right) \tag{5.3}''$$

ここで W は触媒の質量である．r_j'' の次元は [物質量]・[質量]$^{-1}$・[時間]$^{-1}$ であり，SI単位では $mol\,kg^{-1}\,s^{-1}$ となる．

【例題 5.1】 ビーカーの中でエタノールと酢酸を液相反応させ，酢酸エチルを生成させた．6 時間で 1 mol の酢酸エチルを得た．溶液は 1 L であった．反応速度の平均値を求めよ．

[解答]

$$r = \frac{(1)\,\mathrm{mol}}{(3600 \times 6)\,\mathrm{s} \times (1 \times 10^{-3})\,\mathrm{m}^3} \cong 0.0463\,\mathrm{mol\ m^{-3}\ s^{-1}} \tag{5.4}$$

反応にかかわる物質は複数である場合が多い．たとえば，式 (5.5) の反応が起こっているとする．

$$a\mathrm{A} + b\mathrm{B} \longrightarrow c\mathrm{C} + d\mathrm{D} \tag{5.5}$$

この場合，物質 A と B が**反応物**または**反応成分**であり，物質 C と D が**生成物**または**生成成分**である．そして数値 a, b, c, d が反応に供するモル数の比で**量論係数**（stoichiometric coefficient）という．各々の物質に着目した反応速度 $r_\mathrm{A}, r_\mathrm{B}, r_\mathrm{C}, r_\mathrm{D}$ は次の関係をもつ．

$$\frac{-r_\mathrm{A}}{a} = \frac{-r_\mathrm{B}}{b} = \frac{r_\mathrm{C}}{c} = \frac{r_\mathrm{D}}{d} \tag{5.6}$$

つまり，どの物質に着目するかによって反応速度の値が異なってくる．通常は生成物よりも反応物を基準とする．これは後述するように，反応速度は反応物の濃度に依存するからである．そして反応物が複数ある場合は，反応を進めていくうちに，一番先に完全消滅する成分を基準とする．反応物が一つでも完全に消滅すれば，そこから先は反応は進まない．この基準となる反応物を**限定反応成分**（limiting reactant）という．この限定反応成分に着目した反応速度を基準の反応速度とするのが普通である．

5.6 転化率

反応の進み具合を一つのパラメーターで表し，そのパラメーターを基準に各成分の濃度や反応速度を表せたら便利である．そのようなパラメーターを**転化率**（反応率，conversion）といい，限定反応成分が消費された割合（分率）が用いられる．転化率が 1 ということは，限定反応成分が完全に消滅したことを意味し，反応が終了したことになる．

この転化率の定義は，回分操作と流通操作では若干異なる（図 5.3）．

a. 回分操作

回分式反応器の中で反応物 A を反応させる．反応器内の A の量の初期値を $N_{\mathrm{A}0}\,[\mathrm{mol}]$ とし，ある程度の時間反応させたときの A の量を $N_\mathrm{A}\,[\mathrm{mol}]$ と

A ⟶ B

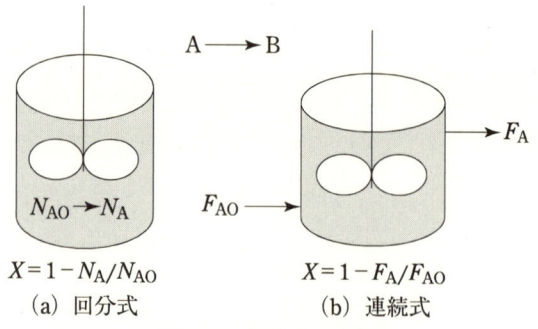

$X = 1 - N_A/N_{A0}$　(a) 回分式

$X = 1 - F_A/F_{A0}$　(b) 連続式

図 5.3 転化率の定義

すると，N_A と転化率 X の関係は式 (5.7) で表される．

$$N_A = N_{A0}(1-X) \tag{5.7}$$

b. 流 通 操 作

流通操作の場合は定常状態を保つため，反応物は反応器内に蓄積しない．そのため式 (5.7) を使うことはできない．

流通式反応器内に A が一定の速度 F_{A0} [mol s^{-1}] で流入している．そして A が F_A [mol s^{-1}] の速度で反応器から流出しているとすると，F_A と転化率 X の関係は式 (5.8) で表される．

$$F_A = F_{A0}(1-X) \tag{5.8}$$

5.7　反応次数，反応速度定数

反応速度は反応物の濃度の関数となる．式 (5.4) の反応速度 $-r_A$ が式 (5.9) で表せるとする．

$$-r_A = kC_A^m C_B^n \tag{5.9}$$

ここで k は**反応速度定数** (rate constant)，m，n はそれぞれ反応物 A，B に関する**反応次数** (order of the reaction) である．（この反応は A に関して m 次，B に関しては n 次，総合的には $(m+n)$ 次である．）

ここで注意しなければならないことは，反応次数は化学量論係数と必ずしも一致しない（上式に関していえば，$m=a$，$n=b$ とは限らない）ことである．一致する場合は，反応過程において中間生成物を生成せず，反応が一段階で進行する素反応に限られる．また反応次数は整数とは限らない．

反応速度定数 k の次元は反応次数によって異なる．均一反応の場合，一次反応なら [時間]$^{-1}$ の次元であり，二次反応なら [体積]・[物質量]$^{-1}$・[時間]$^{-1}$ の次元となる．

5.8 反応速度の温度依存性

温度が高いほど反応速度は大きくなる．反応速度は活性化エネルギーの値に依存するが，"温度が 10℃ 上がれば，反応速度が 2 倍になる"が目安となる．つまり，温度が 20℃ 上がれば反応速度は 4 倍となる（例題 5.2 参照）．反応速度が増加したからといって，そのまま反応効率が良くなって都合がよいと解釈してはならない．というのは，反応が進みすぎて目的とする生成物が消滅してしまう場合も考えられるし，望ましくない反応が並発して起こる場合もある．また反応によって発生する熱が反応系の温度を上げて反応速度を増加させ，発熱が増すという自己触媒的な反応過程を繰り返し，挙げ句の果てに爆発などの大惨事にいたる場合もある．したがって反応操作には，厳密な温度管理が必要である．

化学反応に及ぼす温度の影響

このような反応と温度の関係は台所でも見ることができる．冷蔵庫は"食材が腐る反応"を遅くしているし，肉を加熱して調理するのは"タンパク質が消化しやすいように変性する反応"，"細菌が生存するのに望ましくない反応"を速めるためである．

反応速度定数 k と温度の関係はアレニウス（**Arrhenius**）の式（5.10）で表される．

$$k = A e^{-E/(RT)} \tag{5.10}$$

ここで A は**頻度因子**（frequency factor）で k と同じ次元をもつ．E は**活性化エネルギー**である．反応物が反応して生成物になるときに，ラジカルなどの不安定な中間体（あるいは中間生成物）を経る場合がある．

不安定性の尺度に自由エネルギーがある．反応の経過と自由エネルギーの関係は図 5.4 のようになる．反応が進むためには，中間体の段階で"自由エネルギーの峠"を越えなければならない（問題 5.4 参照）．この"峠の高さ"，

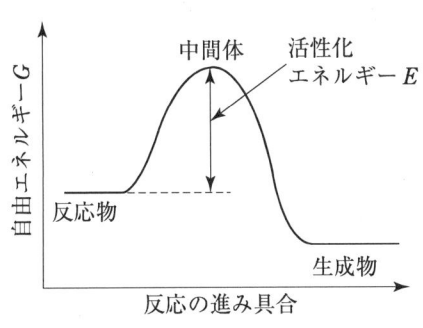

図 5.4 活性化エネルギーの概念図

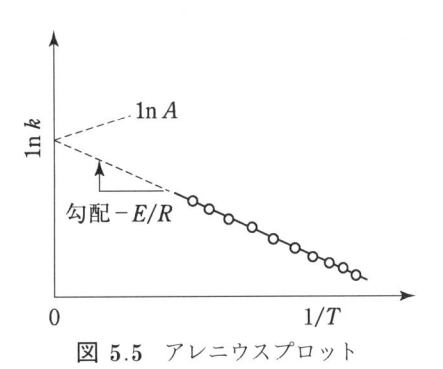

図 5.5 アレニウスプロット

言い換えれば，中間体と反応物の自由エネルギーの差が活性化エネルギー E である．この活性化エネルギーの値が大きいほど反応速度は小さくなる．また温度が高いほど，この"峠"を容易に越えられる．

この E の値が大きいほど，反応速度は温度に敏感になる．活性化エネルギーは"アレニウスプロット（Arrhenius plot）"とよばれる方法で計算できる．式 (5.10) の両辺の対数をとると式 (5.11) になる．

$$\ln k = \ln A - \frac{E}{RT} \tag{5.11}$$

反応速度定数 k の自然対数を絶対温度の逆数（$1/T$）に対してプロットすればほぼ直線関係になり，その直線の傾き（$-E/R$）から活性化エネルギー E が求められる．切片は $\ln A$ になる．

【例題 5.2】 "温度が 10℃ 上がれば反応速度が 2 倍になる"という条件が満たされる温度と活性化エネルギーの関係を求めよ．

[解答] 温度 T_1 [K] における反応速度定数を k_1 とする．反応速度定数の単位はここでは考えない．$T_2 = (T_1 + 10)$ [K] における反応速度定数を k_2 とする．ここで ($k_2/k_1 = 2$) である．

$$\frac{k_2}{k_1} = \frac{e^{-E/(RT_2)}}{e^{-E/(RT_1)}} = e^{(-E/R)(1/T_2 - 1/T_1)} \tag{5.12}$$

両辺の自然対数をとると

$$-\frac{E}{R}\left(\frac{1}{T_2} - \frac{1}{T_1}\right) = \ln\left(\frac{k_2}{k_1}\right) = \ln 2 \tag{5.13}$$

ここで $T_1 \gg (T_2 - T_1) = 10\mathrm{K}$ ならば

$$\frac{1}{T_2} - \frac{1}{T_1} = \frac{T_1 - T_2}{T_1 T_2} \approx \frac{T_1 - T_2}{T_1^2} \tag{5.14}$$

式 (5.14) を式 (5.13) に代入すると

$$\frac{E}{R}\frac{T_2 - T_1}{T_1^2} \approx \ln 2 \tag{5.15}$$

したがって，この式を満たす E と T_1 の関係は式 (5.16) となる．

$$E \approx \frac{RT_1^2 \ln 2}{T_2 - T_1} = \frac{RT_1^2 \ln 2}{10\ [\mathrm{K}]} \tag{5.16}$$

この条件が満たされる T と E の組合せを表 5.1 に示す．

活性化エネルギー E は反応によって異なるし，操作する温度範囲もプロセスによって異なる．したがって"温度がわかれば活性化エネルギーがわかる"と誤解しないでほしい．式 (5.16) が成り立つ条件は限られており，"温度が 10℃ 上がると反応速度が 2 倍になる"は，あくまでも温度管理の重要性を認

5.10 理想反応器

表 5.1 "温度が 10°C 上がると反応速度が 2 倍になる"という条件が成り立つ温度 T と活性化エネルギー E の組合せ

T' [°C]	T_1 [K]	E [kJ mol^{-1}]
0	273	42.9
25	298	51.2
100	373	80.1
300	573	189.1

識するための目安である．温度が 10°C 上がると反応速度が 2 倍以上になることもある．

5.9 反応器の設計

前述のように，反応器の設計には収支計算が必要である．とくに目的とする転化率を得ることが反応器設計の基本となる．計算手順は次のとおりである．

(1) 設計する反応器の理想型を選択する．
(2) 収支式の各項が何を意味するかを考える．
(3) 無視できる項を削除し，式を簡単化する．
(4) 簡単化された方程式を解いて，反応時間，装置容積を求める．
(5) ベンチプラント，パイロットプラントのデータをもとに，計算からのずれを補正する．

5.10 理想反応器

反応器を設計するときには，できるだけ単純に計算できるように，理想反応器を考える．この理想反応器というのは単純な反応器という意味で，性能が優れているという意味ではない．理想反応器には次のものがある．

a．回分式反応器

反応器内はよく撹拌され，反応流体の濃度，転化率，反応速度は反応器内の位置に依存しないで均一である．ただし時間には依存する．

b．槽型流通式反応器

回分式と同様に槽内は十分に撹拌され，反応流体の濃度，転化率，反応速度は反応器内で均一である．反応物を定常的に供給し，生成物を抜き出している．反応流体の濃度，温度，反応速度は時間に依存せず，一定に保たれている．**完全混合槽型流通式反応器**（continuous stirred tank reactor：

CSTR)とよばれる．

c．管型流通式反応器

　　反応流体が，管の中を均一な速度で，反応しながら流れていく．実際には管の中心部の方が，管壁に近い部分よりも流体は速く流れるが，これを無視する（2.4節）．管の流路方向に物質混合はない．実際には流れ方向に反応物，生成物の拡散が若干起こるが，この**逆混合**（back mixing）も無視する．このような流れは円管内に円筒状の栓を押し込む様子にたとえて，プラグ流（または栓流，押出し流れ）という．管内の各位置において，反応流体の濃度，転化率，反応速度は時間に依存しないで一定に保たれているが，入口からの距離には依存する．このような反応器を**プラグ流反応器**（plug flow reactor：PFR）という．

5.11 回分式反応器の設計

　　完全に混合された反応器の中で反応が起こっているとする．反応物を回分式反応器に仕込み，反応操作を終えてから生成物を抜き出す．この場合，反応操作中は流入も流出もない．このとき生成物，反応物について式（5.17）が成り立つ．

$$（消失速度）+（蓄積速度）= 0 \tag{5.17}$$

成分 j に着目したとき

$$（消失速度）= -（生成速度）=（反応速度）\times（体積）= -r_j V \tag{5.18}$$

ここで V は反応場の体積，すなわち反応器容積である．

$$（蓄積速度）= \frac{dN_j}{dt} \tag{5.19}$$

成分 j が生成物のとき，経時的に反応器内の量が増えていくため，この項は正となり，反応物の場合には負となる．整理すると

$$r_j V = \frac{dN_j}{dt} \tag{5.20}$$

となる．式（5.20）が回分式反応器の基本式であり，反応物でも生成物でも成り立つ．さらに不活性物質でも成り立ち，この場合は両辺とも 0 になる．

　　ところで反応系には，反応によって全体積が変わらない**定容系**と，反応によって全体積が変わる**変容系**がある．定容系と見なしてよいのは以下の場合である．

- 溶液，とくに希釈溶液（溶媒のほとんどが反応に関与しない場合）
- 気相反応でも回分式反応器の容積が固定されている場合（圧力変化が生じても，容積が変化しない場合）

5.11 回分式反応器の設計

容積が固定されない気相反応は，変容系と考えなければならない．とくに気相反応は一定の圧力で行われる場合（定圧系）が多い．この場合は変容系である．後述するように，気相定圧系でも結果的に定容系と同じ扱いでよい場合もある．

a. 定容系回分式反応器の設計

定容系の場合は V を定数として扱えばよい．したがって式 (5.20) は次のように変形できる．

$$r_j = \frac{1}{V} \frac{d}{dt}(N_j) = \frac{d}{dt}\left(\frac{N_j}{V}\right) = \frac{dC_j}{dt} \tag{5.21}$$

任意の成分 j の濃度が初期濃度 C_{j0} から最終濃度 C_{jF} に変化するのに要する反応時間 t は次式で求められる．

$$t = \int_0^t dt = \int_{C_{j0}}^{C_{jF}} \frac{dC_j}{r_j} \tag{5.22}$$

ここで，r_j は反応物濃度の関数である．したがって，反応物に関する収支式を立て，これを解けば濃度と t の関係が得られる．

もっとも簡単な反応として，化学量論式 A → B，反応速度式 $-r_A = kC_A$ （一次反応）について考えてみることにする．最終濃度 C_{AF} に達するまでに必要な反応時間 t_{rct} は

$$t_{rct} = \int_0^{t_{rct}} dt = \int_{C_{A0}}^{C_{AF}} \frac{dC_A}{r_A} = \int_{C_{A0}}^{C_{AF}} \frac{dC_A}{-kC_A} = -\frac{1}{k} \ln\left(\frac{C_{AF}}{C_{A0}}\right) \tag{5.23}$$

となる．

ところで，前出の $aA + bB \rightarrow cC + dD$ のように反応物が複数ある場合にはどうなるであろうか？ 反応速度は A と B 両成分の濃度の関数になる．

$$\frac{-r_A}{a} = \frac{-r_B}{b} = kC_A^m C_B^n \tag{5.24}$$

しかし式 (5.24) の右辺の変数を一つにまとめないと反応時間 t の計算はできない．この場合は，変数を濃度としないで，転化率 X を用いると計算しやすい．たとえば限定反応成分が A の場合を考える．A，B の量 N_A，N_B は以下のように X の関数で表される．

$$N_A = N_{A0}(1 - X) \tag{5.7}$$

$$N_B = N_{B0} - \frac{b}{a} N_{A0} X \tag{5.25}$$

ここで N_{A0}，N_{B0} はそれぞれ A と B の初期量である．定容系の場合は容積 V は定数なので，A，B の濃度は以下の式で表される．

$$C_A = \frac{N_A}{V} = \frac{N_{A0}}{V}(1 - X) = C_{A0}(1 - X) \tag{5.26}$$

$$C_B = \frac{N_B}{V} = \frac{N_{B0} - (b/a)N_{A0}X}{V} = C_{B0} - \frac{b}{a}C_{A0}X \qquad (5.27)$$

ここで C_{A0} と C_{B0} はそれぞれ A と B の初期濃度である．C_{A0} と C_{B0} は反応の進行に依存しない定数であるため，C_A および C_B を X の関数として式 (5.24) の反応速度式に代入すれば，A に関する反応速度 r_A も X の関数で表すことができる．最終反応率 X_F に達するまでの反応時間 t_{rct} は式 (5.28) で算出できる．

$$t_{\mathrm{rct}} = \int_0^{t_{\mathrm{rct}}} \mathrm{d}t = \int_{C_{A0}}^{C_{AF}} \frac{\mathrm{d}C_A}{r_A(X)} = \int_0^{X_F} \frac{\mathrm{d}C_{A0}(1-X)}{r_A(X)} = C_{A0}\int_0^{X_F} \frac{\mathrm{d}X}{-r_A(X)} \qquad (5.28)$$

【例題 5.3】 一次反応の定容回分操作を行う．A → B の一次反応における X_F と t_{rct} の関係を求めよ．

[解答]

$$t_{\mathrm{rct}} = C_{A0}\int_0^{X_F} \frac{\mathrm{d}X}{-r_A(X)} = C_{A0}\int_0^{X_F} \frac{\mathrm{d}X}{kC_{A0}(1-X_F)} = \frac{-\ln(1-X_F)}{k} \qquad (5.29)$$

上式を変形すると

$$X_F = 1 - \exp(-kt_{\mathrm{rct}}) \qquad (5.30)$$

あるいは

$$C_{AF}/C_{A0} = (1 - X_F) = \exp(-kt_{\mathrm{rct}}) \qquad (5.31)$$

となる．

【例題 5.4】 **薬の半減期** ある薬を飲んでから，体液中の薬物濃度が初期値の半分に達するまでの時間(半減期) $t_{1/2}$ は 5 時間である．代謝速度を反応速度式で表せ．

[解答] 体の中の体液領域を完全混合された回分式反応器と見なすことは，代謝速度の計算（薬物動力学）でよく用いられる．濃度が一定の時間で半減するということは，濃度が時間に対する指数関数で表されるということである．つまり代謝反応は一次反応である．

$$\frac{C_{AF}}{C_{A0}} = \frac{1}{2} = \exp(-kt_{1/2}) \qquad (5.32)$$

$$t_{1/2} = \frac{\ln 2}{k} \qquad (5.33)$$

したがって

5.11 回分式反応器の設計

$$r_A = -kC_A \quad \left(k = \frac{\ln 2}{t_{1/2}} = 0.139 \text{ h}^{-1}\right) \tag{5.34}$$

となる．

---

b．変容系回分式反応器の設計

定容系回分式反応器では，反応器の容積 V を定数として扱えるので計算が単純であった．変容系の場合は，V を反応成分濃度の関数として表すのは難しいので，転化率 X の関数として導かなければならない．

容積を調整しながら操作する変容系回分式反応器の初期容積を V_0，反応が進んだ時点での容積を V とすると，V_0 と V の関係は，ボイル・シャルルの法則から式 (5.35) で表される．

$$\frac{V}{V_0} = \frac{zN_T T P_0}{z_0 N_{T0} T_0 P} \tag{5.35}$$

ここで N_T は反応器内の物質の総モル数，P は全圧，z は理想気体からのずれを示す補正係数（理想気体ならば1），添字の0は反応初期値を表す．理想気体から大きく離れていなければ $z/z_0 \approx 1$，定圧操作のとき $P_0/P=1$，さらに温度を一定に保ちながら操作するときには $T/T_0=1$ となる．このとき反応前後の容積の比は式 (5.36) のようにモル数の比に等しくなる．

$$\frac{V}{V_0} = \frac{N_T}{N_{T0}} \tag{5.36}$$

つまり反応前後の総モル数変化と転化率 X の関係を求めれば，反応容積 V と X の関係が得られる．

前述の $aA+bB \to cC+dD$ の反応の容積変化について考える．限定反応成分を A とすれば，各成分および不活性成分 I の量 N_j（j=A, B, C, D, I）と反応率は以下の関係となる．

$$N_A = N_{A0}(1-X) \tag{5.7}$$

$$N_B = N_{B0} - \frac{b}{a} N_{A0} X \tag{5.25}$$

$$N_C = N_{C0} + \frac{c}{a} N_{A0} X \tag{5.37}$$

$$N_D = N_{D0} + \frac{d}{a} N_{A0} X \tag{5.38}$$

$$N_I = N_{I0} \tag{5.39}$$

ここで $N_{T0} = N_{A0} + N_{B0} + N_{C0} + N_{D0} + N_{I0}$ として式 (5.36) に上式を代入すれば，V/V_0 は式 (5.40) のように X の一次関数になる．

$$\frac{V}{V_0} = \frac{N_T}{N_{T0}} = \frac{N_A + N_B + N_C + N_D + N_I}{N_{T0}}$$

$$= \frac{N_{T0} + \{(c+d)-(a+b)\}N_{A0}X/a}{N_{T0}} = 1 + \varepsilon X \tag{5.40}$$

ここで

$$\varepsilon = \frac{(c+d)-(a+b)}{a}\frac{N_{A0}}{N_{T0}} \tag{5.41}$$

である。ε は**膨張因子** (expand factor) であり，転化率にかかる容積の相対変化係数である．また完全に反応が完了したとき（限定反応成分が完全消滅したとき）の容積の相対変化である．一般的な定義式は式 (5.42) で表される．

$$\varepsilon \equiv \frac{(生成物の量論係数の総和)-(反応物の量論係数の総和)}{限定反応成分の量論係数}$$
$$\times (限定反応成分のモル分率の初期値) \tag{5.42}$$

限定反応成分に着目して（jをAとして），回分式反応器の基本式（式 (5.20)）を用いると，左辺は

$$r_A V = r_A V_0 (1+\varepsilon X) \tag{5.43}$$

右辺は

$$\frac{dN_A}{dt} = \frac{dN_{A0}(1-X)}{dt} = -N_{A0}\frac{dX}{dt} \tag{5.44}$$

となる．式 (5.43) と式 (5.44) の右辺を等号で結んで整理すると

$$dt = \frac{-N_{A0}\,dX}{V_0 r_A (1+\varepsilon X)} = \frac{-C_{A0}\,dX}{r_A (1+\varepsilon X)} \tag{5.45}$$

ここで $C_{A0} = N_{A0}/V_0$ である．転化率が X_F に達するのに要する反応時間 t_{rct} は

$$t_{\text{rct}} = \int_0^{t_{\text{rct}}} dt = C_{A0}\int_0^{X_F} \frac{dX}{(-r_A)(1+\varepsilon X)} \tag{5.46}$$

となる．この取扱いは式 (5.5) の反応に限らない．

反応によってモル数が変化しない場合（生成物の量論係数の総和と反応物の量論係数の総和が等しい場合）や，限定反応成分のモル分率の初期値が十分に小さい場合は $\varepsilon=0$ と見なせるため，5.11 節 a の定容系の場合と同じ計算で反応率が求められる．

5.12 流通式反応器の設計

流通式反応器の場合，転化率 X は反応器内に滞留した時間（滞留時間）に依存する．供給速度が一定の場合，反応器容積が大きい方が滞留時間が長くなり，大きな転化率が得られる．

5.12 流通式反応器の設計

　流通式反応器は連続的に運転される．その間安定して運転するためには，反応液濃度は時間に対して一定でなければならない．したがって式 (5.2) において（系への蓄積速度）=0 となり，流通式反応器の基本式は式 (5.47) となる．

　　（系への流入速度）=（系からの流出速度）+（系での消失速度）　　(5.47)

物質 j の物質収支式は式 (5.48) となる．

$$F_{jo} = F_j - r_j V \tag{5.48}$$

ここで F_j は j のモル流量 $[\text{mol s}^{-1}]$，添字 O は初期値，すなわち反応器入口の値を示す．また，F_{jo} と F_j はそれぞれ式 (5.49) および式 (5.50) で表される．

$$F_{jo} = C_{jo} \times v_0 \tag{5.49}$$

$$F_j = C_j \times v \tag{5.50}$$

ここで C_j は j のモル濃度 $[\text{mol m}^{-3}]$，v は体積流量 $[\text{m}^3 \text{s}^{-1}]$ である．なお流通式反応器の場合でも定容系，変容系は存在する．ただしこの場合変容系といっても，反応器の容積が変化するわけではない．この点が回分操作と異なるので，注意が必要である．

　連続操作の場合は，入口から出口にいたるまで装置内の体積流量に変化のない場合（$v_0 = v$）が定容系，変化のある場合が変容系である．変容系の場合，出口と入口の流量比は式 (5.51) で表される（添字は式 (5.35) と同じである）．

$$\frac{v}{v_0} = \frac{z F_\text{T} T P_0}{z_0 F_\text{T0} T_0 P} \tag{5.51}$$

　ここで定温定圧操作について考える．理想気体が仮定できて定温定圧操作の場合，v/v_0 は式 (5.52) で表される．

$$\frac{v}{v_0} = \frac{F_\text{T}}{F_\text{T0}} \tag{5.52}$$

あとは回分式反応器の設計における N を F に代えて扱えばよい．定圧変容系における v/v_0 と転化率の X 関係は

$$\frac{v}{v_0} = \frac{F_\text{T}}{F_\text{T0}} = (1 + \varepsilon X) \tag{5.53}$$

となる．

a. 完全混合槽型流通式反応器（CSTR）

　槽の中が完全に撹拌されていて槽内濃度分布が存在しない反応器である．回分式反応器と構造がよく似ているが，入口と出口で流路をもつ（図 5.6）．

　ここで限定反応成分 A に関する物質収支を考える．装置内全域で等しい反応速度で起こっているため，式 (5.47) の右辺第 2 項は

$$(系での消失速度) = -r_A(C_{AF}) \times V_{CSTR} \tag{5.54}$$

となる．ここで反応速度 $-r_A(C_{AF})$ を出口濃度 C_{AF} の関数としたことには理由がある．槽内が完全混合されているということは，成分濃度は完全に均一であり，反応速度についても反応器内において等しい．また出口流体は槽内流体の一部であり，両流体の成分濃度はまったく同じである．したがって，槽内流体中の A の濃度は出口濃度 C_{AF} に等しい．このことから槽内の反応速度は，出口流体の濃度 C_{AF} の関数となる．あるいは，この反応速度は出口における転化率 X_F の関数であり $-r_A(X_F)$ となる．限定反応成分 A の物質収支式は

$$F_{A0} = F_{AF} - r_A(C_{AF}) \times V_{CSTR} \tag{5.55}$$

CSTR の容積 V_{CSTR} を求める式は

$$V_{CSTR} = \frac{F_{A0} - F_{AF}}{-r_A(C_{AF})} = \frac{F_{A0} - F_{AF}}{-r_A(X_F)} \tag{5.56}$$

$F_A = vC_A$ より

$$V_{CSTR} = \frac{v_0 C_{A0} - v_F C_{AF}}{-r_A(C_{AF})} \tag{5.57}$$

となる．

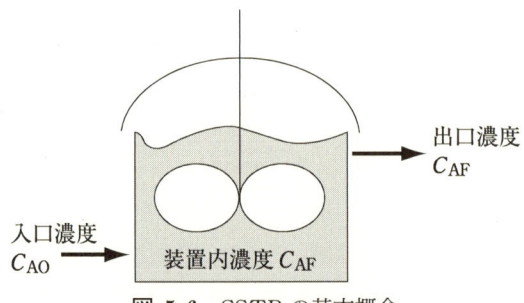

図 5.6 CSTR の基本概念

出口の転化率 X_F の式に置き換えると

$$V_{CSTR} = \frac{F_{A0} - F_{AF}}{-r_A(C_{AF})} = \frac{F_{A0} X_F}{-r_A(X_F)} \tag{5.58}$$

また $F_{A0} = v_0 C_{A0}$ より，空間時間 τ は

$$\tau_{CSTR} = \frac{V_{CSTR}}{v_0} = \frac{C_{A0} X_F}{-r_A(X_F)} \tag{5.59}$$

となる．

簡単な式であるが，定容系，変容系とも式 (5.58) および式 (5.59) は変わらない．ただし $-r_A$ と C_{AF} あるいは X_F の関係は定容系と変容系で異なってくる．ここで τ は V/v_0 で定義されて**空間時間**（space time）とよばれ，

時間の次元をもつ．定容系 ($v = v_0$) の場合は，物質が反応器の中にとどまる時間の平均値（平均滞留時間）に等しい．

b．プラグ流反応器（PFR）

完全混合槽型流通式反応器（CSTR）では装置内全域で一様に反応が起こっているのに対し，プラグ流反応器（PFR）では流体が反応しながら装置内を移動している．したがって反応器の入口近くでは反応物濃度が大きく，反応器出口近くでは生成物濃度が大きい．そして反応速度も反応器内の位置によって異なる．

反応速度については以下のように考えればよい．反応速度や物質の流れの速度を，装置を通過した体積 V の関数として表す（図 5.7）．

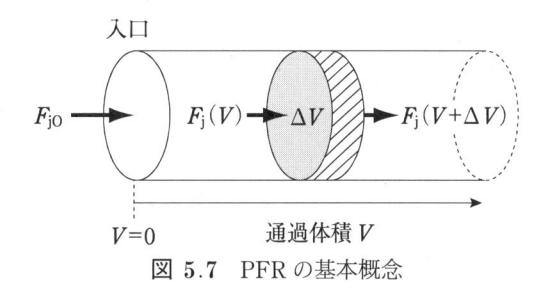

図 5.7 PFR の基本概念

反応器を流れの方向に垂直にスライスした体積 ΔV の微小空間における物質収支を考える．物質収支の各項は

$$\text{流入速度} = F_j(V) \tag{5.60}$$

$$\text{流出速度} = F_j(V + \Delta V) \tag{5.61}$$

$$\text{生成速度} = r_j \Delta V \tag{5.62}$$

となるので，物質収支は

$$F_j(V + \Delta V) - F_j(V) = r_j \Delta V \tag{5.63}$$

$$\frac{F_j(V + \Delta V) - F_j(V)}{\Delta V} = r_j \tag{5.64}$$

ここで $\Delta V \to 0$ とすると

$$\frac{dF_j}{dV} = r_j \tag{5.65}$$

ここで限定反応成分 A に着目すれば，$F_A = F_{A0}(1 - X)$ なので

$$-F_{A0} \frac{dX}{dV} = r_A \tag{5.66}$$

よって

$$V_{\text{PFR}} = \int_0^{V_{\text{PFR}}} dV = F_{A0} \int_0^{X_F} \frac{dX}{-r_A} \tag{5.67}$$

$F_{A0} = v_0 C_{A0}$ より

$$\tau_{PFR} = \frac{V_{PFR}}{v_0} = C_{A0} \int_0^{X_F} \frac{dX}{-r_A} \tag{5.68}$$

となり，定容系回分式反応器とよく似た形になる．式 (5.67) および式 (5.68) は定容系でも変容系でも使える．

【例題 5.5】 速度式が以下の式で表される A → B の反応がある．

(a) $-r_A = k$　　$k = 50 \text{ mol m}^{-3}\text{ h}^{-1}$　　　　　　(5.69)

(b) $-r_A = kC_A$　　$k = 0.0001 \text{ s}^{-1} = 0.36 \text{ h}^{-1}$　　　　(5.70)

(c) $-r_A = kC_A^2$　　$k = 3 \text{ dm}^3 \text{ mol}^{-1}\text{ h}^{-1}$　　　　　(5.71)

それぞれの反応について，反応率が 50% および 99% に達する CSTR および PFR の容積を求めよ．ただし反応器内への A の流入量 F_{A0} は 5 mol h^{-1}，定容系での体積流量 $v = v_0$ は $10 \text{ m}^3 \text{ h}^{-1}$ である．

［解答］

(a) $\displaystyle V_{PFR} = F_{A0} \int_0^{X_F} \frac{dX}{-r_A} = F_{A0} \int_0^{X_F} \frac{dX}{k} = \frac{F_{A0}X_F}{k} = V_{CSTR}$　　(5.72)

よって CSTR と PFR の容積に差はない．いずれの反応器も $X_F = 50\%$ で 50 dm^3，$X_F = 99\%$ で 99 dm^3 となる．

(b) 入口濃度は $C_{A0} = F_{A0}/v_0 = 0.5 \text{ mol m}^{-3}$，定容系なので出口濃度は $C_{AF} = C_{A0}X_F$ である．したがって

$$V_{CSTR} = \frac{F_{A0}X_F}{-r_A} = \frac{F_{A0}X_F}{kC_A} = \frac{v_0 C_{A0} X_F}{kC_{A0}(1-X_F)}$$

$$= \frac{v_0}{k} \frac{X_F}{(1-X_F)} = \frac{10[\text{m}^3\text{ h}^{-1}]}{0.36[\text{h}^{-1}]} \frac{X_F}{(1-X_F)} \tag{5.73}$$

となるので，CSTR の容積は $X_F = 0.5$ で 27.7 m^3，$X_F = 0.99$ で $2\,750 \text{ m}^3$ となる．

PFR の場合，各部位での転化率と濃度の関係を $C_A = C_{A0}(1-X)$ とすると

$$V_{PFR} = F_{A0} \int_0^{X_F} \frac{dX}{-r_A} = F_{A0} \int_0^{X_F} \frac{dX}{kC_A} = F_{A0} \int_0^{X_F} \frac{dX}{kC_{A0}(1-X)}$$

$$= \frac{F_{A0}}{kC_{A0}} \int_0^{X_F} \frac{dX}{(1-X)} = -\frac{v_0}{k} \ln(1-X_F) = -\frac{10[\text{m}^3\text{ h}^{-1}]}{0.36[\text{h}^{-1}]} \ln(1-X_F) \tag{5.74}$$

となるので，PFR の容積は $X_F = 0.5$ で 19.3 m^3，$X_F = 0.99$ で 128 m^3 となる．

(c) $\displaystyle V_{CSTR} = \frac{F_{A0}X_F}{kC_{AF}^2} = \frac{v_0 C_{A0} X_F}{kC_{A0}^2(1-X_F)^2} = \frac{v_0}{kC_{A0}} \frac{X_F}{(1-X_F)^2}$

$$= \frac{10[\text{m}^3\text{ h}^{-1}]}{3[\text{dm}^3\text{ mol h}^{-1}] \times 0.5[\text{mol m}^{-3}]} \frac{X_F}{(1-X_F)^2} \tag{5.75}$$

5.12 流通式反応器の設計

CSTR の容積は，$X_F = 0.5$ で $13.3\,\mathrm{dm^3}$，$X_F = 0.99$ で $66\,\mathrm{hm^3}$ となる．

$$V_{\mathrm{PFR}} = F_{\mathrm{A0}} \int_0^{X_F} \frac{\mathrm{d}X}{-r_A} = F_{\mathrm{A0}} \int_0^{X_F} \frac{\mathrm{d}X}{kC_A^2} = \frac{F_{\mathrm{A0}}}{kC_{\mathrm{A0}}^2} \int_0^{X_F} \frac{\mathrm{d}X}{(1-X)^2}$$

$$= \frac{v_0}{kC_{\mathrm{A0}}} \left[\frac{1}{1-X}\right]_0^{X_F} = \frac{10\,[\mathrm{m^3\,h^{-1}}]}{3\,[\mathrm{dm^3\,mol^{-1}\,h^{-1}}] \times 0.5\,[\mathrm{mol\,m^{-3}}]} \left(\frac{1}{1-X_F} - 1\right)$$

(5.76)

PFR の容積は，$X_F = 0.5$ で $6\,670\,\mathrm{m^3}$，$X_F = 0.99$ で $0.66\,\mathrm{hm^3}$ となる．

ここで以下の点に気が付く．

- ゼロ次反応の場合は CSTR と PFR の容積に差はない．これは PFR も CSTR と同様に，反応速度が場所によらず一定だからである．
- 反応次数が正の場合は PFR の方が CSTR よりも容積が小さい．反応次数が大きくなるほどこの差は大きくなる．
- 転化率が大きいほど PFR と CSTR の容積の差が大きくなる．

PFR と CSTR の容積の大きさの大小関係については，図 5.8 の面積図で理解できる．面積図は小学校算数の"ツルカメ算"でおなじみである．

反応速度 $-r_A$ は反応物の濃度に対して増加し，転化率 X に対して減少する．反応が進めば反応速度は小さくなる．一方，反応速度定数の逆数は転化率 X とともに増加する．

図 5.8 の斜線部分で囲まれた長方形の面積は，縦が $1/(-r_A)$，横が出口転化率 X_F になるので，$X_F/(-r_A)$ となる．これは $V_{\mathrm{CSTR}}/F_{\mathrm{A0}}$ に相当する（式 (5.58)）．F_{A0} は定数なので，この長方形の面積は CSTR の容積に比例する．一方，灰色の部分の面積は，$1/(-r_A)$ を 0 から X_F まで積分した値である．これは $V_{\mathrm{PFR}}/F_{\mathrm{A0}}$ に相当する（式 (5.67)）．つまり灰色の部分は PFR の容積に比例する値である．

X_F が大きくなればなるほど，斜線部分と灰色の部分の面積の差は大きくなる．また反応次数が大きくなれば，$1/(-r_A)$ と X の相関曲線の勾配が急になるため，両部分の面積の差は大きくなる．このような面積図を用いるこ

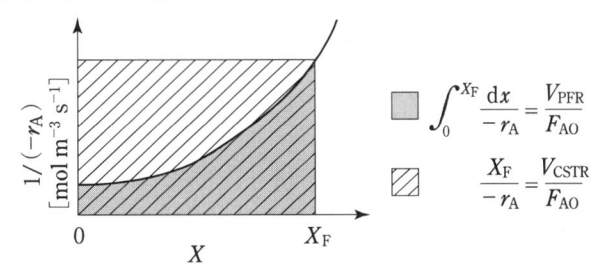

図 5.8 PFR と CSTR の容積の違い

[Fogler, H.S.: Elements of Chemical Reaction Engineering, 3rd ed., pp. 16-17, Prentice Hall (1999)]

とで，例題での傾向をイメージしやすくなる．

CSTR を理想型とする槽型反応器は，転化率や反応次数が大きい場合に極端に大きな容積を必要とする．したがって，収率が大きい反応や反応次数が大きい反応には PFR を理想型とする管型反応器を用いた方がよい．

管型反応器と比べて槽型反応器のメリットは何だろうか？ 槽型反応器の場合，反応器内の反応速度が一定である．これは時間あたりの発熱量が反応器内で均一であることを意味する．反応器内の温度も均一である．これに対して管型反応器の場合は，入口部分は出口部分に比べて発熱量が大きく，高温になりやすい．また管断面の中心部からは熱が逃げにくい．したがって，槽型反応器の方が，温度管理は容易である［参考文献 3］．反応器の回りに流路（ジャケット）を設け，熱媒体を流す方法がとられる．発熱量が大きい反応には槽型反応器を用いた方がよいことがわかる．

【例題 5.6】 薬物 A の半減期 $t_{1/2}$ を 4 時間とする．薬物濃度 C_{AF} を 50 mmol L^{-1} に保ちたい場合，点滴中の薬物濃度 C_{A0} をいくらにすればよいか？ 患者の体液量 V は 45 L で一定とする．点滴の投与速度と尿の生成速度はいずれも 5 mL min^{-1} とする．また薬物の血中濃度と尿中濃度は等しいとする．

［解答］ 患者の体を完全混合された回分式反応器と考え，半減期から代謝反応の速度定数を求めると

$$k = \frac{\ln 2}{t_{1/2}} = \frac{\ln 2}{4\,[\mathrm{h}]} = 0.173\,\mathrm{h}^{-1} \tag{5.77}$$

となる．点滴中においては薬物血中濃度と尿中濃度が等しいことから，患者の体を CSTR と考える．

（流入速度）

$$\text{点滴中の薬物濃度} \times \text{点滴の投与速度} = C_{A0} \times v_0 \tag{5.78}$$

（消失速度＝代謝速度）

$$\text{反応速度} \times \text{体液量} = kC_{AF} \times V \tag{5.79}$$

（流出速度）

$$\text{薬物尿中濃度} \times \text{尿生成速度} = C_{AF} \times v_0 \tag{5.80}$$

よって物質収支式は

$$v_0 C_{A0} = kC_{AF}V + v_0 C_{AF} \tag{5.81}$$

となり

$$C_{A0} = \left(k\frac{V}{v_0} + 1\right)C_{AF} = \left(\frac{\ln 2}{4 \times 60\,[\min]} \times \frac{45\,000\,[\mathrm{mL}]}{5\,[\mathrm{mL\,min^{-1}}]} + 1\right)$$
$$\times 50\,[\mathrm{mol\,L^{-1}}] = 1.35\,[\mathrm{mol\,L^{-1}}]$$

5.13 反応器の多段化

容積 $V=3\,\mathrm{m}^3$ の CSTR が 1 基ある．この CSTR を用いて，$k=0.2\,\mathrm{s}^{-1}$ の一次反応を体積流量 $v_0=0.5\,\mathrm{m}^3\,\mathrm{s}^{-1}$ で定容操作したとき，式 (5.73) を用いると転化率 X_1 は式 (5.82) で表される．

$$X_1 = \frac{k\tau}{1+k\tau} \tag{5.82}$$

このときの出口濃度 C_{A1} と入口濃度 C_{A0} の比は

$$\frac{C_{A1}}{C_{A0}}=1-X_1=\frac{1}{k\tau+1}=\frac{1}{0.2[\mathrm{s}^{-1}]\times 3[\mathrm{m}^3]/0.5[\mathrm{m}^3\,\mathrm{s}^{-1}]+1}=0.455 \tag{5.83}$$

となる．ここで容積半分（$V/2=1.5\,\mathrm{m}^3$）の CSTR を 2 基直列に接続した場合を考える．1 基目の CSTR を通過させたときの転化率 $X_{1/2}$ は式 (5.84) で表される．

$$X_{1/2}=\frac{k\tau/2}{1+k\tau/2} \tag{5.84}$$

等容積の CSTR は等しい転化率を示すので，2 基接続した最終的な濃度 C_{A2} は

$$\begin{aligned}\frac{C_{A2}}{C_{A0}} &= (1-X_{1/2})^2=\left(\frac{1}{1+k\tau/2}\right)^2 \\ &= \left(\frac{1}{1+0.2[\mathrm{s}^{-1}]\times 3[\mathrm{m}^3]/(0.5[\mathrm{m}^3\,\mathrm{s}^{-1}]\times 2)}\right)^2=0.391\end{aligned} \tag{5.85}$$

さらに 3 基接続すると

$$\begin{aligned}\frac{C_{A3}}{C_{A0}} &= (1-X_{1/3})^3=\left(\frac{1}{1+k\tau/3}\right)^3 \\ &= \left(\frac{1}{1+0.2[\mathrm{s}^{-1}]\times 3[\mathrm{m}^3]/(0.5[\mathrm{m}^3\,\mathrm{s}^{-1}]\times 3)}\right)^3=0.364\end{aligned} \tag{5.86}$$

となる．

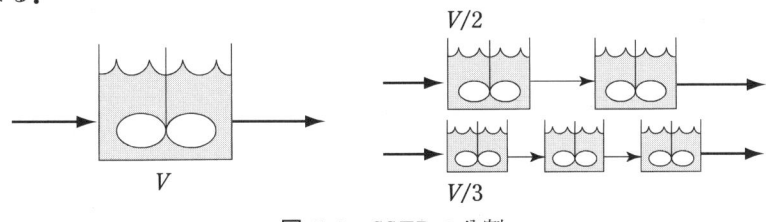

図 5.9 CSTR の分割

総容積が等しいにもかかわらず，最終出口濃度は減少して転化率は増加する．CSTR の数が n になると，最終出口濃度 C_{An} は

$$\frac{C_{An}}{C_{A0}}=\frac{1}{\left(1+\dfrac{k\tau}{n}\right)^n}=\frac{1}{\left\{\left(1+\dfrac{1}{n/k\tau}\right)^{n/k\tau}\right\}^{k\tau}} \to e^{-k\tau} \quad (n\to\infty) \tag{5.87}$$

容積 V の PFR で同じ反応を操作した場合は

$$\frac{C_{A,\text{PFR}}}{C_{A0}} = e^{-k\tau} \tag{5.88}$$

となる．このことから，CSTR を分割して直列に接続することは，PFR に近づけることに等しい．

図 5.8 と同様に，転化率 X に対して反応速度の逆数 $(1/-r_A)$ をプロットする．1 基の CSTR を操作する場合，最終転化率 X_F を得るのに必要な容積は，斜線の長方形の面積に初期濃度をかけた値に等しい．一方，3 基の CSTR を直列に接続して操作した場合，各反応器の大きさは灰色の部分の面積に初期濃度をかけた値に等しい．3 基の連結された CSTR の容積の総和は，1 基で操作される CSTR の容積に比べて小さい．連結する CSTR の数が多くなるほど，各長方形の面積の総和は，反応速度の逆数の値の積分値に近づいていく．つまり PFR に近づく．

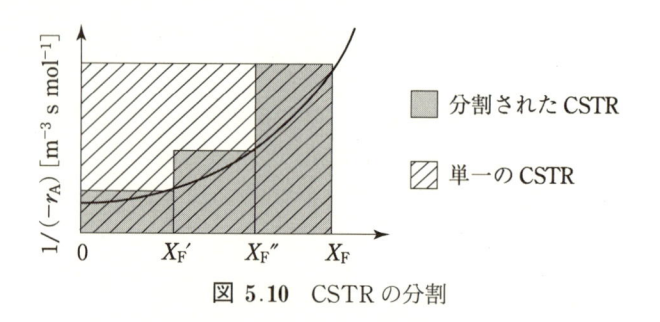

図 5.10 CSTR の分割

先に述べたように，1 基で操作される CSTR では，転化率が大きいほど反応器内の反応物濃度が減少するため，反応速度が小さくなってしまう．これに対して，連結する場合，一番上流にある反応器では転化率が低いので，大きな反応速度を維持できる．その分，反応器容積を小さくできる．転化率が大きい反応物と小さい反応物を混ぜ合わせないことが（逆混合），転化率を大きくするポイントである．ただし PFR は分割しても容積と転化率の関係は変わらない．

コップについた洗剤をすすぐには？

次のいずれの方法が効果的だろうか？
(1) コップを静置して，上から水を注ぎ続ける．
(2) コップに水を満たしてから捨てるという操作を繰り返す．

やってみればわかるが，(2) の方が，少量の水でコップをきれいにできる．これも CSTR の分割と本質的に同じである．洗浄が進んだ溶液（水）と，進んでいない溶液（水）を混ぜない方が効率が良いのだ．

5.14 リサイクル

1基のPFRがある．PFRからの出口流体の一部を入口流体に合流させる．これが**リサイクル**（recycle）である（図5.11）（問題5.2参照）．このリサイクルは転化率を向上させるのに役立つだろうか？

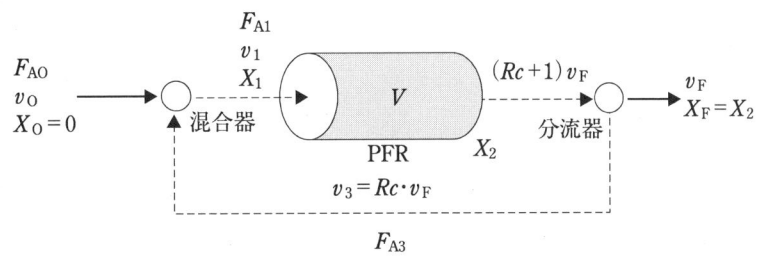

図 5.11 PFRのリサイクル

この系において，PFR回りの流路を次の五つに分けて考えることにする．ただしそれぞれの流路において，体積流量，モル流量，濃度は一定である．

- 系の入口から混合器まで（記号の添字O）
- 混合器からPFR入口まで（添字1）
- PFR出口から分流器まで（添字2）
- 分流器から系の出口まで（添字F）
- 分流器から混合器までのリサイクル（添字3）

ここでリサイクルの割合をリサイクル率Rcで表し，以下のように定義する．

$$Rc = \frac{混合器に戻る流体の体積流量}{系から出ていく流体の体積流量} \quad [-] \tag{5.89}$$

系外に流出する流体の体積流量をv_Fとすると，入口に戻る（リサイクルされる）流体の体積流量は$v_3 = Rc \cdot v_F$となる．反応器入口の体積流量は$v_1 = v_0 + Rc \cdot v_F$で表される．

PFR設計の基本式は

$$\frac{dF_A}{dV} = r_A \tag{5.90}$$

PFR容積Vを求める式は

$$V = \int_{F_1}^{F_2} \frac{1}{r_A} dF_A = \int_{F_{A0}'(1-X_1)}^{F_{A0}'(1-X_2)} \frac{1}{r_A} d\{F_{A0}'(1-X)\}$$

$$= F_{A0}' \int_{X_1}^{X_2} \frac{1}{-r_A} dX \tag{5.91}$$

である．ここで F_{A0}' は，"反応器で反応が起こらなくなったときの，反応器入口における限定反応成分のモル流量"である．したがって，F_{A0}' は反応器からリサイクルされる A のモル流量と系に新たに供給される A のモル流量（$=F_{A0}$）の和である．反応が起こらない場合，系に流入した分をそのまま流出させなければならないので $F_{AF}=F_{A0}$ となり，リサイクルされる A のモル流量は $F_{A3}=Rc \cdot F_{AF}=Rc \cdot F_{A0}$ で表される．したがって

$$F_{A0}' = Rc \cdot F_{A0} + F_{A0} = (Rc+1)F_{A0} \tag{5.92}$$

この F_{A0}' を使えば，各流路における反応率 X_i（$i=0, 1, 2, 3, F$）は次のように表せる．

$$X_i = 1 - \frac{F_{Ai}}{F_{A0}'} \tag{5.93}$$

PFR の入口における転化率は，反応物 A の入口濃度 C_{A1} から以下のように計算できる．

$$X_1 = \frac{1 - C_{A1}/C_{A0}}{1 + \varepsilon C_{A1}/C_{A0}} \tag{5.94}$$

ここで C_{A1} は

$$C_{A1} = \frac{F_{A1}}{v_1} = \frac{F_{A0} + F_{A3}}{v_0 + Rc \cdot v_F} = \frac{F_{A0} + Rc \cdot F_{A0}(1-X_F)}{v_0 + Rc \cdot v_0(1+\varepsilon X_F)} = C_{A0} \frac{1 + Rc - Rc \cdot X_F}{1 + Rc + Rc \cdot \varepsilon X_F} \tag{5.95}$$

上の二つの式を解くと

$$X_1 = \frac{1 - C_{A1}/C_{A0}}{1 + \varepsilon C_{A1}/C_{A0}} = \left(\frac{Rc}{Rc+1}\right)X_F \tag{5.96}$$

反応器出口の流体と，系から流出する流体の濃度は等しいので，転化率も等しい．したがって，$X_2=X_F$ である．このとき反応器容積 V は式 (5.97) で表される．

$$V_{PFR} = \int_{F_1}^{F_2} \frac{1}{r_A} dF_A = F_{A0}' \int_{X_1}^{X_2} \frac{1}{-r_A} dX$$

$$= (Rc+1)F_{A0} \int_{\frac{RC}{RC+1}X_F}^{X_F} \frac{1}{-r_A} dX \tag{5.97}$$

この式がもつ意味を面積図（図 5.12）で考えよう．

$$\frac{V_{PFR}}{F_{A0}} = (Rc+1)\int_{X_1}^{X_2} \frac{1}{-r_A} dX = (Rc+1)\int_{\frac{RC}{RC+1}X_F}^{X_F} \frac{1}{-r_A} dX \tag{5.98}$$

図 5.12 の灰色の部分が

$$\int_{X_1}^{X_2} \frac{1}{-r_A} dX \left(\text{あるいは} \int_{\frac{RC}{RC+1}X_F}^{X_F} \frac{1}{-r_A} dX\right)$$

に相当する．この灰色の部分の縦の長さを平均化して，同じ面積の長方形を斜線で示す．この斜線部分の長方形の横軸を Rc 倍に拡大し，左側に隣接させたのが網目で示した長方形である．$X_1 = RcX_F/(Rc+1)$ なので，網目の長方形の左側は Y 軸に重なる．この網目部分と斜線部分の長方形の和が V/F_{A0} に等しい．

$Rc=0$ とすると $X_1=0$ となるため，図 5.12 の灰色の部分の左端は Y 軸に重なり，網目の長方形は消滅する．このとき，灰色の部分の面積は $\int_0^{X_2} (1/-r_A)\,dX$ となり，これはリサイクルなしの PFR の V_{PFR}/F_{A0} に等しい．

$Rc=\infty$ とすると $X_1=X_F$ となり，灰色の部分および斜線部分は消滅する．網目部分の右上の頂点が $X=X_F$ における $1/(-r_A)$ となる．この網目部分の面積は CSTR の V_{CSTR}/F_{A0} に等しい（図 5.13）．

図 5.13 のように，リサイクルするということは PFR を CSTR に近づけることになり，転化率を下げることになる．

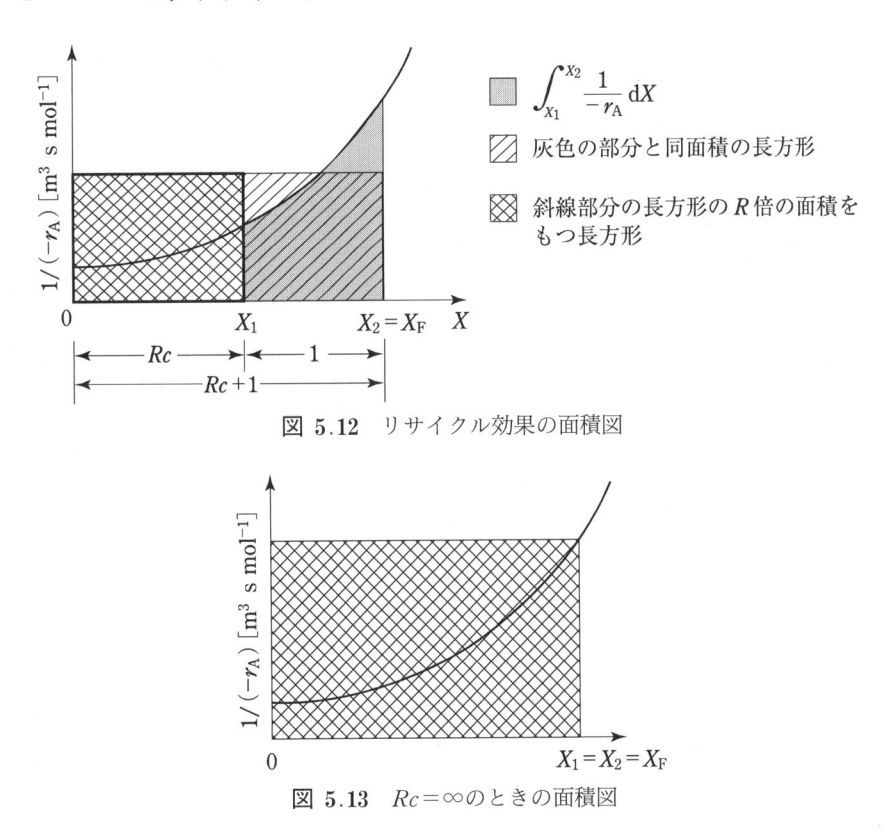

図 5.12 リサイクル効果の面積図

図 5.13 $Rc=\infty$ のときの面積図

5.15 複合反応の取扱い

反応は単一で起こるとは限らない．複数の化学反応からなる反応を複合反応という．

糖類を大量に含む穀類，果実などを発酵させると酒ができる．しかし発酵が進みすぎると酢になってしまう．以下の反応が逐次的に起こるからである．また酵母自体が有機呼吸することにより，糖類の一部は水と二酸化炭素に変換される．

$$\text{糖類} \xrightarrow{①} \text{エタノール}(CH_3CH_2OH) \xrightarrow{②} \text{酢酸}(CH_3COOH) \atop \phantom{\text{糖類}} \searrow^{③} \text{水} + \text{二酸化炭素} \tag{5.99}$$

アルコール度数の高い酒を醸造する場合，エタノールが**目的生成物**(desired product)，酢酸，水，二酸化炭素が**非目的生成物**(undesired product)となる．そして①の経路の反応が目的反応，②の反応は①に対する**逐次反応**(series reaction)，③の反応は①に対する**並列反応**(parallel reaction)である．

複合反応の場合，目的生成物をいかに高収率で得るか，非目的生成物の生成をいかにおさえられるかが，反応操作設計の鍵になる．

"目的生成物"と"主生成物"は同義語か？

目的生成物を主生成物，非目的生成物を副生成物と記述する書物があるが，これは正しくない．主生成物は本来，もっとも高い収率で得られる生成物である．しかし目的とする生成物が，もっとも収率が大きくなるとは限らない．

カーボンナノチューブやサッカーボール型炭素分子フラーレンには様々な新技術への応用に期待がかけられている．これらの物質の大量合成法には，グラファイトを電極としてアーク放電させる方法がある[参考文献4]．放電によってつくられた煤を精製してカーボンナノチューブやフラーレンを得るが，煤の主成分は単なる炭素のクラスターであり，これを主生成物とよぶべきであろう．一方，目的生成物であるフラーレンは煤の中に高々30%しか含まれず，副生成物とよぶべきである．

---

a．逐次反応の取扱い

A→R→S という反応があるとする．A→R の反応速度と，R→S の反応速度の間にそれほど大きな差がないとすれば，回分操作における反応時間（または連続操作における空間時間）と各成分の濃度との関係は図5.14のようになる．

物質 S が目的生成物ならば，設計は単純である．反応時間をできるだけ長く設定して反応させればよい．しかし R が目的生成物なら，濃度が極大値を示す時間で反応を止めなければならない．この反応時間の決定が鍵となる．具体的な設計法を次に考える（問題5.3参照）．

（1）回分式反応器　定容系回分式反応器で，化学量論式 A→R→S の反応を進める．A→R の反応も R→S の反応もともに一次反応であると

5.15 複合反応の取扱い

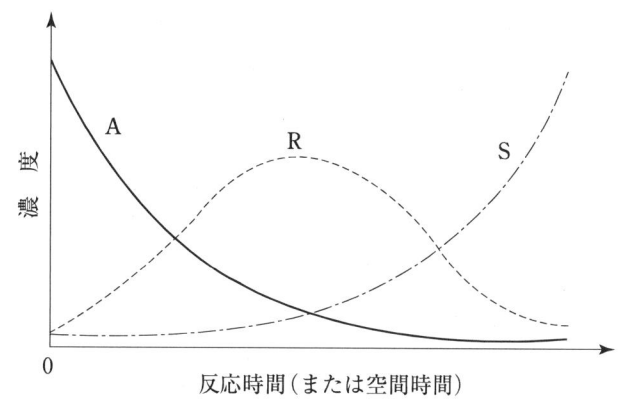

図 5.14 逐次反応における各成分濃度の経時変化

すると，この反応をどのように至適設計したらよいであろうか．反応速度定数をそれぞれ k_1, k_2 とすると，A と S の物質収支式はそれぞれ次のようになる．

$$\frac{dC_A}{dt} = r_A = -k_1 C_A \tag{5.100}$$

$$\frac{dC_S}{dt} = r_S = k_2 C_R \tag{5.101}$$

R についてはどうか？ たとえば A が 1 mol 消えれば R が 1 mol 生成し，S が 1 mol 生成するためには R が 1 mol 消えるので

$$\frac{dC_R}{dt} = r_R = -r_A - r_S = k_1 C_A - k_2 C_R \tag{5.102}$$

C_A の初期値を C_{A0} とすると，時間 t における C_A は

$$C_A = C_{A0} \exp(-k_1 t) \tag{5.103}$$

式 (5.103) を式 (5.102) に代入すると

$$\frac{dC_R}{dt} + k_2 C_R = k_1 C_{A0} \exp(-k_1 t) \tag{5.104}$$

この両辺に $\exp(-k_2 t)$ をかけて整理すると

$$\exp(k_2 t)\frac{dC_R}{dt} + k_2 \exp(k_2 t) C_R = k_1 C_{A0} \exp\{(k_2 - k_1)t\} \tag{5.105}$$

ここで $k_2 \exp(k_2 t) = \{\exp(k_2 t)\}'$ なので

$$式 (5.105) の左辺 = \exp(k_2 t)\frac{dC_R}{dt} + C_R \frac{d}{dt}\exp(k_2 t)$$

$$= \frac{d}{dt}\{C_R \exp(k_2 t)\} \tag{5.106}$$

したがって

$$\frac{d}{dt}\{C_R \exp(k_2 t)\} = k_1 C_{A0} \exp\{(k_2-k_1)t\} \tag{5.107}$$

$t=0$ で $C_R=0$ ならば

$$\int_0^{C_R \exp(k_2 t)} d\{C_R \exp(k_2 t)\} = k_1 C_{A0} \int_0^t \exp\{(k_2-k_1)t\} dt \tag{5.108}$$

ここで $k_1 \neq k_2$ ならば

$$\exp(k_2 t) C_R = \frac{k_1}{k_2-k_1} = C_{A0}[\exp\{(k_2-k_1)t\}]_0^t$$

$$= \frac{k_1}{k_2-k_1} C_{A0}[\exp\{(k_2-k_1)t\}-1] \tag{5.109}$$

ここで両辺に $\exp(-k_2 t)$ をかけると

$$C_R = \frac{k_1}{k_2-k_1} C_{A0}\{\exp(-k_1 t) - \exp(-k_2 t)\} \tag{5.110}$$

ここで C_R が極大値となる $dC_R/dt=0$ の条件から

$$\frac{d}{dt}\{\exp(-k_1 t) - \exp(-k_2 t)\} = 0 \tag{5.111}$$

よって至適時間 t_{opt} は

$$k_1 \exp(-k_1 t_{opt}) = k_2 \exp(-k_2 t_{opt}) \tag{5.112}$$

$$t_{opt} = \frac{\ln(k_1/k_2)}{k_1-k_2} = \frac{1}{\frac{k_1-k_2}{\ln(k_1/k_2)}} = \frac{1}{(k_{12})_{\text{log av}}} \tag{5.113}$$

ここで $(k_{12})_{\text{log av}} = (k_1-k_2)/\ln(k_1/k_2)$ は反応速度定数 k_1, k_2 の対数平均値である.

また $dC_R/dt=0$ ならば式 (5.104) から $k_2 C_R = k_1 C_{A0} \exp(-k_1 t)$ なので

$$\frac{C_{R,\max}}{C_{A0}} = \frac{k_1}{k_2} \exp(-k_1 t_{opt}) = \frac{k_1}{k_2} \exp\left\{\frac{-k_1}{k_1-k_2} \ln\left(\frac{k_1}{k_2}\right)\right\}$$

$$= \frac{k_1}{k_2}\left(\frac{k_1}{k_2}\right)^{-k_1/(k_1-k_2)} = \left(\frac{k_1}{k_2}\right)^{-k_2/(k_1-k_2)} \tag{5.114}$$

$k_1 = k_2 (\equiv k)$ ならば

$$\int_0^{C_R \exp(kt)} d\{C_R \exp(kt)\} = kC_{A0}\int_0^t 1\, dt = kC_{A0}t \tag{5.115}$$

$$C_R \exp(kt) = kC_{A0}t \tag{5.116}$$

$$C_R = kC_{A0} t \exp(-kt) \tag{5.117}$$

$$\frac{dC_R}{dt} = kC_{A0}\exp(-kt) - k^2 t\, C_{A0}\exp(-kt) = 0 \tag{5.118}$$

となる至適時間 t_{opt} は

5.15 複合反応の取扱い

$$t_{\text{opt}} = \frac{1}{k} \tag{5.119}$$

また C_R の極大値は

$$\frac{C_{R,\text{max}}}{C_{A0}} = k \frac{1}{k} \exp(-k/k) = \frac{1}{e} \tag{5.120}$$

となる．

（2）完全混合槽型流通式反応器（CSTR） 逐次反応系を CSTR で操作する場合を考えよう．逐次反応 A → R → S における反応速度を r_1 および r_2 とすると

$$F_{A0} = r_1 V_{\text{CSTR}} + F_{AF} \tag{5.121}$$

$$F_{R0} = (r_2 - r_1) V_{\text{CSTR}} + F_{RF} \tag{5.122}$$

$$F_{S0} = -r_2 V_{\text{CSTR}} + F_{SF} \tag{5.123}$$

また定容系で両反応とも一次反応とすると

$$v_0 C_{A0} = k_1 C_{AF} V_{\text{CSTR}} + v_0 C_{AF} \tag{5.124}$$

$$v_0 C_{R0} = (k_2 C_{RF} - k_1 C_{AF}) V_{\text{CSTR}} + v_0 C_{RF} \tag{5.125}$$

$$v_0 C_{S0} = -k_2 C_{RF} V_{\text{CSTR}} + v_0 C_{SF} \tag{5.126}$$

ここで

$$C_{AF} = \frac{v_0}{k_1 V_{\text{CSTR}} + v_0} C_{A0} = \frac{1}{k_1 \tau_{\text{CSTR}} + 1} C_{A0} \tag{5.127}$$

$$C_{RF} = \frac{k_1 V_{\text{CSTR}}}{k_2 V_{\text{CSTR}} + v_0} C_{AF} = \frac{k_1 \tau_{\text{CSTR}}}{(k_2 \tau_{\text{CSTR}} + 1)(k_1 \tau_{\text{CSTR}} + 1)} C_{A0} \tag{5.128}$$

式（5.129）の解が C_{RF} の極大値であり，空間時間の至適値 τ_{opt} となる．

$$\frac{1}{C_{A0}} \left(\frac{dC_{RF}}{d\tau} \right)_{\tau=\tau_{\text{opt}}}$$
$$= \frac{k_1(1 + k_1 \tau_{\text{opt}})(1 + k_2 \tau_{\text{opt}}) - k_1 \tau \{k_1(1 + k_2 \tau_{\text{opt}}) + (1 + k_1 \tau_{\text{opt}}) k_2\}}{(1 + k_1 \tau_{\text{opt}})^2 (1 + k_2 \tau_{\text{opt}})^2}$$
$$= 0 \tag{5.129}$$

$$\frac{V_{\text{CSTR,opt}}}{v_0} = \tau_{\text{opt}} = \frac{1}{\sqrt{k_1 k_2}} \tag{5.130}$$

すなわち，二つの反応次数の幾何平均の逆数である．反応器出口における R の濃度の極大値は

$$\frac{C_{R,\text{max}}}{C_{A0}} = \frac{k_1/\sqrt{k_1 k_2}}{(k_2/\sqrt{k_1 k_2} + 1)(k_1/\sqrt{k_1 k_2} + 1)}$$

$$= \frac{\sqrt{k_1/k_2}}{(\sqrt{k_2/k_1} + 1)(\sqrt{k_1/k_2} + 1)} = \frac{1}{(\sqrt{k_2/k_1} + 1)^2} \tag{5.131}$$

となる．

（3） プラグ流反応器（PFR）　設計式に従い

$$\frac{dF_A}{dV} = -r_1 \tag{5.132}$$

$$\frac{dF_R}{dV} = r_1 - r_2 \tag{5.133}$$

$$\frac{dF_S}{dV} = r_2 \tag{5.134}$$

定容系の一次反応ならば

$$v_0 \frac{dC_A}{dV} = -k_1 C_A \tag{5.135}$$

$$v_0 \frac{dC_R}{dV} = k_1 C_A - k_2 C_R \tag{5.136}$$

$$v_0 \frac{dC_S}{dV} = k_2 C_R \tag{5.137}$$

ここで空間時間 τ を使えば

$$\frac{dC_A}{d\tau} = -k_1 C_A \tag{5.138}$$

$$\frac{dC_R}{d\tau} = k_1 C_A - k_2 C_R \tag{5.139}$$

$$\frac{dC_S}{d\tau} = k_2 C_R \tag{5.140}$$

すなわち回分操作の設計式における t を τ に置き換えればよい．回分操作と同じ手順で解けば

$k_1 \neq k_2$ のとき

$$\tau_{opt} = \frac{V_{opt}}{v_0} = \frac{\ln(k_1/k_2)}{k_1 - k_2} = \frac{1}{(k_{12})_{\log av}} \tag{5.141}$$

$$\frac{C_{R,max}}{C_{A0}} = \frac{k_1}{k_2} \exp(-k_1 \tau_{opt}) = \left(\frac{k_1}{k_2}\right)^{-k_2/(k_1-k_2)} \tag{5.142}$$

$k_1 = k_2$ のとき

$$\tau_{opt} = \frac{V_{opt}}{v_0} = \frac{1}{k} \tag{5.143}$$

$$\frac{C_{R,max}}{C_{A0}} = \frac{1}{e} \tag{5.144}$$

となる．

b．並発反応の取扱い

異なる反応が並行して起こる並発反応の場合はどうであろうか？　生成物

5.15 複合反応の取扱い

RとSのいずれかを優先的に得るためにはどうしたらよいか？　反応は同時に進行するので，反応時間や空間時間を調節しても効果的ではない．

$$A \xrightarrow{r_R} R \quad \searrow_{r_S} S \tag{5.145}$$

目的生成物が得られる割合は選択率 φ で表される．

$$\varphi = \frac{dC_R}{dC_S} = \frac{dC_R/dt}{dC_S/dt} = \frac{r_R}{r_S} \tag{5.146}$$

ここで並発反応の反応次数に応じた選択率制御を考える．回分操作の場合

$$r_R = k_1 C_A^{a_1} \tag{5.147}$$
$$r_S = k_2 C_A^{a_2} \tag{5.148}$$

となり，選択率 φ は

$$\varphi = \frac{k_1 C_A^{a_1}}{k_2 C_A^{a_2}} = \frac{k_1}{k_2} C_A^{a_1 - a_2} \tag{5.149}$$

で表される．もし $a_1 = a_2$ ならば

$$\varphi = \frac{k_1}{k_2} = \text{const.} \tag{5.150}$$

この場合は，どのような反応操作をしても選択率は変わらない．しかし $a_1 - a_2 > 0$ の場合，φ を大きくするためには C_A を大きくすればよい．逆に $a_1 - a_2 < 0$ の場合，C_A をできるだけ小さくすればよい．流通操作の場合，C_A を大きくするためにはプラグ流反応器を用いればよく，C_A を小さくするためには完全混合槽型反応器を用いればよい．

複数の反応物が関与する場合はどうか？

$$A + B \xrightarrow{r_R} R \quad \searrow_{r_S} S \tag{5.151}$$

ここで

$$r_R = k_1 C_A^{a_1} C_B^{b_1} \tag{5.152}$$
$$r_S = k_2 C_A^{a_2} C_B^{b_2} \tag{5.153}$$

となる．Rを目的生成物とすれば，選択率 φ は

$$\varphi = \frac{r_R}{r_S} = \frac{k_1 C_A^{a_1} C_B^{b_1}}{k_2 C_A^{a_2} C_B^{b_2}} = \frac{k_1}{k_2} C_A^{a_1 - a_2} C_B^{b_1 - b_2} \tag{5.154}$$

反応次数の大きさで分けて考えることにする．

（1）**$a_1 - a_2 > 0$, $b_1 - b_2 > 0$**　この場合は，A, Bとも高濃度に保たなければならない．回分操作の場合は，反応器にAとBの高濃度溶液（あるいは気体）を一気に注いで反応させればよい．時間が経過して低濃度になると

Sが優先的に生成する．流通操作の場合は，プラグ流反応器にAとBを同時に供給すればよい（図5.15）．

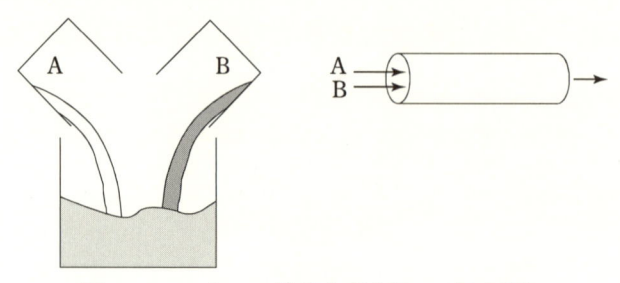

図 5.15 AとBの濃度を高く保てる反応操作

（2） $a_1-a_2<0,\ b_1-b_2<0$　　(1)とは逆に，A，Bとも低濃度に保たなければならない．回分操作の場合は，溶媒（気相反応系の場合は希ガス）を入れた回分式反応器にAとBを撹拌しながらゆっくり注ぐ．流通操作の場合も，完全混合槽型流通式反応器を使ってAとBを撹拌しながらゆっくり注ぐとよい（図5.16）．

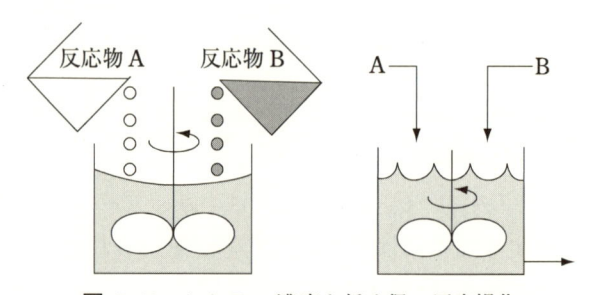

図 5.16 AとBの濃度を低く保つ反応操作

（3） $a_1-a_2>0,\ b_1-b_2<0$　　この場合は，反応物Aの濃度をできるだけ大きく，反応物Bの濃度をできるだけ小さくすればよい．回分操作の場合

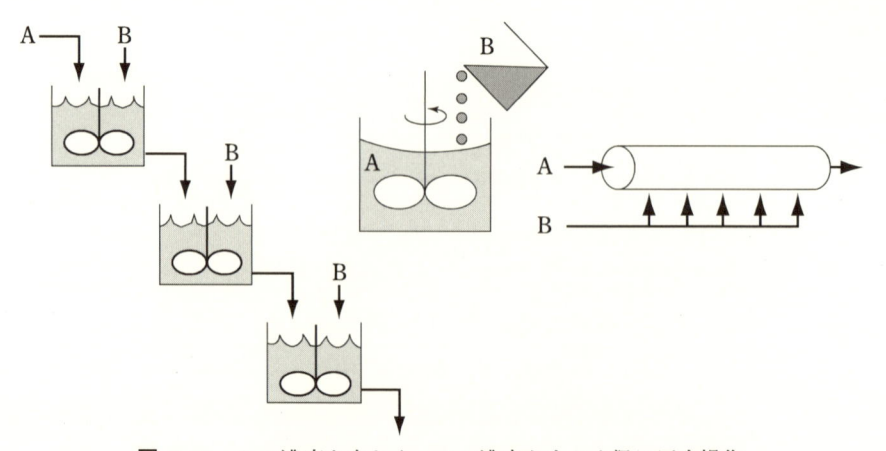

図 5.17 Aの濃度を大きく，Bの濃度を小さく保つ反応操作

は，撹拌槽の中に A を満たし，B をすこしずつ加える．流通操作の場合は，何段階かに分けて反応器に B を供給する（図 5.17）．逆に $a_1-a_2<0$，$b_1-b_2>0$ の場合は，A と B の混ぜ方を逆にすればよい．

有機合成反応では，同じ反応物から何種類もの生成物が得られる場合が多い．目的生成物の収率が小さい場合，混ぜ方を変えると収率が大きくなる場合があるので，試してみるとよい．

c. 温度による選択率の制御

式（5.145）の並発反応の速度はそれぞれ

$$r_\mathrm{R} = k_\mathrm{R} C_\mathrm{A}^a \tag{5.155}$$

$$r_\mathrm{S} = k_\mathrm{S} C_\mathrm{A}^a \tag{5.156}$$

であり，反応速度定数がアレニウスの式である次式

$$k_\mathrm{R} = A_\mathrm{R} \exp\left(-\frac{E_\mathrm{R}}{RT}\right) \tag{5.157}$$

$$k_\mathrm{S} = A_\mathrm{S} \exp\left(-\frac{E_\mathrm{S}}{RT}\right) \tag{5.158}$$

で表されるとする．ここで $E_\mathrm{R} - E_\mathrm{S} > 0$ の場合，選択率 φ は

$$\varphi = \frac{r_\mathrm{R}}{r_\mathrm{S}} = \frac{k_\mathrm{R} C_\mathrm{A}^a}{k_\mathrm{S} C_\mathrm{A}^a} = \frac{k_\mathrm{R}}{k_\mathrm{S}} = \frac{A_\mathrm{R}}{A_\mathrm{S}} \exp\left(-\frac{E_\mathrm{R}-E_\mathrm{S}}{RT}\right) \tag{5.159}$$

したがって，大きな活性化エネルギーをもつ反応の生成物 R を優先的に得るためには，温度 T を高くすればよい．逆に小さい活性化エネルギーをもつ反応の生成物 S を優先的に得るためには，T を低くすればよい．

● 5 章のまとめ

(1) 回分式反応器は精密な反応制御を必要とする場合，流通式反応器は製品を大量に生産する場合に適している．

(2) 管型流通式反応器の理想型はプラグ流反応器（PFR）である．プラグ流反応器の容積と転化率の関係は次式で表される．

$$V_\mathrm{CSTR} = \frac{F_\mathrm{A0} - F_\mathrm{A}}{-r_\mathrm{A}} = \frac{F_\mathrm{A0} X}{-r_\mathrm{A}}$$

(3) 槽型流通式反応器の理想型は，完全混合槽型流通式反応器（CSTR）である．CSTR の容積と転化率の関係は次式で表される．

$$\tau_\mathrm{PFR} = \frac{V_\mathrm{PFR}}{v_0} = C_\mathrm{A0} \int_0^x \frac{\mathrm{d}X}{-r_\mathrm{A}}$$

(4) 管型反応器は槽型反応器に比べると同じ反応率を小さい容積で達成できる．

(5) 温度制御には槽型反応器が有利である．
(6) CSTR を分割していくと，最終的に PFR に近づく．
(7) PFR でリサイクルしていくと，最終的に CSTR に近づく．
(8) 反応時間や空間時間を調節することによって，逐次反応において目的生成物の収率を大きくすることができる．
(9) 反応温度，反応物濃度，反応物の混ぜ方を至適にすることによって，選択率を改善することができる．

5 章の問題

[5.1] 反応物 A から生成物 R を気相系等温回分操作で得たい．化学量論式は A → 2R で表される．反応速度 $-r_A$ と A の濃度の関係を表 5.2 に示す．初期濃度 $C_{A0} = 1.0\ \mathrm{mol\ L^{-1}}$ から $C_A = 0.2\ \mathrm{mol\ L^{-1}}$ に達するのに必要な反応時間を (a) 定容系と (b) 定圧系について求めよ．ただし反応器の中には，A と R 以外の物質はないものとする．

表 5.2

$C_A[\mathrm{mol\ L^{-1}}]$	$-r_A[\mathrm{mol\ L^{-1}\ min^{-1}}]$	$C_A[\mathrm{mol\ L^{-1}}]$	$-r_A[\mathrm{mol\ L^{-1}\ min^{-1}}]$
0.1	0.10	0.7	0.10
0.2	0.20	0.8	0.06
0.3	0.50	1.0	0.05
0.4	0.60	1.2	0.045
0.5	0.55	1.4	0.042
0.6	0.25		

[5.2] CSTR においてリサイクルを行う．このリサイクル操作は，リサイクル比をどのような値にしても，この反応プロセスの性能を良くすることも悪くすることもない．この理由を説明せよ．ただし分流の際に分離精製は行わないとする．

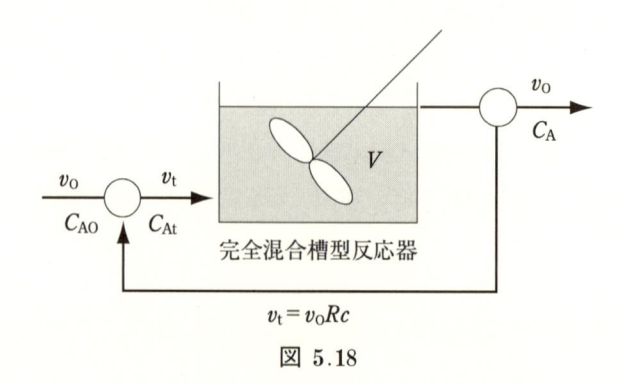

図 5.18

[5.3] 反応器にあたる生体臓器が肝臓である．生理活性物質（血漿タンパク質，血液凝固因子など）の合成や，有毒物質（アンモニア，アルコールなど）の解毒など，多岐にわたる重要な反応を扱っている．肝臓の機能を代行するのが人工肝臓である．多くは，培養された肝細胞を利用したハイブリッド型人工肝臓である．

新しく開発された人工肝臓の中で有害血中成分 A を反応させて無害成分 R に変換させたい．しかし R は人工肝臓で有害成分 S に逐次的に変換される．ここで化学量論式は A → R → S．A → R は反応速度定数 $k_1 = 0.1\,\mathrm{s^{-1}}$，R → S は反応速度定数 $k_2 = 0.01\,\mathrm{s^{-1}}$ の一次反応である．人工肝臓の容積を求めよ．ただしプラグ流反応器および完全混合槽型反応器の両方で考えよ．各成分の初期濃度 $C_{A0} = 10\,\mathrm{mol\,m^{-3}}$，血液流量 $v_0 = 200\,\mathrm{mL\,min^{-1}}$，$C_{R0} = C_{S0} = 0\,\mathrm{mol\,m^{-3}}$ とする．A と S の毒性は同程度である．

[5.4] 336K で牛乳を殺菌処理すると 30 分かかる．347K では 15 秒かかる．殺菌を化学反応と考えたときの活性化エネルギーを求めよ．

参考文献

1) http://www.postmixing.com/mixing%20forum/tanks.htm
2) http://www.aist.go.jp/aist_j/organization/research_lab/mischel/mischel_main.html
3) Fogler, H.S.：Elements of Chemical Reaction Engineering, 3rd ed., pp. 16-17, Prentice Hall (1999).
4) 森谷正規：ナノテクノロジーの「夢」と「いま」，pp.62-68, 文春新書 (2001).

6 物質移動を伴う化学反応工学

| キーワード | 不均一反応　　律速段階　　反応係数　　反応面進行モデル　　双曲線関数　　シーレ数　　有効係数 |

● 6章で学習する目標

　本章では，化学工学の中の反応工学の分野について，さらに詳しく学ぶ．物質移動を伴わない化学反応が起こる均一系と，物質移動を伴う化学反応が起こる不均一系をしっかりと区別し，律速段階について理解する．さらに物質移動を伴う不均一系の化学反応において，物質移動と化学反応が逐次的に起こる場合と，同時に起こる場合をそれぞれ学ぶ．

6.1　不均一反応と律速段階

　前章までは均一反応を取り扱ってきた．均一反応とは，反応物質Aと反応物質Bが反応するとき，AとBが両方ともに気体や，両方ともに液体など同じ相からなり，両成分が完全に混合している系である．化学反応は反応物質同士が衝突することで進むので，均一反応系では，反応物質同士がよく混ざり合って円滑に化学反応が起こることを前提としている．しかし，工業的な反応や，我々の身近に起こる反応では，多くは互いに混ざり合わない物質同士や，均一に混ざり合っていない状態で反応が進行する**不均一反応**である．この不均一反応では，反応物質同士が出会い，反応が起こる"場所"に注意しなければならない．つまり反応物質は，反応が起こる場所までの物質移動が必要であり，そのような物理現象が反応速度に影響を及ぼすことになる．

　物質移動を伴う化学反応の多くが，反応物の物質移動 → 化学反応 → 生成物の物質移動，という一連の逐次プロセスから成り立っている．反応プロセスがいくつかの段階によって逐次的に構成されているとき，そのうちの一つがほかの段階にくらべて非常に緩慢に進行するために，それによって全過程の進行が実質上支配される段階を**律速段階**という（1.3節，4.5節，問題6.1

6.1 不均一反応と律速段階

参照)．不均一反応の速度を考察するときには，物質移動速度と化学反応速度の両者を比較検討し，律速段階を判定することで速度式を誘導しなければならない．

不均一反応の例として，液体燃料の燃焼について考えてみる．液体燃料の燃焼方法には，水平液面からの蒸発燃焼，芯を用いる蒸発燃焼，蒸発式バーナーを用いる燃焼，霧化装置を用いる燃焼がある．燃焼反応は物質移動（および熱移動）を伴う化学反応であり，燃料の蒸発，反応物（燃料蒸気と酸素）の移動 → 化学反応（燃焼化学反応）→ 生成物（二酸化炭素と水蒸気）の移動という逐次プロセスから成り立っている．さらに熱移動が起こっている．この現象の律速段階は物質移動（あるいは熱移動）である．燃焼化学反応は非常に速い高温反応であるため，燃料蒸気と酸素が遭遇すると，燃焼化学反応は瞬時に終了する．したがって燃焼反応は面で起こり，そこには火炎面が形成される．液体燃料から燃料蒸気を発生させるのに必要なエネルギーは，火炎面からの熱移動で運ばれる．このようにいくつかの過程からなる不均一反応の速度は一番遅い過程（律速段階）で決まる．定常状態では，火炎面から液体燃料への伝熱量は燃料の気化熱量に等しく，燃料蒸気の蒸発量は燃料蒸気の燃焼量に等しい．

【発展】 発汗による体温調節と律速段階

身近な例で律速段階を判定してみよう．夏の暑い日，人間は汗をかいて体温を一定に保とうとする．このとき体表面では以下のような水の相転移が起こっている．

$$H_2O\ (l) = H_2O\ (g) - 44\ kJ \tag{6.1}$$

この熱化学方程式が示す意味は，気体の水の方が液体の水より1モルあたり44 kJ だけエネルギーが大きいということである．つまり，汗が蒸発すると，この気化熱の分だけ体表面温度が下がる．できるだけこの現象を促進させられると涼しい思いができるわけだが，どうすればよいだろうか．もっとも良い方法はうちわや扇風機で風を送ることである．このことを詳しく説明しよう．

人間が汗をかいて上昇した体温を下げるという一連の発汗プロセスは，まず汗をかいて皮膚面に水を供給することから始まる．そののち，水が皮膚表面の熱を奪って蒸発する式 (6.1) の相転移の段階が続く．最後に蒸発した水が皮膚から離れたところに拡散していく物質移動の段階で終了する．この中で，蒸発した水が拡散していく段階が他の段階と比較して遅い．そのため，強制的に風を送り蒸発した水を素早く皮膚近傍から遠ざけることにより，発汗と汗の蒸発を促進し，全体の発汗プロセスの速度を大きくすることができる．もし汗をかく段階が律速ならば，より多くの汗をかく必要があるし，もし蒸発速度が律速ならば，本末転倒ではあるが，皮膚表面を暖める必要がある．おそらく，どちらの方法でも涼しくならないだろう．つまり，この発汗による生成物（ここでは気体の水）の物質移動に律速段階があることがわかる．このように，身近な事例で律速段階を意識す

ると面白い．

【例題 6.1】 汗をかいたときに，扇風機にあたると涼しく感じる．しかし湿度が高いと，この効果も薄らいでくる．気温 30°C において，湿度 50% の場合と湿度 90% の場合でこのことを説明せよ．ただし，30°C での水蒸気の飽和分圧を 4.24 kPa，水蒸気の空気中拡散係数を $2.51 \times 10^{-5}\,\mathrm{m^2\,s^{-1}}$，扇風機がない場合の境膜厚みを 2.0 mm，扇風機がある場合の境膜厚みを 0.5 mm とする．

[解答] 人間が汗をかいて体温を下げる作用には，汗をかく（水の皮膚表面への拡散），汗が蒸発する（水から水蒸気への蒸発反応），蒸発した水蒸気が空気中を移動し体から離れる（水蒸気の空気中への拡散）の各段階がある．ここでは，水蒸気の空気中への拡散段階が律速段階と考え，考察を進める．通常，汗が体表面をすべて覆うことはないが，簡単のため汗を厚みをもった一層としてモデル化する．汗の層近傍での気相中水蒸気分圧 p_AI は，30°C における飽和水蒸気分圧に等しいとして 4.24 kPa である．湿度（相対湿度）U は空気中の水蒸気分圧 p_AG をその気温での飽和蒸気圧 p_AS で除した値の百分率であるため

$$\frac{U}{100} = \frac{p_\mathrm{AG}}{p_\mathrm{AS}} \tag{6.2}$$

より，湿度 50% での空気中の水蒸気分圧 p_AG は 2.12 kPa となる．

ここで，4 章で扱った一方拡散の式を境膜内物質移動に適用すると，以下の式が成り立つ．

$$J_\mathrm{A} = \frac{D_\mathrm{G} P}{RT X_\mathrm{G}} \frac{(p_\mathrm{AI} - p_\mathrm{AG})}{p_\mathrm{LM}} \tag{6.3}$$

ここで，D_G は気相中での水蒸気拡散係数，P は気相全圧でここでは 101.326 kPa，R は気体定数で $8.314\,\mathrm{J\,mol^{-1}\,K^{-1}}$，$p_\mathrm{LM}$ は p_AI と p_AG の対数平均分圧である．扇風機がない場合の流束を計算すると $J_\mathrm{A} = 10.9\,\mathrm{mmol\,m^{-2}\,s^{-1}}$ となる．体表面積を $1.5\,\mathrm{m^2}$ として，これに 1 mol あたりの水の質量 $18\,\mathrm{g\,mol^{-1}}$ を掛け，さらに 1 分あたりに換算すると $17.7\,\mathrm{g\,min^{-1}}$ となる．扇風機がある場合，境膜厚みが 0.5 mm になるので，計算結果は 4 倍の $70.7\,\mathrm{g\,min^{-1}}$ となる．

一方，湿度が 90% の場合，空気中の水蒸気分圧 p_AG は 3.82 kPa となる．汗の蒸発速度は，扇風機がない場合は $3.56\,\mathrm{g\,min^{-1}}$ となり，扇風機がある場合は $14.3\,\mathrm{g\,min^{-1}}$ となる．

以上の結果の模式図を図 6.1 にまとめる．このように，本反応は水蒸気の気相中への拡散段階が律速段階と考えたため，気相境膜を薄くする（扇風機を当てる）と反応が速くなり，水蒸気分圧差が小さい場合（湿度が高い状態）には反応が遅くなることがわかる．

6.1 不均一反応と律速段階

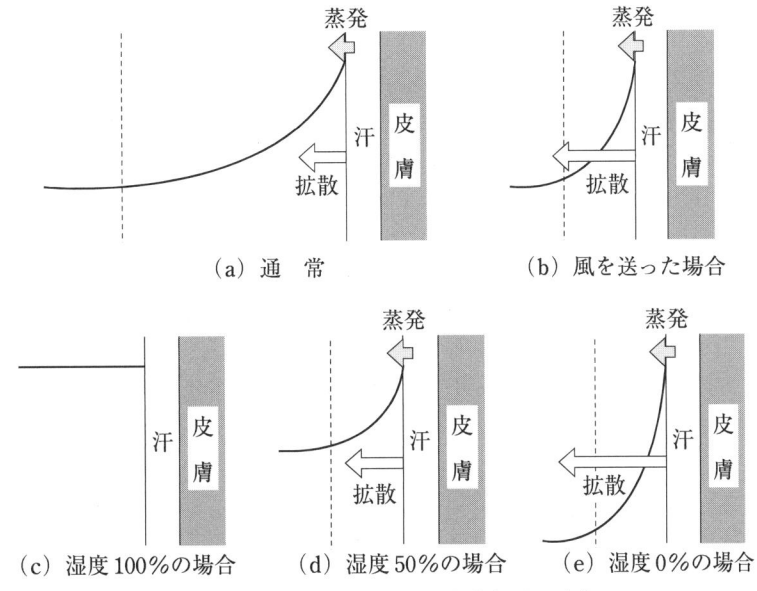

(a) 通 常　　　　(b) 風を送った場合

(c) 湿度100%の場合　　(d) 湿度50%の場合　　(e) 湿度0%の場合

図 6.1　皮膚表面近傍での水蒸気分圧分布

湿 度 計

　1783年，スイスのソーシュールが毛髪式湿度計と乾湿温度計式湿度計の両方を発明し，イギリス人のハットンによって実用化された．現在毛髪はナイロン繊維に変わり，金属薄と貼り合わせて渦巻状にしたものに指針を取り付けた，いわゆるバイメタル式湿度計が普及している．一方の乾湿温度計式湿度計は，2本の温度計を並べて片方をガーゼで湿らせる構造にすることで，湿度が低いほど気化熱が奪われて温度差が大きくなる性質を利用したものである（3.5節cのコラム，問題3.6参照）．乾温度計の数値と温度差から湿度の書かれた表（相対湿度表）によって湿度を求めることができる．ただ風のないときとあるときでは体感温度に差が生じるのと同じように，回りの風の状態によって湿度にバラツキが出るため，ファンによって強制的に一定の風を当てることで信頼性を上げた製品をドイツ人のアスマンが開発し，以後気象観測にはこのタイプが採用されている．

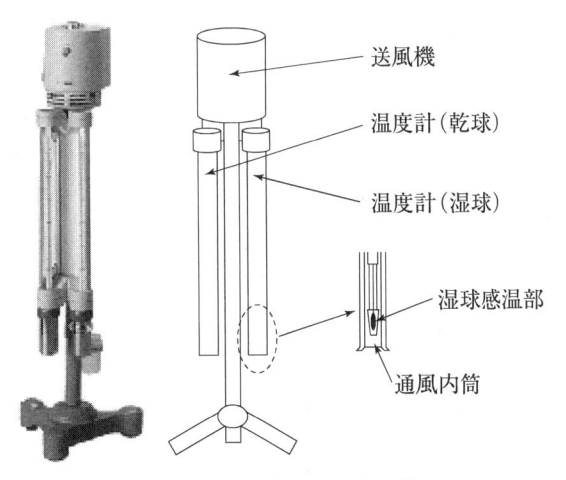

図 6.2　アスマン式通風乾湿計

送風機
温度計（乾球）
温度計（湿球）
湿球感温部
通風内筒

6.2 化学反応で促進される物質移動

気–液系の不均一反応において成分 A が気体から液体へ吸収される過程，たとえば液体の消臭剤に空気中の匂い成分が吸収されるような状況を考える．この反応を解析するもっとも簡単なモデルは，気–液界面にそれぞれ隣接して気体境膜と液体境膜を考える境膜モデルあるいは境膜説である（4.5節）．この境膜説による解析は日本の八田四郎次東北大学名誉教授が化学反応を伴う気–液間物質移動（ガス吸収反応）に利用して多大の成果をあげており，世界的に有名である．気–液系のガス吸収境膜モデルを八田モデルということもある（1.1節コラム）．さて，気相中を拡散して気–液界面に到達した成分 A は液体中へ物理的に溶解したのち，液相中を拡散していく．この様子を図 6.3 に示す．

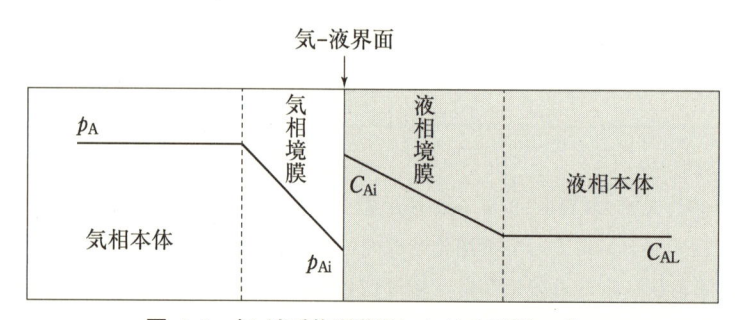

図 6.3 気–液系物質移動における境膜モデル

定常状態における成分 A の流束 J_A [mol m^{-2} s^{-1}] は，気相境膜でも液相境膜でも等しく，以下の式で表せる．

$$J_A = k_{AG}(p_A - p_{Ai}) = k_{AL}(C_{Ai} - C_{AL}) \tag{6.4}$$

ここで k_{AG} と k_{AL} は，それぞれ気相側境膜物質移動係数 [mol m^{-2} s^{-1} Pa^{-1}] と液相側境膜物質移動係数 [m s^{-1}] である．気相側と液相側を同時に議論するため，気–液界面における平衡状態を仮定し，気相側分圧と液相側濃度の関係式であるヘンリーの法則（Henry's law）を導入する．

$$p_{Ai} = H_A C_{Ai} \tag{6.5}$$

ここで，H_A はヘンリー定数 [Pa m^3 mol^{-1}] である．式 (6.5) を式 (6.4) に適用してまとめると以下の式を得る．

$$J_A = \frac{1}{\underbrace{1/H_A k_{AG}}_{\text{気相境膜抵抗}} + \underbrace{1/k_{AL}}_{\text{液相境膜抵抗}}} \underbrace{\left(\frac{p_A}{H_A} - C_{AL}\right)}_{\text{物質移動ポテンシャル}} \tag{6.6}$$

ここで，もし液相中で反応を伴う系であれば，液相内では拡散と並行して反応が起こるため，未反応のまま液相中を拡散する成分 A の量は次第に減少する．よって，反応を伴わない同条件下での物質移動と比較して成分 A の濃度差が大きくなり，反応を伴った方が物質移動速度は大きくなる．このときの境膜近傍における成分 A の濃度分布は，図 6.4 に示すように拡散速度と反応速度の相対的な大小関係により決まる．

成分 A の界面濃度と液相本体濃度をそれぞれ C_{Ai} と C_{AL} [mol m^{-3}] とすれば，液相内における反応を伴う系の成分 A の物質流束 J_A [mol m^{-2} s^{-1}] は

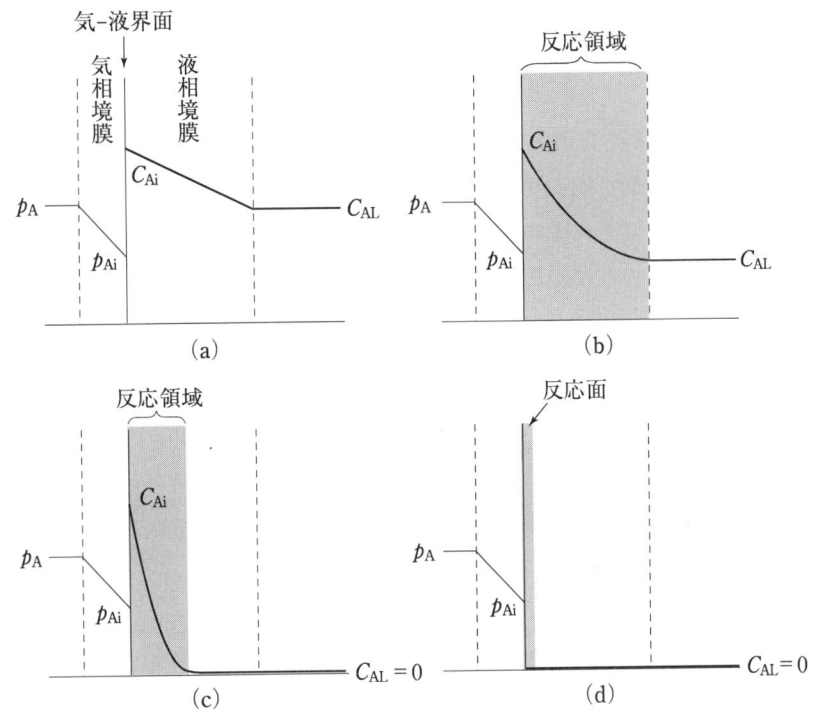

図 6.4 物質移動と反応が同時に起こる場合の反応の起こる場所と成分 A の濃度（分圧）分布

(a) 反応がない場合（反応速度＝0）：化学反応が起きない場合，成分 A は拡散のみによって気相から液相へと移動する．このとき，濃度勾配は境膜内のみに生じ，気相および液相本体内では一定濃度となる．

(b) 遅い反応（反応速度≒拡散速度）：液相境膜内で反応が終結する．液相側本体の成分 A の濃度が，反応がない場合と比較して小さくなり，成分 A の物質流束が大きくなる．

(c) 速い反応（反応速度＞拡散速度）：反応速度が大きい場合，成分 A は液相境膜内に入ったとたんに濃度減少が起こり，液相側本体において成分 A が濃度 0 となる．

(d) 瞬間反応（反応速度≫拡散速度）：化学反応速度が極めて迅速で，反応速度定数が無限大と見なせるほど大きい場合には，A が液に接触した瞬間に反応が完結する．つまり，反応は液相境膜内の気-液界面近傍の反応面で起こることになる．

$$J_A = k_L^*(C_{Ai} - C_{AL}) = \beta k_L(C_{Ai} - C_{AL}) \tag{6.7}$$

のように表すことができる．ここで k_L^* は反応を伴う物質移動における液相境膜物質移動係数 $[\mathrm{m\,s^{-1}}]$ であり，反応を伴わない場合の液相境膜物質移動係数 k_L の β 倍の値をもつ．この β ($= k_L^*/k_L$) は反応による物質移動の促進効果を示す無次元の数値で，**反応係数** (enhancement factor)（1.1 節コラム）とよばれる．この反応係数 β は反応形式，反応速度定数，平衡定数，液中の各成分の濃度と拡散係数，液の流動状態などの諸因子の関数となり，解析的に求められるのは簡単な反応系に限られる（問題 6.2 参照）．

6.3 生体肺における酸素移動の解析：拡散と反応が逐次的に起こる場合

ここで，身近な気–液系の現象を例に出そう．われわれは生きていくために呼吸をしている．この呼吸とは，肺において静脈血へ酸素を供給し，二酸化炭素を除去するプロセスと考えられる．簡単に考えるためにここでは二酸化炭素の移動を考えず，酸素の移動のみを考えると，肺は血液に酸素を吸収させるガス吸収装置と見なすことができる．酸素は赤血球中のヘモグロビンと

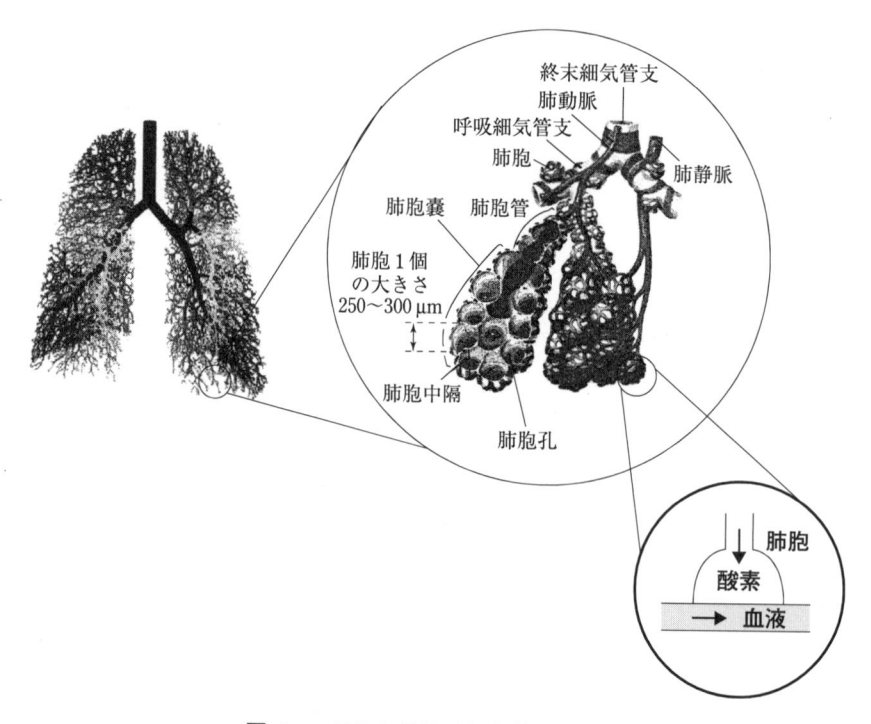

図 6.5 肺胞と肺胞毛細血管の模式図

[Kitaoka, H., Takaki, R. and Suki, B.：A three-dimensional model of the human airway tree, *J. Appl. Physiol.*, **87**(6), 2207-2217 (1999)；牛木辰男，小林弘祐：カラー図解 人体の正常構造と機能 I 呼吸器，pp. 2-3, 14-15, 22-33, 72, 日本医事新報社 (2002)]

6.3 生体肺における酸素移動の解析：拡散と反応が逐次的に起こる場合

反応することから，物質移動を伴う化学反応プロセスである．気管支の末端には，肺胞とよばれる小さな袋が無数にぶら下がっていて，ここで，ガス交換が行われる．これを模式的に表すと図 6.5 のようになる．肺胞における空気と血液のガス交換は，拡散によって行われる．すなわち肺胞内の酸素は毛細血管へ濃度勾配（ガス分圧差）により移動する．また，酸素は膜を介して移動するが，毛細血管は非常に薄く（0.1 μm），肺胞の膜もこれに劣らず薄い（0.1〜0.2 μm）ため，これらの膜による酸素移動抵抗は無視できる．さらに，液相側の移動抵抗に比べて気相側の物質移動抵抗は非常に小さいため無視できると考えられる．酸素とヘモグロビンの結合反応は瞬間的に起こるが，酸素とヘモグロビンの血液中拡散係数の差より，血液中の酸素濃度の分布およびヘモグロビン濃度分布は図 6.6 のようになる．

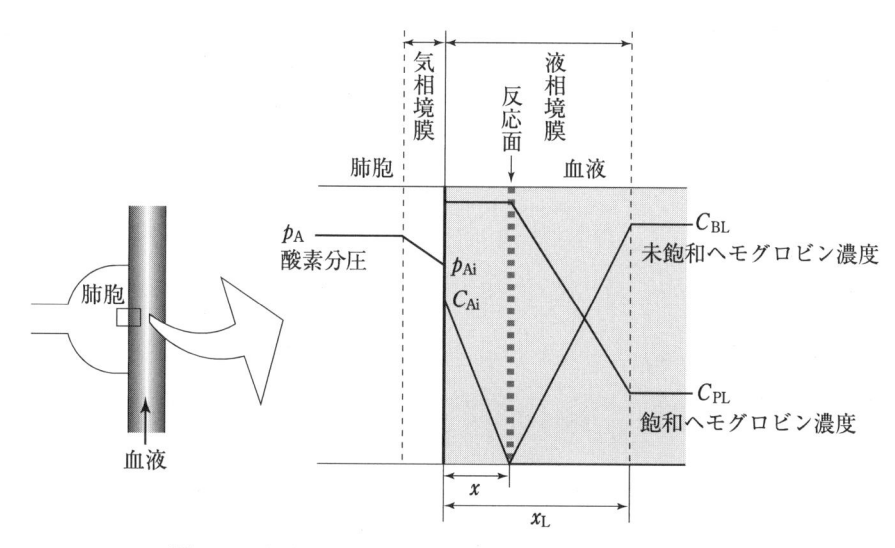

図 6.6 血液への酸素加における酸素の濃度（分圧）分布

以下，記号を簡略化するため，酸素を成分 A，ヘモグロビンを成分 B，酸素と化学的に結合したヘモグロビンを生成物 P とする．ここで，液相境膜内における成分 A（酸素）の物質流束を J_{AL} [mol m^{-2} s^{-1}] とすると，

$$J_{AL} = -D_{AL}\frac{(0-C_{Ai})}{x} \tag{6.8}$$

が成り立つ．同様に，液相境膜内の成分 B（ヘモグロビン）の物質流束を J_{BL} とすると

$$J_{BL} = D_{BL}\frac{(C_{BL}-0)}{x_L-x} \tag{6.9}$$

と表せる．ここで，成分 A（酸素）1 mol が成分 B（ヘモグロビン）b mol と結合する反応であるとすると，化学量論関係より

$$D_{AL}\frac{(C_{Ai}-0)}{x} = \frac{D_{BL}}{b}\frac{(C_{BL}-0)}{x_L-x} \tag{6.10}$$

が成り立つ．式 (6.10) より，反応面の位置 x を液相境膜厚み x_L で表すと

$$x = \frac{x_L}{1+\dfrac{D_{BL}}{bD_{AL}}\cdot\dfrac{C_{BL}}{C_{Ai}}} \tag{6.11}$$

となる．式 (6.11) を式 (6.8) へ代入すると

$$J_{AL} = \frac{D_{AL}}{x_L}C_{Ai}\left(1+\frac{D_{BL}}{bD_{AL}}\cdot\frac{C_{BL}}{C_{Ai}}\right) = \left(1+\frac{D_{BL}}{bD_{AL}}\cdot\frac{C_{BL}}{C_{Ai}}\right)k_{AL}C_{Ai} \tag{6.12}$$

となる．もし，酸素とヘモグロビンが化学的に結合することなく，単に物理的に溶解するのみならば，酸素濃度分布は図 6.7 のように表せ，物質流束は次のようになる．

$$J_{AL} = k_{AL}C_{Ai} \tag{6.13}$$

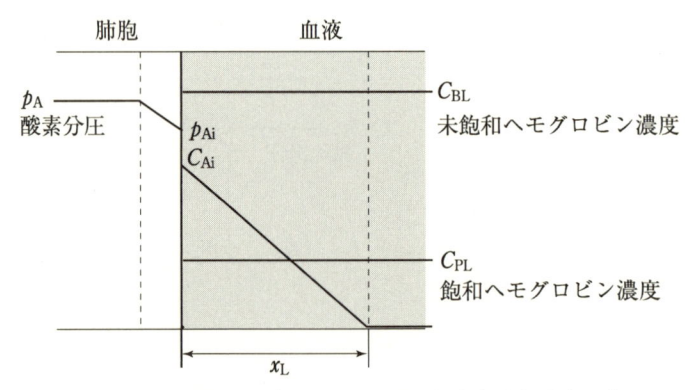

図 6.7 物理的な溶解のみのときの血液中酸素濃度分布

式 (6.12) と式 (6.13) の比較より，化学反応によって物質移動が促進された速度の効果を表す反応係数 β は

$$\beta = \left(1+\frac{D_{BL}}{bD_{AL}}\cdot\frac{C_{BL}}{C_{Ai}}\right) \tag{6.14}$$

のようになる．反応係数は常に 1 以上になるため，化学反応によってプロセス全体で物質移動が促進されることがわかる．人間の肺では，肺の毛細血管内を流れる血液が生体膜を介して肺胞内の空気と接触する時間は，安静時で 1.5 秒程度，運動時で 0.7～0.8 秒程度しかない．このごく短い時間の間に，血液と酸素ガスとの反応が瞬間に平衡に達し，なおかつその化学反応によって酸素移動速度が促進されるため，酸素の必要量を十分に供給することができる．

6.3 生体肺における酸素移動の解析：拡散と反応が逐次的に起こる場合

【例題 6.2】 心臓を停止して行う心臓手術の際に用いられる膜型人工肺について，中空糸内側に血液を流す場合の酸素移動プロセスを解析しなさい．

[解答] 人工肺は血液に酸素を供給するガス吸収装置と考えられるが，一般のガス吸収装置と違い，酸素が血液中のヘモグロビンと化学的に結合する反応が起こる．この反応は血液側膜面上で起こるわけではなく，膜面から少し離れた飽和血と未飽和血の界面で瞬間的に起こると考えられる．よって酸素吸収は，気相中拡散 → 膜中拡散 → 飽和血中拡散 → 未飽和血との反応，の順で起こる．中空糸内側に血液を流す場合，反応面の位置が血液の流れ方向によって変化することに注意しなければならない．中空糸内側を血液が流れる場合，血流に乱れがなく層流であるとすると，上流で酸素に触れた未飽和血は瞬時に飽和し飽和血となる．血液は流れながら気相から血液に移動してくる酸素と反応するので，この反応面は血液側膜面から徐々に遠ざかり，飽和血層が下流ほど厚くなるモデルが描かれる（図 6.8）．このような考えを**反応面進行モデル**（advancing front model）という．Lightfoot は中空糸膜内に血液が層流で流れる場合に，この反応面進行モデルを適用し，実用上有用な近似解を得た（問題 6.3 参照）．

図 6.8 人工肺における反応面進行モデル

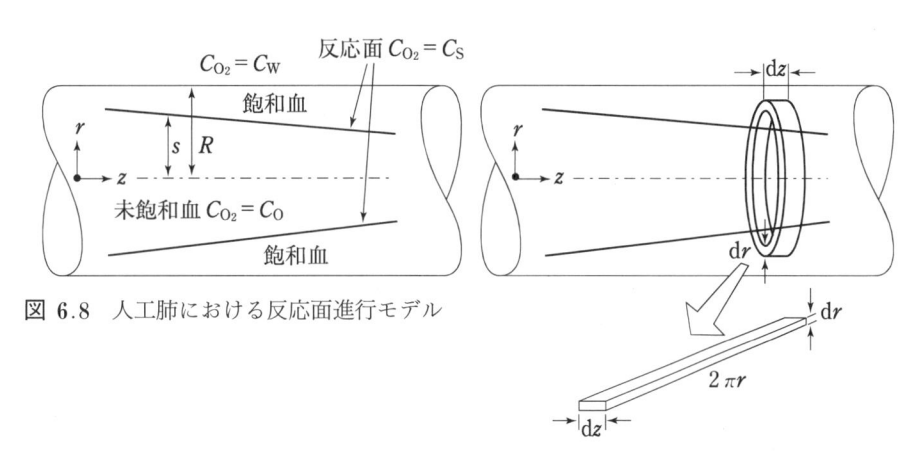

図 6.9 中空糸膜内での微小領域の設定

はじめに，膜面に近い飽和血中での酸素の物質収支を考える．飽和血の層中に図 6.9 で示すような dz を幅とし dr を厚みとする微小領域を考える．この微小領域内の半径方向濃度勾配は dC/dr なので，中心軸から距離 r における単位時間あたりに半径方向に中空糸中心軸に向かって拡散する酸素移動量 $n\,[\mathrm{mol\,s^{-1}}]$ は

$$n = D_{O_2} \cdot \frac{dC}{dr} \cdot 2\pi r\, dz \tag{6.15}$$

と表せる．ここで，D_{O_2} は飽和血内の酸素の拡散係数 $[\mathrm{m^2\,s^{-1}}]$，C は飽和血

に物理的に溶解した酸素の濃度 [mol m^{-3}]，r は中空糸軸からの半径方向の距離 [m] である．

式 (6.15) を $r=s$（反応面）から $r=R$（中空糸半径）まで積分すると，中空糸膜面での酸素の移動量 n_A [mol s^{-1}] を求めることができる．このとき，反応面における物理的に溶解した酸素濃度を C_S [mol m^{-3}]，中空糸膜面における酸素濃度を C_W [mol m^{-3}] とすると，積分した結果は以下のようになる．

$$n_A = D_{O_2} \frac{(C_W - C_S)}{\ln(R/s)} 2\pi dz \tag{6.16}$$

膜面の単位面積あたり単位時間あたりの酸素拡散流束 J_A [mol m^{-2} s^{-1}] は n_A を面積 $2\pi R dz$ で割った値に等しくなるので，以下のようになる．

$$J_A = \frac{D_{O_2}}{R} \frac{(C_W - C_S)}{\ln(R/s)} \tag{6.17}$$

次に，膜面から離れている未飽和血中での酸素の物質収支を考える．未飽和血の層中に $z=z$ の面を考える．未飽和血中のヘモグロビン濃度を C_{Hb} [mol m^{-3}]，軸から半径方向への距離 r における血液流速を u_z [m s^{-1}] とすると，単位時間に $z=z$ の面上で，軸からの距離 r に位置する厚み dr の面を通過する未飽和ヘモグロビンの量 q [mol s^{-1}] は，濃度 [mol m^{-3}]×単位時間に流れる体積 [m^3 s^{-1}] で表せるので

$$q = C_{Hb} \cdot 2\pi r u_z dr \tag{6.18}$$

となる．半径方向に $r=0$ から $r=s$ まで積分すると $z=z$ の面を単位時間に通過する未飽和ヘモグロビン総流量 Q [mol s^{-1}] が得られる．

$$Q = \int_0^s C_{Hb} \cdot 2\pi r u_z dr \tag{6.19}$$

ここで，中空糸膜内の血液流れを層流とすると

$$u_z = u_{z,max} \left\{ 1 - \left(\frac{r}{R} \right)^2 \right\} \tag{6.20}$$

が成り立ち，式 (6.20) を式 (6.19) に代入して積分すると以下の式が得られる．

$$Q = 2\pi C_{Hb} u_{z,max} \left\{ \frac{s^2}{2} - \frac{s^4}{4R} \right\} \tag{6.21}$$

以上で，膜面における酸素拡散流束 J_A と未飽和ヘモグロビン総流量 Q を表すことができた．ここで，酸素とヘモグロビンが 4：1 のモル比で化学的に結合するとして，中空糸の微小長さ dz における酸素の移動速度 [mol s^{-1}] を考えると

$$J_A \cdot 2\pi R dz = 4 \cdot dQ \tag{6.22}$$

が成り立つ．ここに式 (6.17) と式 (6.21) を代入し，膜面における酸素濃度 C_W を一定とし，中空糸の全断面積に対する平均流速 $u_{z,av}$ と最大流速

6.3 生体肺における酸素移動の解析：拡散と反応が逐次的に起こる場合

$u_{z,\max}$ の関係 $u_{z,\max}=2\,u_{z,\mathrm{av}}$ を考慮して積分すると以下のようになる．

$$\xi = \frac{3}{8} - \frac{1}{2}\left(\eta^2 - \frac{\eta^4}{4}\right) + \left(\eta^2 - \frac{\eta^4}{2}\right)\ln \eta \tag{6.23}$$

ここで，$\eta = s/R$，ξ は無次元長さで

$$\xi = \frac{(C_\mathrm{W} - C_\mathrm{S})}{C_\mathrm{Hb}} \frac{D_{\mathrm{O}_2}}{d^2 u_{z,\mathrm{av}}} Z \tag{6.24}$$

である．書き換えると

$$\xi = \frac{(C_\mathrm{W} - C_\mathrm{S})}{C_\mathrm{Hb}} \frac{D_{\mathrm{O}_2}}{Re \cdot Sc} \frac{Z}{d} \tag{6.25}$$

上式で，d は中空糸内径，Re はレイノルズ数，Sc はシュミット数，Z は中空糸の全長である．

さらに血液中の未飽和ヘモグロビンが中空糸を通過しながら酸素飽和される割合 f は，Q を未反応ヘモグロビンの総流量，Q_0 を中空糸入口における Q とすると以下のようになる．

$$f = \frac{(Q_0 - Q)}{Q_0} \tag{6.26}$$

Q に式 (6.21)，Q_0 に $s = R$ を代入した式 (6.21) を式 (6.26) に代入すると

$$f = 1 - 2\eta^2 + \eta^4 \tag{6.27}$$

となる．

ここで，ξ と η の関係，および ξ と f の関係を図 6.10 に示す．

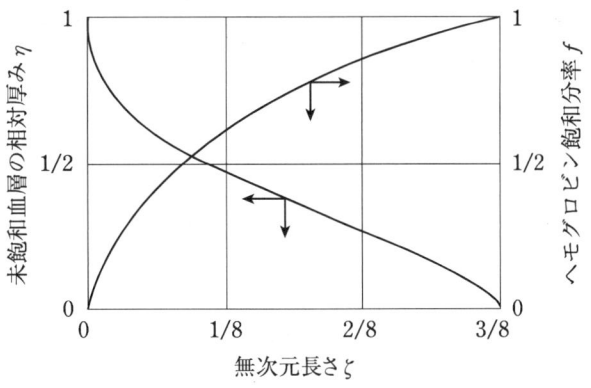

図 6.10 中空糸膜内での血液酸素加反応

図 6.10 より無次元長さ $\xi = 3/8$ のとき $\eta = 0$ ($f = 1$) となるため，中空糸内を流れる血液はすべて飽和することがわかる．つまり，ξ を 3/8 より長くしても酸素加には無意味であることがわかる．

二酸化炭素と酸素の拡散速度の差

これまでに生体肺や人工肺における酸素移動を考えてきた．では，もう一つの重要な気体である二酸化炭素の移動はどうなっているであろうか．気体 A に関して，拡散係数を D_A，距離 x における濃度差を ΔC，移動面の面積を A とすると，拡散速度 n_A [mol s^{-1}] は以下のようになる．

$$n_A = D_A \cdot \frac{\Delta C}{x} \cdot A \tag{6.28}$$

ここで，ヘンリーの法則 $p = HC$（H はヘンリー定数）を用いて濃度差を分圧差で表すと

$$n_A = D_A \cdot \frac{\Delta p / H_A}{x} \cdot A \tag{6.29}$$

となり，さらに酸素と二酸化炭素の分圧差 Δp を同じとすると，移動速度の比は

$$\frac{n_{CO_2}}{n_{O_2}} = \frac{D_{CO_2}/H_{CO_2}}{D_{O_2}/H_{O_2}} \tag{6.30}$$

となる．H に 37℃でのヘンリー定数をそれぞれ代入し，拡散係数 D_A は気体分子量の平方根に反比例する（グラハムの法則）(4.1 節) ので

$$\frac{n_{CO_2}}{n_{O_2}} = \frac{0.567 \cdot \sqrt{32}}{0.0239 \cdot \sqrt{44}} = 20.2 \tag{6.31}$$

となり，二酸化炭素の拡散速度は酸素の約 20 倍大きいことがわかる．そのため，血液と肺胞気の分圧差が小さいにもかかわらず二酸化炭素の移動はスムーズに行われ，肺胞気の二酸化炭素分圧と肺毛細血管終末部の血液の二酸化炭素分圧は，ほとんど差がない（表 6.1）．

表 6.1 各部位のガス分圧

	O_2 分圧 [mmHg]	CO_2 分圧 [mmHg]
肺 胞 気	100	40
肺動脈の静脈血	40	46
肺静脈の動脈血	95	40

一方酸素は，運動時などに血液流速が早くなると，肺毛細血管内での滞留時間が短くなる（安静時 0.76 秒，運動時 0.26 秒）ために，肺胞気の酸素分圧と肺毛細血管終末部の血液の酸素分圧に差が生じる．人間の肺では，ガス交換が行われる肺胞毛細血管の直径は約 5 μm で，赤血球（直径約 7.5 μm，厚さ約 2 μm）よりも小さい．よって，赤血球が変形しながら通り抜けるため，血流に乱れが生じる．このように，酸素移動に対する抵抗をできるだけ少なくすることで，生体は効率良く呼吸している．

6.4 ミジンコの飼いかた：拡散と反応が同時に起こる場合

これまで，発汗や肺呼吸の話など，物質移動を伴う不均一化学反応の事例を取りあげてきた．これらのプロセスは，物質移動と化学反応が逐次的（直列的）に起こる事例である．つまり"物質が反応したあと拡散する現象"（発汗の話）もしくは"物質が拡散したあと反応する現象"（肺呼吸の話）を対象とした．その場合，物質移動速度が遅ければ拡散律速になるし，化学反応が

6.4 ミジンコの飼いかた：拡散と反応が同時に起こる場合

遅ければ反応律速となることを学んだ．複雑な現象を対象としても，律速段階だけを考慮することで，比較的簡単に全体の速度を見積もることが可能である．ここからは，物質移動と化学反応が同時に起こる場合を考察する．つまり"物質が拡散しながら反応する（物質移動速度≒反応速度の場合）"現象を対象とする（問題6.4参照）．

ある子供が家で金魚を飼っていると卵が生まれた．一週間ほどで薄い黒色の稚魚がふ化するが，この稚魚のえさはミジンコがいいようだ．そこで，池で採取してきたミジンコをコップに入れて飼育することにした．容量が同じで普通の形状と広口でずんぐりとした形状の二つのコップに同じ数のミジンコを飼うと，普通の形状のコップでは数時間後にミジンコが全滅してしまった．一方，広口のコップでは比較的長く生きた．ミジンコが死んだ理由を調べてみると，ミジンコが呼吸に使う水中溶存酸素が関係しているようだった．この子供は，おそらく広口のコップの方が空気との接触面積が大きいためコップの水に十分の酸素が溶け込み，ミジンコが酸素欠乏で死ぬことを防いでいると考えた．しかし，本当にこの考察でよいであろうか．この事象を空気からコップの中の水に溶け込んだ酸素がコップの底方向に移動（拡散）しながらミジンコの呼吸によって消費（化学反応）される現象と考えて，反応工学的に考察してみよう．

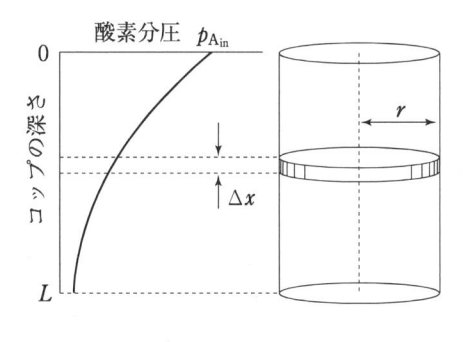

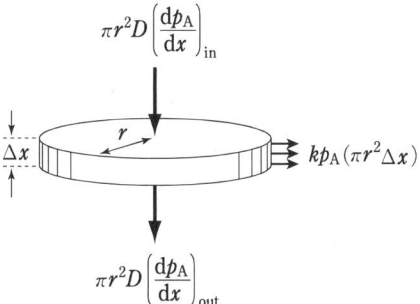

図 6.11 コップを直円管に仮定したモデル

図 6.12 直円管の微小領域における物質収支

はじめにミジンコを飼育するコップを図6.11のように半径 r の直円管に見立てる．このコップを輪切りにし，その短い Δx の部分をとって拡大したのが図6.12である．この微小部分における酸素の物質収支を考えると

　　　（入ってくる酸素）−（出てゆく酸素）
　　　　　　−（ミジンコの呼吸で消費される酸素）＝0

が成り立つはずである．水中での酸素の移動過程において，その推進力が酸素分圧差のみの拡散であるとし，拡散係数を D で表す．また，ミジンコの酸素消費速度が酸素分圧に比例するとし（酸素が多いと活動が活発になること

で酸素消費が増え，酸素が少ないと逆に消費量が減る），さらにミジンコはコップ全体に分散し，酸素消費がコップの水全体で起こると仮定する．これらのことから物質収支式を考えると

$$\pi r^2 D\left(\frac{dp_A}{dx}\right)_{in} - \pi r^2 D\left(\frac{dp_A}{dx}\right)_{out} - kp_A(\pi r^2 \Delta x) = 0 \tag{6.32}$$

となる．ここで k は反応速度定数である．これを書き換えると

$$\frac{\left(\frac{dp_A}{dx}\right)_{out} - \left(\frac{dp_A}{dx}\right)_{in}}{\Delta x} = \frac{k}{D} p_A \tag{6.33}$$

となる．ここで，Δx をゼロに近づけると次式が得られる．

$$\frac{d^2 p_A}{dx^2} = \frac{k}{D} p_A \tag{6.34}$$

ここで反応速度定数 k と拡散係数 D は定数なので，式 (6.34) は p_A を2回微分（左辺）すると定数（k/D）がかかって元の p_A に戻る（右辺）ことを意味する．2回微分して符号（＋か－）が変わらずに元に戻る関数は**双曲線関数**（hyperbolic function）である．

$$\sinh x \xrightarrow{微分} \cosh x \xrightarrow{微分} \sinh x$$

$$\cosh x \xrightarrow{微分} \sinh x \xrightarrow{微分} \cosh x$$

双曲線関数 $\sinh x$，$\cosh x$ および $\tanh x$ は以下の定義で表され，またこれらの関数は図 6.13 のような曲線を描く．

$$\sinh x = \frac{e^x - e^{-x}}{2} \tag{6.35}$$

$$\cosh x = \frac{e^x + e^{-x}}{2} \tag{6.36}$$

$$\tanh x = \frac{\sinh x}{\cosh x} \tag{6.37}$$

また，2回微分して定数 k/D がかかるようにするために，x を $x\sqrt{k/D}$ に置き換えると，式 (6.34) の解は

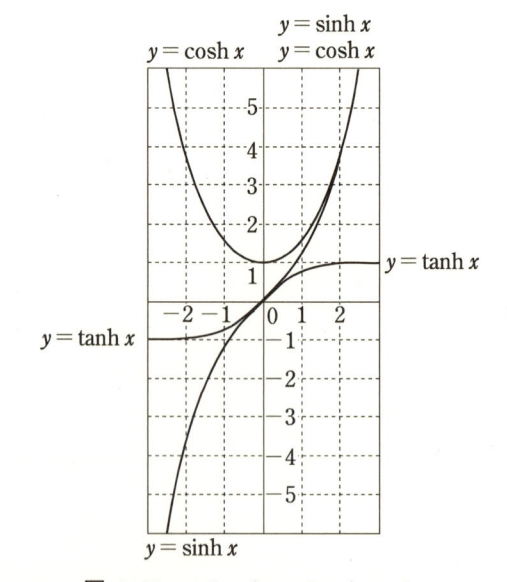

図 6.13 $\sinh x$ と $\cosh x$ と $\tanh x$

$$p_A = M_1 \cosh(x\sqrt{k/D}) + M_2 \sinh(x\sqrt{k/D}) \tag{6.38}$$

となる．ここで M_1 と M_2 は積分定数である．この定数を求めるために境界条件が必要である．はじめに，$x=0$，すなわち水面での酸素分圧 p_A を $p_{A\text{in}}$ と

6.4 ミジンコの飼いかた：拡散と反応が同時に起こる場合

すると

$$p_{\text{Ain}} = M_1 \tag{6.39}$$

となる．また，$x=L$，すなわちコップの底ではそれ以上の深さで酸素消費がなく濃度勾配が存在しないので，$dp_A/dx=0$ である．そこで，式 (6.38) を微分して $x=L$ とすれば

$$M_1\sqrt{k/D}\sinh(L\sqrt{k/D}) + M_2\sqrt{k/D}\cosh(L\sqrt{k/D}) = 0 \tag{6.40}$$

$$M_2 = \frac{-M_1 \sinh(L\sqrt{k/D})}{\cosh(L\sqrt{k/D})} \tag{6.41}$$

式 (6.39) と式 (6.41) を式 (6.38) に代入して整理すると

$$\frac{p_A}{p_{\text{Ain}}} = \frac{\cosh\{(L-x)\sqrt{k/D}\}}{\cosh(L\sqrt{k/D})} \tag{6.42}$$

となる．左辺は水面での酸素分圧に対する任意の箇所の酸素分圧，すなわち任意の箇所における相対酸素分圧（1 から 0 の間の値をとる）を表している．この関係を，横軸にコップの相対位置（x/L）をとってグラフに表すと図 6.14 のようになる．

コップの中の酸素分圧分布は図 6.14 に示すように $L\sqrt{k/D}$ が決まれば一義的に決まる．この $L\sqrt{k/D}$ は**シーレ数 ϕ**（Thiele modulus）とよばれ，反応と拡散が同時に起こる場合を議論する際に重要なパラメーターである．シーレ数は無次元数である．つまり，レイノルズ数やシュミット数のように，装置の大きさに関係なく用いることができる．

図 6.14 に戻って考えると，たとえばシーレ数が 10 のように大きいとき，酸素分圧は水面から入ってすぐに急激に低下し，半分の位置まできたときに

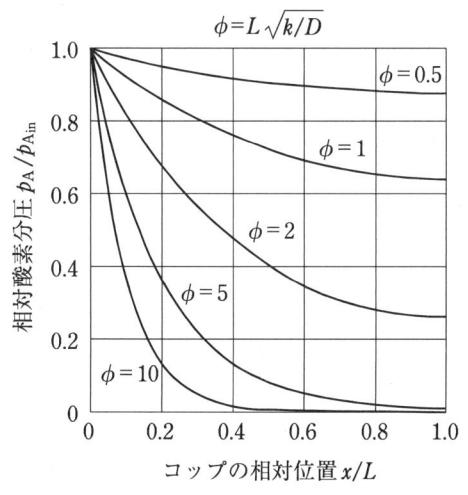

図 6.14 コップの中の溶存酸素分圧分布

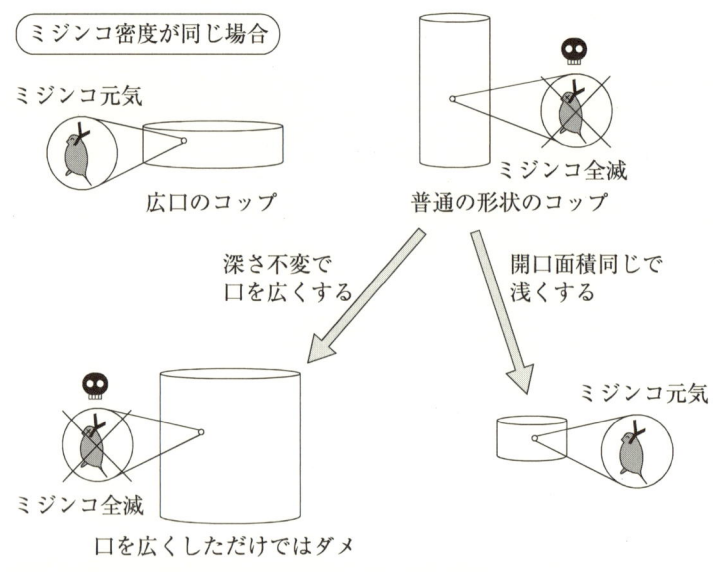

図 6.15 ミジンコの最適飼育容器の検討

はほとんど消失している．これは，反応（酸素消費）の度合いが拡散の度合いより大きいため，酸素がコップの底部まで拡散で到達する前にミジンコの呼吸によってほとんど消失してしまうことを意味する．一方シーレ数が 0.5 のように小さいとき，コップ底部における酸素分圧は水面での分圧からほとんど減少していない．ここで，先ほどの子供の考察が間違いであることがわかった．コップを広口にすると空気と触れる面積が大きくなるのでコップの底まで酸素がいきわたりそうであるが，こうして解析してみると，コップの開口部の面積は酸素分圧分布に影響を与えず，コップの深さが酸素分圧分布に影響することがわかる．つまり，広口コップは深さが浅いためにコップ全体に十分量の酸素がいきわたったと考えられる．このことは，ミジンコ密度一定として容器形状を変化させて考えるとはっきりと理解できる（図 6.15）．

6.5 固体触媒を用いる反応の解析：拡散と反応が同時に起こる場合

さて，これまでに物質移動と化学反応が同時に起こる場合の例として水中溶存酸素の分布を議論してきた．一方，化学工業に目を向けると，これまで考えてきた手法が固体触媒を用いた不均一反応に応用できることがわかる（図 6.16）（問題 6.5 参照）．

触媒粒子はペレット上や球状に成形されたものが多く，普通その大きさは数 mm である．その触媒粒子には無数の細孔があいており，拡散してきた反応物質は細孔内表面に吸着される．吸着した反応物は活性化されて反応し，生成物を生じる．いま細孔を図 6.16 のような直円管とし，長さ Δx の微小領

6.5 固体触媒を用いる反応の解析：拡散と反応が同時に起こる場合

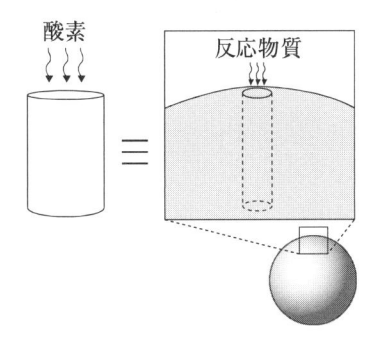

図 6.16 水中溶存酸素と触媒反応のアナロジー

域を考えて物質収支をとると

（入ってくる反応物 A）−（出てゆく反応物 A）
　　　−（反応で消失する反応物 A）＝0

が成り立つ．細孔内での物質移動が濃度差による拡散と仮定し，拡散係数を D で表す．また，反応が細孔の内表面で起こり，反応速度は反応物濃度に比例するとする．さらに，微小領域内の細孔表面積 S における吸収速度を次のように考える．

$$r_A = -\frac{1}{S}\frac{dN_A}{dt} = k_s C_A \tag{6.43}$$

k_s は面積基準の反応速度定数である．物質収支式を考えると

$$\pi r^2 D\left(\frac{dC_A}{dx}\right)_{in} - \pi r^2 D\left(\frac{dC_A}{dx}\right)_{out} - k_s C_A (2\pi r \Delta x) = 0 \tag{6.44}$$

となる．これを書き換えると

$$\frac{\left(\dfrac{dC_A}{dx}\right)_{out} - \left(\dfrac{dC_A}{dx}\right)_{in}}{\Delta x} = \frac{2 k_s}{Dr} C_A \tag{6.45}$$

となる．ここで，Δx をゼロに近づけると次式が得られる．

$$\frac{d^2 C_A}{dx^2} = \frac{2 k_s}{Dr} C_A \tag{6.46}$$

ここで，面積基準の反応速度定数 k_s を体積基準の反応速度定数 k に変換する．基準の異なる反応速度定数の間には次の式が成り立つ．

$$kV = k_s S \tag{6.47}$$

ここでは直円管を仮定しているので，その長さを L とすれば

$$k_s = k\frac{V}{S} = k\frac{\pi r^2 L}{2\pi r L} = \frac{kr}{2} \tag{6.48}$$

となる．これを，式 (6.46) に代入すると，

$$\frac{d^2 C_A}{dx^2} = \frac{k}{D} C_A \tag{6.49}$$

となる．これは，式 (6.34) の変数が p_A から C_A に代わっただけなので，その解は式 (6.42) から

$$\frac{C_A}{C_{A{\rm in}}} = \frac{\cosh\{(L-x)\sqrt{k/D}\}}{\cosh(L\sqrt{k/D})} \tag{6.50}$$

となり，細孔内濃度分布も図 6.14 と同じになる．

たとえば高性能触媒を用いた場合，反応速度定数が大きくなり，シーレ数が 10 のときのように急激に反応が起こるときがある．これは一見，素早く反応が進行するので効率が良いと思ってしまう．しかし，細孔の任意の場所における反応速度はその場所での反応物濃度に比例するため，濃度の減少とともに反応速度も減少していく．さらに途中で反応物濃度がほぼ 0 になる場合には，残りの細孔壁はまったく反応に関与しないことになり，触媒全体を考えると非効率的である．むしろ，細孔入口における反応物濃度をできるだけ減少させずに，細孔の奥まで持続させることが効率的である．そこで，次のような**有効係数** ε (effectiveness factor) を規定し，効率を考える．

$$\text{有効係数 } \varepsilon = \frac{\text{実際の反応速度}}{\text{濃度低下がまったくないと仮定したときの反応速度}} \tag{6.51}$$

この分母の理想的な反応速度は，細孔入口における反応物濃度 $C_{A{\rm in}}$ が細孔終端まで一定であると仮定しているために $(2\pi rL)k_s C_{A{\rm in}}$ となる．$2\pi rL$ は細孔の内表面積である．一方実際の反応速度は，細孔内の反応物の平均濃度を $\overline{C}_A$ とすれば，細孔内の平均反応速度 $(2\pi rL)k_s \overline{C}_A$ と考えられる．よって，有効係数 ε は

$$\varepsilon = \frac{\overline{C}_A}{C_{A{\rm in}}} \tag{6.52}$$

となる．この $\overline{C}_A$ は

$$\overline{C}_A = \frac{1}{L}\int_0^L C_A dx \tag{6.53}$$

で表される．式 (6.50) を C_A に代入すると以下のようになる．

$$\overline{C}_A = \frac{1}{L}\frac{C_{A{\rm in}}}{\cosh(L\sqrt{k/D})}\int_0^L \cosh\{(L-x)\sqrt{k/D}\}dx$$

$$= \frac{C_{A{\rm in}}}{L\sqrt{k/D}}\frac{\sinh(L\sqrt{k/D})}{\cosh(L\sqrt{k/D})} = \frac{C_{A{\rm in}}\tanh(L\sqrt{k/D})}{L\sqrt{k/D}} \tag{6.54}$$

整理すると

$$\varepsilon = \frac{\overline{C}_A}{C_{A{\rm in}}} = \frac{\tanh(L\sqrt{k/D})}{L\sqrt{k/D}} \tag{6.55}$$

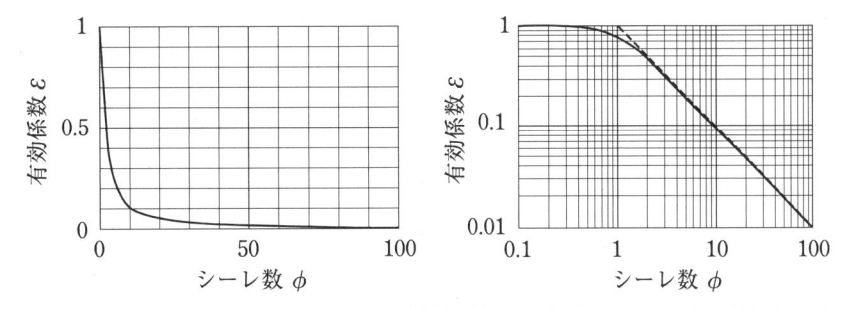

6.5 固体触媒を用いる反応の解析：拡散と反応が同時に起こる場合

図 6.17 シーレ数 ϕ と有効係数 ε の関係（左：真数グラフ，右：両対数グラフ）

となる．この関係をグラフで表すと図6.17のようになる．

図6.17の両対数グラフより，$\phi<0.4$ の範囲では $\varepsilon \cong 1$ である．これは，触媒細孔の終端まで入口濃度がほぼ保たれる状態を表し，触媒細孔全体で効率良く反応できることを意味する．一方，$\phi>2$ の範囲では両対数グラフで $-45°$ の傾きをもった直線となっている．これは，ε が ϕ に反比例して減少することを示し

$$\varepsilon \cong \frac{1}{\phi} \quad (\phi>2) \tag{6.56}$$

の関係が得られる．この領域では，反応物濃度が細孔入口付近で急激に低下し，反応が進行する場は細孔入口の狭い範囲に限定される．

【**例題 6.3**】 飲み薬や注射のように，体内に直接薬を入れて作用させるものと違い，体の表面に貼り付けて皮膚から薬を吸収させるものに，貼付薬（貼り薬）がある（4.8節コラム参照）．薬によっては皮膚中に存在する薬物代謝酵素により代謝され無効化されるため，効率的に薬物を皮膚の奥まで浸透させる必要がある．このとき，必要とされる条件を求めよ．

[**解答**] 薬物の適用部位として皮膚は古くから用いられており，その剤形も多岐にわたる．その中で，全身効果を期待した経皮吸収による**ドラッグデリバリーシステム**（drug delivery system：DDS）は，**経皮治療システム**（transdermal therapeutic system：TTS）とよばれ，狭心症に対する**ニトログリセリン**の投与などに用いられている．図6.18に，ニトログリセリン投与のための4層構造をもつある貼付薬の模式図を示す．最外層には，ニトログリセリンの揮発を抑えるためアルミニウム積層フィルムが用いられる．2層目は高粘度シリコーン油層にニトログリセリンを含有させた薬物貯蔵層である．3層目は薬物放出を制御する高分子多孔質膜からなる．4層目は製剤と皮膚を接着させるシリコーンからなる粘着層である．薬物貯蔵層は，ニトログリセリンをしみ込ませた乳糖をシリコーン油に懸濁させた泥状物質で，シリコーン油にニトログリセリンの一部が溶解・飽和しており，放出により溶解

していたニトログリセリン量が減少しても，乳糖に吸着されていたニトログリセリンがただちにシリコーン油中に移行・飽和し，放出速度に影響がないよう工夫されている．この製剤からのニトログリセリンの放出挙動を図 6.19 に示す．この図より，製剤からのニトログリセリンの放出速度は 24 時間にわたってほとんど変わらず，ほぼ 0 次放出（薬物濃度にかかわらず一定速度で放出）といえる．

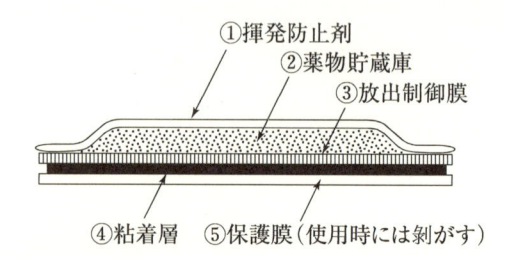

図 6.18 経皮治療システムに用いるニトログリセリン製剤の構造
［ノバルティスファーマ株式会社，"ニトログリセリン貼付剤 ニトロダーム"TTS 医薬品インタビューフォーム（2000）］

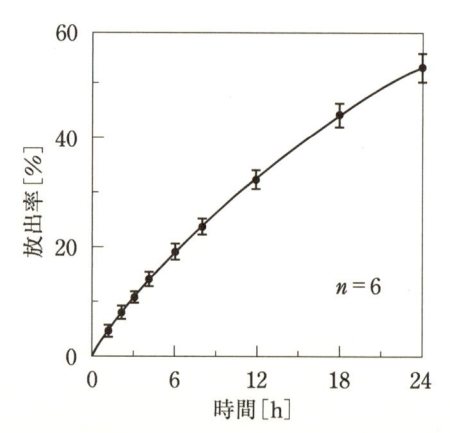

図 6.19 製剤からのニトログリセリン放出挙動
［ノバルティスファーマ株式会社，"ニトログリセリン貼付剤 ニトロダーム"TTS 医薬品インタビューフォーム（2000）］

ここで，ある肩こりに効く薬物を用いて湿布剤を作製することを考える．皮膚表面に貼った湿布剤から一定速度で薬物が放出され，なるべく深く骨付近まで多くの薬物を作用させたい．しかし，皮膚中にはこの薬物を代謝して無効化する酵素が存在し，薬物濃度に比例する代謝速度を有する．薬物が製剤の透過制御膜によって一定速度で放出され，皮膚表面での濃度 C_A が一定に保たれていると，図 6.20 のような薬物濃度分布図が考えられる．製剤を横 x，縦 y の長方形とし，皮膚の深さ l の位置に微小厚み Δl をもつ微小領域を考える．薬物の皮膚内拡散定数を $D\,[\mathrm{mm^2\,s^{-1}}]$ とし，物質収支をとると

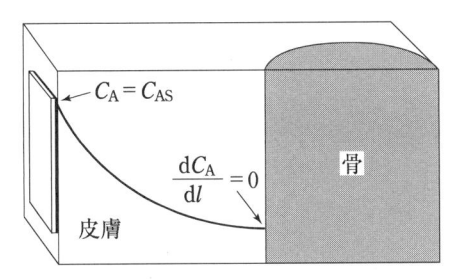

6.5 固体触媒を用いる反応の解析：拡散と反応が同時に起こる場合

図 6.20 皮膚での薬物分布

$$xyD\left(\frac{dC_A}{dl}\right)_l - xyD\left(\frac{dC_A}{dl}\right)_{l+\Delta l} - kC_A(xy\Delta l) = 0 \tag{6.57}$$

が成り立つ．ここで，式中の $kC_A(xy\Delta l)$ は皮膚中に存在する薬物代謝酵素によって薬物が代謝し無効化される速度を示し，その中の k は体積基準の酵素代謝による反応速度定数である．式 (6.57) を書き換えると

$$\frac{\left(\frac{dC_A}{dl}\right)_{l+\Delta l} - \left(\frac{dC_A}{dl}\right)_l}{\Delta l} = \frac{k}{D}C_A \tag{6.58}$$

となる．ここで，Δl をゼロに近づけると次式が得られる．

$$\frac{d^2 C_A}{dl^2} = \frac{k}{D}C_A \tag{6.59}$$

この式は式 (6.49) とまったく同じ形であり，境界条件 $l=0$（皮膚表面）のとき $C_A=C_{AS}$，$l=L$（骨表面）のとき $dC_A/dl=0$ とすると

$$\frac{C_A}{C_{AS}} = \frac{\cosh\{(L-l)\sqrt{k/D}\}}{\cosh(L\sqrt{k/D})} \tag{6.60}$$

の関係が得られる．つまり，触媒細孔での濃度分布と同じように議論することができる．シーレ数と有効係数の関係を示した図 6.17 の両対数グラフより，$\phi<0.4$ の範囲で $\varepsilon \cong 1$ となることから，皮膚の厚みを 20 mm とすると

$$0.4 > 20\sqrt{\frac{k}{D}} \tag{6.61}$$

となる関係が得られればよい．つまり，皮膚中での薬物の拡散定数 D [mm² s⁻¹] が酵素代謝による反応速度定数 k [s⁻¹] の 2500 倍以上であれば，皮膚途中での濃度低下がほとんどなく，体の芯（骨）まで有効成分が届く効率的な肩こり用湿布剤が作製できる．

ダイナマイトと狭心症治療薬

ニトログリセリンはその名のとおりグリセリンの三つの酸素がニトロ化（正確には硝酸エステル化）されたもの（図 6.21）で，熱や衝撃を与えると爆発する極めて危険な化合物である．1866 年にアルフレッド・ノーベルがこのニトログリセリンをケイ藻土にしみ込ませることで，

安全に持ち運びができるダイナマイトを発明した．

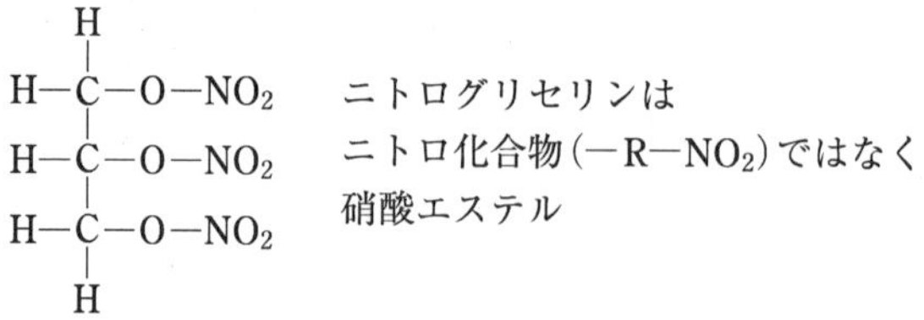

```
    H
    |
H—C—O—NO₂     ニトログリセリンは
    |
H—C—O—NO₂     ニトロ化合物（—R—NO₂）ではなく
    |
H—C—O—NO₂     硝酸エステル
    |
    H
```

図 6.21 ニトログリセリンの構造

　前述したとおり，このニトログリセリンは意外にも狭心症の治療に用いられている．狭心症は，心臓の冠状動脈が細くなり十分な血液が心臓に届かなくなって起こる病気であるが，強い痛みを伴う狭心症の発作を抑えるのに，ニトログリセリンは極めて有効である．狭心症の発作が起きた場合は，ニトログリセリンを舌下に投与する．ニトログリセリンは意外なことに非常に甘い．口腔内でも，舌下は食物の通過などによる刺激にさらされていないため，粘膜が薄く，より吸収，効果発現が速い．即効型のものは，1～3分で効果が現れる．また，パッチ剤，テープ剤などの持続性の製剤は，毎日（一部のテープは隔日）使用することで，狭心症の発作を予防する．ニトログリセリンの作用は古くから知られていたが，なぜ狭心症に効くのかはわかっていなかった．比較的最近になり，ニトログリセリンが体内で分解されてできる一酸化窒素（NO）が血管拡張作用をもつことが発見され，長年の謎は解けた．狭心症は心臓の冠状動脈が狭まることによって起こるので，これを広げてやれば症状は治まる．毒性の気体である NO が体内に存在し，しかもこのような生理作用をもっていたという意外な事実は学界に大きなインパクトを与えた．この発見により，発見者の Ignarro, Furchgott, Murad は 1998 年のノーベル医学生理学賞を受賞した．ニトログリセリンがノーベル賞に取りあげられたのは，起源であるノーベル以来，初のことであった．

● 6章のまとめ

(1) 物質移動を伴う化学反応は不均一反応といわれる．

(2) 逐次プロセスからなる不均一反応は，律速段階によって全過程の速度が支配される．

(3) 気-液系反応では，反応により物質移動が促進され，その効果の程度は無次元数である反応係数 β (>1) で表される．

(4) 気-固系触媒反応では，触媒細孔の効率的な利用状態を表す有効係数 ε ($0\sim1$) が用いられる．

(5) 物質移動の大きさと反応の大きさの比較をするとき，シーレ数とよばれる無次元数が用いられる．

● 6章の問題

[6.1] ロウソクの炎をよく見ると，下部の青い炎と上部の赤い炎がある．青い炎は

約1000°Cから1400°Cで，赤い炎は約1000°Cである．ロウソクの主成分は石油からとれるパラフィンだが，このパラフィンが炎の熱で液体になり，さらに気化して酸素と反応し，二酸化炭素と水が生成するのがロウソクの燃焼である．ここで，なぜロウソクの炎は下部が青く上部が赤いのかを，反応物質の移動現象や律速段階を考慮して説明せよ．また同様にガスレンジの炎はロウソクと違い全体が青いが，その理由を説明せよ．

[6.2] 反応物Aが水に溶解し，反応物Bと反応して生成物Cができる．気相での反応物Aの分圧は0.2 atmであり，水には濃度0.25 mol L^{-1}のBが存在する．AとBの反応は瞬間反応であり，液相側境膜内に反応面がある．

$$A + 2B = C$$

Aの水への溶解速度はBとの反応が起こることによってどのくらい早くなるかを，物理吸収のみが起こる場合と比較せよ．

$D_{Al} = 2500\ \mu m^2\ s^{-1}$

$D_{Bl} = 5000\ \mu m^2\ s^{-1}$

$H_A = 0.115\ atm\ L\ mol^{-1}$ （反応物Aのヘンリー定数）

[6.3] 中空糸内側に血液を流す内部灌流型の人工肺をつくることになった．対象患者の静脈血酸素飽和度は70%であり，これを酸素飽和度96%の動脈血にする必要がある．用いる中空糸膜は内径100 μm，有効長10 cm，有効膜面積2 m^{2}のものである．この人工肺に酸素飽和度70%の静脈血4 L min^{-1}を送入すれば，飽和度何%の動脈血が得られるか，反応面進行モデルにより計算せよ．このときの血液粘度は2.7 g m^{-1} s^{-1}，血液密度は1056 kg m^{-3}である．36.5°Cでの飽和血液中のO$_2$の有効拡散係数1762 μm^2 s^{-1}である．計算で得られた人工肺出口における酸素飽和度は目標値に達したか．もし到達してなければどう対処したらよいかを考えよ．

[6.4] 小腸における薬物吸収を考える．小腸は人間の体内でもっとも長い臓器で，2〜3 mの長さがあり，直径は約4 cmである．簡単のため，小腸を半径rの長い直円管と仮定する．小腸での薬の移動過程において，その推進力を濃度差のみとし，拡散係数をDとする．また，薬の吸収が小腸の内表面で起こり，吸収速度は薬の濃度に比例するとする．$x = 0$，すなわち小腸入口での薬の濃度C_AをC_{Ain}，$x = L$，すなわち小腸出口での薬の濃度C_AをC_{Aout}とすると，以下の式が導出される．

$$C_A = \frac{C_{Ain} \sinh(L\sqrt{k/D}\,(1-x/L)) + C_{Aout} \sinh(L\sqrt{k/D}\,x/L)}{\sinh(L\sqrt{k/D})}$$

この式を導け．また，横軸に小腸の相対位置（x/L），縦軸に小腸入口薬物濃度に対する任意の箇所の薬物濃度をとり，グラフにせよ．ただし，$C_{Ain} = 100$ kmol m^{-3}，$C_{Aout} = 2$ kmol m^{-3}とし，シーレ数を0.4, 0.8, 1.2, 1.6, 2.0と変

化させたときの結果をグラフにせよ．

[6.5] 球状触媒を用いた不均一反応を行う．この反応は細孔内で進行する．反応物濃度は $C_A = 10\,\mathrm{mol\,m^{-3}}$，400℃における反応速度は $1\,\mathrm{mol\,m^{-3}\,s^{-1}}$ であったとする．

(a) 細孔内に濃度勾配をつくらないでこの触媒を有効に使うための触媒粒子の最大直径を求めよ．ただし有効拡散係数を $0.1\,\mathrm{mm^2\,s^{-1}}$ とする．

(b) (a)で求めた粒子径をもつ触媒を用いて，同じ反応を500℃で行った．反応の活性化エネルギーが $80\,\mathrm{kJ\,mol^{-1}}$ のときの有効係数を求めよ．

● 参考文献

1) Levenspiel, O. : Chemical Reaction Engineering, John Wiley & Sons, New York (1999).
2) 吉田文武，酒井清孝：化学工学と人工臓器，第2版，共立出版 (1997).
3) 小宮山 宏：速度論，朝倉書店 (1990).
4) 斎藤恭一：道具としての微分方程式，講談社 (1994).
5) 橋本健治：反応工学，培風館 (1993).
6) 小宮山 宏：反応工学，培風館 (1995).
7) 宝沢光紀，都田昌之，菊地賢一，米本年邦，塚田隆夫：拡散と移動現象，培風館 (1996).
8) 堺 章：新訂 目で見るからだのメカニズム，医学書院 (2000).
9) 堀川宗之：エッセンシャル解剖・生理学，秀潤社 (2001).
10) 井野隆史，安達秀雄：最新体外循環，金原出版 (1997).
11) 松田 暉：新版 経緯的心肺補助法，秀潤社 (2004).
12) Lightfoot, E. N. : Low-order approximations for membrane blood oxygenators, *AIChE Journal*, **14**(4), 669-670 (1968).
13) 平田光穂，芹沢正三：化学技術者のための応用数学，丸善 (1993).
14) 東稔節治，浅井 悟：化学反応工学，朝倉書店 (1993).
15) 井本立也：反応工学，日刊工業新聞社 (1963).
16) Kitaoka, H., Takaki, R. and Suki, B. : A three-dimensional model of the human airway tree, *J. Appl. Physiol.*, **87**(6), 2207-2217 (1999).
17) 牛木辰男，小林弘祐：カラー図解 人体の正常構造と機能 Ⅰ 呼吸器，日本医事新報社 (2002).
18) ノバルティスファーマ株式会社，"ニトログリセリン貼付剤 ニトロダーム"TTS 医薬品インタビューフォーム (2000).

問題解答

1章

[1.1]　（略）
[1.2]　（略）
[1.3]　（略）
[1.4]　$y_A = 2.16\, x_A/(1+1.16\, x_A)$
[1.5]　（略）
[1.6]　（略）
[1.7]　251 mm² h^{-1}，54.1 mm² h^{-1}，4.63，54.1 mm² h^{-1}

2章

[2.1]　力と圧力の違いを考えよ．
[2.2]　計測の基準が，心臓の高さか足の位置かの違い．足の位置を基準にすれば，大動脈中の血液は約 90 mmHg に相当する位置エネルギーをもっている．
[2.3]　孔の位置を基準とすると

$$p_A + \frac{1}{2}\rho \cdot v_A^2 + \rho \cdot g \cdot h = p_B + \frac{1}{2}\rho \cdot v_B^2$$

となり，p_A，p_B はともに大気圧に等しいことから求める．

[2.4]　断面積が一定なので，トリチェリの定理から，排水速度はそのときの水の体積の平方根に比例する．

$$Q(v) = -\frac{dv}{dt} = c\sqrt{v}$$

V の体積を排出するのに T かかったことから $c = 2\sqrt{V}/T$ となり，与式を得る．

[2.5]　$p_1 + (1/2)\rho \cdot u_1^2 = p_2 + (1/2)\rho \cdot u_2^2$ と連続の式 $a_1 u_1 = a_2 u_2$ から求める．
[2.6]　血管中心部分での速度勾配（ずり速度）が小さくなり，管軸付近で平坦な速度分布をもつ．
[2.7]　平均速度 $u = 0.01$ m s^{-1}，$d = 200 \times 10^{-6}$ m，$\mu = 2$ cP $= 0.002$ kg m^{-1} s^{-1}，$\rho = 1\,000$ kg m^{-3} であるから，式(2.9)から $Re = 1$ と求められ，層流になっている．
[2.8]　両辺を y について微分してずり速度を求める．$\tau_w = 2\cdot\mu\cdot U_\infty/\delta$
[2.9]　式(2.18)と流量 $Q = \pi \cdot r^2 \cdot \bar{u}$ を式(2.17)に代入する．二つの式は同じことを表していることがわかる．
[2.10]　$4(\pi a^2/4 - \pi b^2/4)/(\pi a + \pi b) = a - b$
[2.11]　中華料理などで片栗粉を入れてとろみをつけて食感を変える．水飴，プラスチック製品などを加工するときに加熱する．

3章

[3.1]　凍結による潜熱は熱伝導のみによって除去されるとすると，熱エネルギー収支は次のようになる．

$$\rho L \frac{dx}{dt} = \lambda \frac{T_0 - T_s}{x}$$

これを x について解けば，凍結部の深さ x が時間の関数として求められる．

[3.2]　略解：自然対流において粘度の低い場合と高い場合で温度境界層の厚さ（プラントル数）と対流の起こりやすさ（グラスホフ数）はどう変わるか考えてみよ．粘度が高くなると温度境界層は厚くなり自然対流は起こりにくくなる．

[3.3] 式 (3.98) から局所熱伝達率 h_x を求め，式 (3.20) に代入して $q_w=$ 一定とおくと，$(T_{w,x}-T_\infty)$ と x の関係が求まる $[(T_{w,x}-T_\infty)\propto\sqrt{x}]$．前縁から離れるにつれて伝熱面温度は上昇する．

[3.4] (出力) = (全放射熱量)
$$= \varepsilon\sigma(T^4_{(\text{ヒーター表面})}-T^4_{(\text{宇宙空間})})\times(\text{パネル面積})$$
$$=0.70\times 5.67\times 10^{-8}\times\{(273+45)^4-0^4\}\times 0.64\times 0.77$$
$$=200\text{ W}$$

[3.5] 円筒容器に合わせて容器中心から半径座標 r を取り，凍結開始から時刻 t における氷・水の界面の位置を $r=R(t)$ とすると，界面でのエネルギー保存式は
$$\rho\cdot L\cdot\frac{dR}{dt}=\lambda\cdot\frac{dT}{dr}\bigg|_{r=R}$$
氷内の温度分布 $T(r)$ は，定常温度分布より
$$T(r)=T_0\cdot\frac{\ln(r/R)}{\ln(R_0/R)}$$
となり，両式より
$$\frac{dR}{dt}=\frac{\lambda\cdot T_0}{\rho\cdot L\cdot R\cdot\ln(R_0/R)}$$
この $R(t)$ についての微分方程式を，初期条件 $R(0)=R_0$ で解いて，$R(t)=0$ となる時刻 t を求める．

[3.6] 円柱をおおったガーゼ表面でのエネルギー保存を考えると，空気流の対流熱伝達によりガーゼ表面へ供給された熱は，ガーゼ表面での水分の蒸発潜熱として使われる．前者の熱流束は $h\cdot(T_\infty-T_S)$，後者の水分蒸発の物質流束は $\rho h_D\cdot(W_S-W_\infty)$ で表される．したがって，後者の熱流束は $\rho L\cdot h_D\cdot(W_S-W_\infty)$ で，両熱流束が等しいことより，T_S が求められる．

4章

[4.1] 332 kg h^{-1}，6 800 kg h^{-1}

[4.2] 91%

[4.3] C 90.7%，H 9.3%，62%

[4.4] 22.8 分

[4.5] 1.65 g

[4.6] 112 g

[4.7] 約 5 900 円

[4.8] (略)

[4.9] 21.6 mg s^{-1}

[4.10] 6.2 h，10.2 h

5章

[5.1] 3.86 min

[5.2] (略)

[5.3] 容積は，CSTR で 105.3 cm^3，PFR で 85.3 cm^3．容積が小さく無毒性物質 $C_{R,max}$ が大きくなるという点で，PFR の方が優れている．

[5.4] 422 kJ mol^{-1}

6章

[6.1] 燃焼速度と酸素移動速度の差

[6.2] 1.43 倍

[6.3] 出口酸素飽和度 92.3%，膜面積を 3 m^2 にするなど．

[6.4] (略)

[6.5] (a) 最大直径 0.24 cm，(b) $\varepsilon=0.6$ (球状粒子の細孔内で反応が起こる場合のシーレ数と有効係数の関係より)

索 引

あ 行

圧縮性流れ 21
圧 力 20
　——の等方性 21
圧力損失 43
圧力抵抗 36
アデノシン三リン酸 88
アナロジー 12
アルキメデスの原理 58
アレニウスの式 141
アレニウスプロット 142
アロメトリ 32
アンモニア合成 1

閾 値 104
異相間物質移動 102
位置エネルギー 23
一次元定常オイラー運動方程式 23
一方拡散 101

ウィーンの変位則 69
運動量流束 12,13

エネルギー代謝 88
エネルギーの積分方程式 63
エネルギー保存の法則 22
円管内強制対流伝熱 64
鉛直平板の自然対流伝熱 58

応用化学 8
応 力 20
遅れ時間 123
オームの法則 111
温 点 94
温 度 13
温度感覚器 94
温度境界層 56
温度効率 67
温度助走区間 65
温度伝導率 54,59
温熱恒常帯 92
温熱中立帯 92

か 行

外郭部温度 90
外部流 62
回分操作 136
外力場 58
化学工学 8
　——の基礎概念 9,106
化学反応 8
化学プロセス 1
化学量論計算 10
拡 散 99
拡散係数 13,100,102,123
拡散透過係数 111
拡散流束 100
核生成 77
核沸騰 84
ガス吸収 101
活性化エネルギー 141
過熱度 83
過飽和状態 77
乾湿計 86
慣性力 30
完全混合槽型流通式反応器 143
完全混合流 103
完全流体 23
乾 燥 101
管摩擦係数 43

機械的実体モデル 116
規則反射 70
偽塑性 41
擬塑性 41

擬塑性流体 41
気泡発生点 84
逆圧力勾配 35
逆混合 144
逆沪過 127
キャッソン流体 41
吸収率 70
吸 着 102
境界層 19,33
　——の剥離 35
　——の発達 35
境界層運動量の積分方程式 63
境界層温度 61
境界層理論 19
凝固点降下 75
凝固伝熱 78
凝縮伝熱 80
強制対流 56
強制対流熱伝達 62
境 膜 101
境膜物質移動係数 102,111
境膜モデル 110
局所ヌッセルト数 61
局所熱伝達率 57
局所レイノルズ数 63
霧吹き 24
キルヒホッフの法則 70

空間時間 150
空中窒素固定法 1
クエット流れ 38
グラスホフ数 58
グラハム 99
　——の法則 100
クラペイロン・クラウジウスの式 75

経皮治療システム 189
限界応力 40
限界熱流束 84

限定反応成分　139
顕熱　74

工業化学　8
膠質浸透圧　127
降伏応力　40
降伏値　40
向流　66, 103, 113
黒体　68
　──の全射出能　69
黒体放射　68
混合平均温度　65

さ　行

三重点　73

時間依存性流体　42
システム　8
自然対流　56, 58
自然対流運動量の積分方程式　60
自然対流境界層　58
　──の運動量方程式　59
持続的外来腹膜透析　117
収支　9, 106
十字流　103, 113
自由対流　56
十分に発達した層流　31
十分に発達した流れ　65
十分に発達した乱流　29
主流　33, 63
昇華　101
晶析　102
焼損　84
蒸発伝熱　82
蒸留　101
助走距離　31
シーレ数　185
シングルコンパートメントモデル　117
人工膜　108
浸透圧　127
深部温度　89

推進力　11
数学モデル　116

スケールアップ　5
スケールダウン　5
スターリングの法則　127
ステファン・ボルツマン定数　69
ステファン・ボルツマンの法則　69
ストークスの関係式　27
すべりなし　38
すべりなし条件　27, 33
ずり応力　20, 38
ずり速度　20, 38
ずり粘性化　41, 42
ずり粘稠化　41, 42
ずり流動化　41, 42

静圧　23
生成成分　139
生成物　136, 139
生体伝熱方程式　93
生体膜　109
遷移領域　29
せん断応力　20, 38
せん断速度　20, 38
潜熱　74
栓流　103

相　73
総括伝熱係数　67
総括物質移動係数　102, 111
双曲線関数　184
相当直径　45
相平衡　11
相変化　73
相変化（を伴う）伝熱　77
層流　19, 29, 38, 39, 102
層流境界層　34, 59
速度　9, 13, 106
速度境界層　56
塑性　40
塑性粘度　40
塑性流体　40

た　行

体温　88
体温調節　91

代謝量　91
対数平均温度差　67
対数平均濃度差　114
体膨張係数　61
ダイラタント流体　41
対流伝熱　56
単位操作　3
単色放射率　71

逐次反応　160
チクソトロピー　42
チクソトロピック流体　42
中核部温度　89
抽出　102
中分子仮説　117
調湿　102
直交流　66, 113
直列抵抗モデル　112

低温やけど　56
定容系　144
滴状凝縮　81
転化率　139
電磁波　68
伝熱係数　13, 57

動圧　23
透過率　70
凍結手術　86
凍結保存　86
動水半径　45
透析　109
動粘性係数　42
動粘性率　42
動粘度　42
動物モデル　117
等モル相互拡散　100, 101
ドラッグデリバリーシステム　189
トリチェリの定理　47

な　行

内部摩擦　38
内部流　62
流れの安定性　28
ナビエ・ストークス方程式

索　引

18, 30

二重境膜説　102
ニトログリセリン　189
ニュートン　13
　　——の粘性法則　39
ニュートン粘性　42
ニュートン粘度　40
ニュートン流体　17, 37, 39

ヌッセルト　81
ヌッセルト数　58

熱交換器　66
熱交換効率　67
熱伝達係数　57
熱伝達率　57
熱伝導　50
　　——の基礎方程式　53
熱伝導度　13
熱伝導率　50
熱の移動　12
熱発生　91
熱平衡温度　74
熱放散　91
熱放射　68
熱力学的平衡論　9
熱流束　12, 13
粘　性　23, 37, 38
粘性係数　21, 37
粘性抵抗　38
粘性流れ　23
粘性率　37
粘性力　30
粘弾性流体　42
粘　着　38
粘　度　13, 21, 37

濃　度　13

は　行

灰色体　71
バイオレオロジー　19
薄　層　38
剝離点　36
ハーゲン・ポアズイユの流れ

27, 39, 64
ハーゲン・ポアズイユの法則
18, 28
ページ　3
パスカルの法則　20
八田数　7
八田モデル　174
発泡点　84
バーンアウト　84
反射率　70
反応器　134
反応係数　7, 176
反応工学　3
反応次数　140
反応成分　139
反応速度　12
反応速度定数　140
反応物　136, 139
反応面進行モデル　179
反応率　139

非圧縮性流れ　21
比体積　75
ピトー管　24
非ニュートン粘度　40
非ニュートン流体　37, 40
比　熱　74
非ビンガム流体　41
非目的生成物　160
ビンガム塑性流体　40
ビンガム流体　19, 40
頻度因子　141

ファニングの式　43
フィック　13
　　——の第一法則　101
　　——の第二法則　101
不凝縮性気体　82
不均一反応　170
物質(の)移動　12, 99
物質移動係数　13
物質移動抵抗　111
物質収支　107
物質定数　37
物質流束　12, 13, 100
物性値　37, 40
物性定数　37

沸点上昇　75
沸騰曲線　83
沸騰伝熱　82
沸騰様式　83
プラグ流反応器　144
プランク定数　68
プランクの法則　68
プラントル数　57
フーリエ　13
　　——の法則　50
プロフィル法　60
分子拡散　99

平均温度差　67
平均温度差補正係数　67
平均総括伝熱係数　67
平均ヌッセルト数　64
平均熱伝達率　57
平　衡　9, 106
平衡状態図　73
平衡分配係数　111
平板強制対流伝熱　62
並　流　66, 103, 113
並列反応　160
べき法則　31
べきモデル　41
ベルヌーイの式　23
ベルヌーイの定理　17
ベンチュリ管　24
変容系　144
ヘンリーの法則　11, 174

放射伝熱　68
放射率　70
放出制御　123
膨張因子　148
放物線　39
放物線型　27
飽和圧力　75
飽和温度　75
ポテンシャルエネルギー　23

ま　行

膜状凝縮　81
膜内拡散係数　123
膜沸騰　84

膜分離　102
膜レイノルズ数　82
摩擦係数　13
摩擦抵抗　36
マレイの法則　32

見かけ(の)粘度　40

無次元数　14

毛細血管　126
目的生成物　160
モデリング　116
monolithic 型　123

や 行

薬物送達システム　122

融解伝熱　78
有効係数　188

UKM　117

溶解速度　107

ら 行

ライデンフロスト現象　85
ラウールの法則　11
ラミナ　38
ラングミュアの吸着等温式　11
乱反射　70
乱流　19,29,102
乱流境界層　34,59

リサイクル　3,157
reservoir 型　123
律速段階　112,170
流体　20
流体力学　17
流通操作　136
流動　12

流動特性　40
量論係数　139
臨界グラスホフ数　61
臨界点　73
臨界レイノルズ数　29

ルンゲ・クッタ法　129

冷点　94
レイノルズ数　19,29
レオペクシー　42
レオペクチック流体　42
レオロジー　19
連続操作　136
連続体　20
連続の式　22

沪過　126
沪過係数　127
沪過流束　127
沪過流量　128

編著者略歴

酒井 清孝（さかい きよたか）
1941年　東京都に生まれる
1970年　早稲田大学大学院理工学研究科応用化学専攻博士課程修了
現　在　早稲田大学理工学術院応用化学専攻 教授
　　　　工学博士
〔専攻科目〕化学工学

21世紀の化学シリーズ 14
化　学　工　学

定価はカバーに表示

2005年 9 月30日　初版第 1 刷
2011年10月10日　　　第 5 刷

編著者　酒　井　清　孝
発行者　朝　倉　邦　造
発行所　株式会社　朝倉書店

東京都新宿区新小川町6-29
郵便番号　162-8707
電　話　03（3260）0141
FAX　03（3260）0180
http://www.asakura.co.jp

〈検印省略〉

© 2005 〈無断複写・転載を禁ず〉　　中央印刷・渡辺製本
ISBN 978-4-254-14664-6　C3343　　Printed in Japan

神奈川大 松本正勝・神奈川大 横澤 勉・
お茶の水大 山田眞二著
21世紀の化学シリーズ2

有機化学反応

14652-3 C3343　　　　　　B5判 208頁 本体3600円

有機化学を動的にわかりやすく解説した教科書。〔内容〕化学結合と有機化合物の構造／酸と塩基／反応速度と反応機構／脂肪族不・飽和化合物の反応／芳香族化合物の反応／カルボニル化合物の反応／ペリ環状反応とフロンティア電子理論他

中川邦明・伊津野真一・西宮伸幸・
井手本康・松澤秀則著
科学技術入門シリーズ5

化学のことば

20505-3 C3350　　　　　　A5判 180頁 本体2900円

化学の基礎を理解・習得できるよう、学部学生、高専生のためにわかりやすく、やさしくまとめた一般化学の教科書。〔内容〕化学の見方／原子／分子／気体、液体、固体と状態変化／溶体／相平衡／熱化学／化学平衡／電気科学／計算機化学／他

前都立大 長浜邦雄・首都大 加藤 覚・
日大 栃木勝己・日大 栗原清文著

化 学 数 学

14065-1 C3043　　　　　　B5判 184頁 本体3200円

化学・応用化学にとって必須の数学を例題を多用してわかりやすく解説。〔内容〕実験データの統計的な取扱いと式による当てはめ／非線形方程式の解法／線形代数／微分と積分／微分方程式／最適化法／数値計算とそのプログラム化

丸山一典・西野純一・天野 力・松原 浩・
山田明文・小林高臣著
ニューテック・化学シリーズ

化 学 の 扉

14611-0 C3343　　　　　　B5判 152頁 本体2900円

文系・理工系の学部1年生を対象にした一般化学の教科書。多くの注釈を設け読者に配慮。〔内容〕物質を細かく切り刻んでいくと／化学で使う全世界共通の言葉（単位、化合物とその名前）／物質の状態／物質の化学反応／化学反応とエネルギー

内田 希・小松高行・幸塚広光・斎藤秀俊・
伊熊泰郎・紅野安彦著
ニューテック・化学シリーズ

無 機 化 学

14612-7 C3343　　　　　　B5判 168頁 本体3000円

大学での化学の学習をスムーズに始められるよう物理化学に立脚してまとめられた理工系学部1,2年生向けの教科書。〔内容〕原子構造と周期表／化学結合と構造／酸化還元／酸・塩基／相平衡／典型元素の(非)金属の化学／遷移元素の化学

竹中克彦・西口郁三・山口和夫・鈴木秋弘・
前川博史・下村雅人著
ニューテック・化学シリーズ

有 機 化 学

14613-4 C3343　　　　　　B5判 148頁 本体3000円

反応の基本原理の理解に重点をおいた学部1,2年生向け教科書。〔内容〕有機化学とその発展の歴史／有機化合物の結合・分類・構造／異性体と立体化学／共鳴と共役／官能基の性質と反応／酸と塩基／天然有機化合物／環境汚染と有機化学

藤井信行・塩見友雄・伊藤治彦・野坂芳雄・
泉生一郎・尾崎 裕著
ニューテック・化学シリーズ

物 理 化 学

14614-1 C3343　　　　　　B5判 180頁 本体3400円

化学の面白さを伝えることを重視した"理解しやすい"大学・高専向け教科書。先端技術との関わりなどをトピックスで紹介。〔内容〕物理化学のなりたち／原子、分子の構造／分子の運動とエネルギー／化学熱力学と相平衡／化学反応と反応速度

元室蘭工大 傳 遠津著
化学者のための基礎講座1

科学英文のスタイルガイド

14583-0 C3343　　　　　　A5判 192頁 本体3600円

広くサイエンスに学ぶ人が必要とする英文手紙・論文の書き方エッセンスを例文と共に解説した入門書。〔内容〕英文手紙の形式／書き方の基本(礼状・お見舞い・注文等)／各種手紙の実際／論文・レポートの書き方／上手な発表の仕方等

東大 渡辺 正編著
化学者のための基礎講座6

化学ラボガイド

14588-5 C3343　　　　　　A5判 200頁 本体3200円

化学実験や研究に際し必要な事項をまとめた。〔内容〕試薬の純度／有機溶媒／融点／冷却・加熱／乾燥／酸・塩基／同位体／化学結合／反応速度論／光化学／電気化学／クロマトグラフィー／計算化学／研究用データソフト／データ処理

千葉大 小倉克之著
化学者のための基礎講座9

有 機 人 名 反 応

14591-5 C3343　　　　　　A5判 216頁 本体3800円

発見者・発明者の名前がすでについているものに限ることなく、有機合成を考える上で基礎となる反応および実際に有機合成を行う場合に役立つ反応約250種について、その反応機構、実際例などを解説

東大 渡辺 正・埼玉大 中林誠一郎著
化学者のための基礎講座11

電 子 移 動 の 化 学
―電気化学入門―

14593-9 C3343　　　　　　A5判 200頁 本体3500円

電子のやりとりを通して進む多くの化学現象を平易に解説。〔内容〕エネルギーと化学平衡／標準電極電位／ネルンストの式／光と電気化学／光合成／化学反応／電極反応／活性化エネルギー／分子・イオンの流れ／表面反応

慶大 大場 茂・前奈良女大 矢野重信編著
化学者のための基礎講座12

X 線 構 造 解 析

14594-6 C3343　　　　　　A5判 184頁 本体3200円

低分子〜高分子化合物の構造決定の手段としてのX線構造解析について基礎から実際を解説。〔内容〕X線構造解析の基礎知識／有機化合物や金属錯体の構造解析／タンパク質のX線構造解析／トラブルシューティング／CIFファイル／付録

元大阪府大 正田晴夫著

改訂新版 化学工学通論 I

25006-0 C3058　　A 5 判 256頁 本体3800円

化学工学の入門書として長年好評を博してきた旧著を，今回，慣用単位を全面的にSI単位に改めた。大学・短大・高専のテキストとして最適。〔内容〕化学工学の基礎／流動／伝熱／蒸発／蒸留／吸収／抽出／空気調湿および冷水操作／乾燥

元京大 井伊谷鋼一・元同大 三輪茂雄著

改訂新版 化学工学通論 II

25007-7 C3058　　A 5 判 248頁 本体3800円

好評の旧版をSI単位に直し，用語を最新のものに統一し，問題も新たに追加するなど，全面的に訂正した。〔内容〕粉体の粒度／粉砕／流体中における粒子の運動／分級と集塵／粒子層を流れる流体／固液分離／混合／固体輸送

安保正一・山本峻三編著 川崎昌博・玉置 純・
山下弘巳・桑畑 進・古南 博著
役にたつ化学シリーズ1

集合系の物理化学

25591-1 C3358　　B 5 判 160頁 本体2800円

エントロピーやエンタルピーの概念，分子集合系の熱力学や化学反応と化学平衡の考え方などをやさしく解説した教科書。〔内容〕量子化エネルギー準位と統計力学／自由エネルギーと化学平衡／化学反応の機構と速度／吸着現象と触媒反応／他

川崎昌博・安保正一編著 吉澤一成・小林久芳・
波田雅彦・尾崎幸洋・今堀 博・山下弘巳他著
役にたつ化学シリーズ2

分子の物理化学

25592-8 C3358　　B 5 判 200頁 本体3600円

諸々の化学現象を分子レベルで理解できるよう平易に解説。〔内容〕量子化学の基礎／ボーアの原子モデル／水素型原子の波動関数の解／分子の化学結合／ヒュッケル法と分子軌道計算の概要／分子の対称性と群論／分子分光法の原理と利用法／他

太田清久・酒井忠雄編著 中原武利・増原 宏・
寺岡靖剛・田中庸裕・今堀 博・石原達己他著
役にたつ化学シリーズ4

分 析 化 学

25594-2 C3358　　B 5 判 208頁 本体3400円

材料科学，環境問題の解決に不可欠な分析化学を正しく，深く理解できるように解説。〔内容〕分析化学と社会の関わり／分析化学の基礎／簡易環境分析化学法／機器分析法／最新の材料分析法／これからの環境分析化学／精確な分析を行うために

水野一彦・吉田潤一編著 石井康敬・大島 巧・
太田哲男・垣内喜代三・勝村成雄・瀬恒潤一郎他著
役にたつ化学シリーズ5

有 機 化 学

25595-9 C3358　　B 5 判 184頁 本体2700円

基礎から平易に解説し，理解を助けるよう例題，演習問題を豊富に掲載。〔内容〕有機化学と共有結合／炭化水素／有機化合物のかたち／ハロアルカンの反応／アルコールとエーテルの反応／カルボニル化合物の反応／カルボン酸／芳香族化合物

戸嶋直樹・馬場章夫編著 東尾保彦・芝田育也・
圓藤紀代司・武田徳司・内藤猛章・宮田興子著
役にたつ化学シリーズ6

有 機 工 業 化 学

25596-6 C3358　　B 5 判 196頁 本体3300円

人間社会と深い関わりのある有機工業化学の中から，普段の生活で身近に感じているものに焦点を絞って説明。石油工業化学，高分子工業化学，生活環境化学，バイオ関連工業化学について，歴史，現在の製品の化学やエンジニヤリングを解説

宮田幹二・戸嶋直樹編著 高原 淳・宍戸昌彦・
中條善樹・大石 勉・隅田泰生・原田 明他著
役にたつ化学シリーズ7

高 分 子 化 学

25597-3 C3358　　B 5 判 212頁 本体3800円

原子や簡単な分子から説き起こし，高分子の創造・集合・変化の過程をわかりやすく解説した学部学生のための教科書。〔内容〕宇宙史の中の高分子／高分子の概念／有機合成高分子／生体高分子／無機高分子／機能性高分子／これからの高分子

古崎新太郎・石川治男編著 田門 肇・大嶋 寛・
後藤雅宏・今駒博信・井上義朗・奥山喜久夫他著
役にたつ化学シリーズ8

化 学 工 学

25598-0 C3358　　B 5 判 216頁 本体3400円

化学工学の基礎について，工学系・農学系・医学系の初学者向けにわかりやすく解説した教科書。〔内容〕化学工学とその基礎／化学反応操作／分離操作／流体の運動と移動現象／粉粒体操作／エネルギーの流れ／プロセスシステム／他

村橋俊一・御園生誠編著 梶井克純・吉田弘之・
岡崎正規・北野 大・増田 優・小林 修他著
役にたつ化学シリーズ9

地 球 環 境 の 化 学

25599-7 C3358　　B 5 判 160頁 本体3000円

環境問題全体を概観でき，総合的な理解を得られるよう，具体的に解説した教科書。〔内容〕大気圏の環境／水圏の環境／土壌圏の環境／生物圏の環境／化学物質総合管理／グリーンケミストリー／廃棄物とプラスチック／エネルギーと社会／他

前東工大 鈴木周一・前理科大 向山光昭編

化学ハンドブック (新装版)

14071-2 C3043　　B 5 判 1056頁 本体29000円

物理化学から生物工学などの応用分野に至るまで広範な化学の領域を網羅して系統的に解説した集大成。基礎から先端的内容まで，今日の化学が一目でわかるよう簡潔に説明。各項目が独立して理解できる事典的な使い方も出来るよう配慮した。〔内容〕物理化学／有機化学／分析化学／地球化学／放射化学／無機化学・錯体化学／生物化学／高分子化学／有機工業化学／機能性有機材料／有機・無機(複合)材料の合成・物性／医療用高分子材料／工業物理化学／他

◆ 応用化学シリーズ〈全8巻〉◆
学部2～4年生のための平易なテキスト

横国大 太田健一郎・山形大 仁科辰夫・北大 佐々木健・
岡山大 三宅通博・前千葉大 佐々木義典著
応用化学シリーズ1
無 機 工 業 化 学
25581-2 C3358　　　　A5判 224頁 本体3500円

理工系の基礎科目を履修した学生のための教科書として、また一般技術者の手引書として、エネルギー、環境、資源問題に配慮し丁寧に解説。〔内容〕酸アルカリ工業／電気化学とその工業／金属工業化学／無機合成／窯業と伝統セラミックス

山形大 多賀谷英幸・秋田大 進藤隆世志・
東北大 大塚康夫・日大 玉井康文・山形大 門川淳一著
応用化学シリーズ2
有 機 資 源 化 学
25582-9 C3358　　　　A5判 164頁 本体3000円

エネルギーや素材等として不可欠な有機炭素資源について、その利用・変換を中心に環境問題に配慮して解説。〔内容〕有機化学工業／石油資源化学／石炭資源化学／天然ガス資源化学／バイオマス資源化学／廃炭素資源化学／資源とエネルギー

前千葉大 山岡亜夫編著
応用化学シリーズ3
高 分 子 工 業 化 学
25583-6 C3358　　　　A5判 176頁 本体2800円

上田充・安中雅彦・鴇田昌之・高原茂・岡野光夫・菊池明彦・松方美樹・鈴木淳史著。
21世紀の高分子の化学工業に対応し、基礎的事項から高機能材料まで環境的側面にも配慮して解説した教科書。

前農大 柘植秀樹・横国大 上ノ山周・前群馬大 佐藤正之・
農工大 国眼孝雄・千葉大 佐藤智司著
応用化学シリーズ4
化 学 工 学 の 基 礎
25584-3 C3358　　　　A5判 216頁 本体3400円

初めて化学工学を学ぶ読者のために、やさしく、わかりやすく解説した教科書。〔内容〕化学工学の基礎（単位系，物質およびエネルギー収支，他）／流体輸送と流動／熱移動（伝熱）／物質分離（蒸留、膜分離など）／反応工学／付録（単位換算表，他）

掛川一幸・山村博・植松敬三・
守吉祐介・門間英毅・松田元秀著
応用化学シリーズ5
機能性セラミックス化学
25585-0 C3358　　　　A5判 240頁 本体3800円

基礎から応用まで図を豊富に用いて、目で見てもわかりやすいよう解説した。〔内容〕セラミックス概要／セラミックスの構造／セラミックスの合成／プロセス技術／セラミックスにおけるプロセスの理論／セラミックスの理論と応用

前千葉大 上松敬禧・筑波大 中村潤児・神奈川大 内藤周弌・
埼玉大 三浦弘・理科大 工藤昭彦著
応用化学シリーズ6
触　　媒　　化　　学
25586-7 C3358　　　　A5判 184頁 本体3200円

初学者が触媒の本質を理解できるよう、平易に分かりやすく解説。〔内容〕触媒の歴史と役割／固体触媒の表面／触媒反応の素過程と反応速度論／触媒反応機構／触媒反応場の構造と物性／触媒の調整と機能評価／環境・エネルギー関連触媒／他

慶大 美浦隆・神奈川大 佐藤祐一・横国大 神谷信行・
小山高専 奥山優・甲南大 縄舟秀美・理科大 湯浅真著
応用化学シリーズ7
電気化学の基礎と応用
25587-4 C3358　　　　A5判 180頁 本体2900円

電気化学の基礎をしっかり説明し、それから応用面に進めるよう配慮して編集した。身近な例から新しい技術まで解説。〔内容〕電気化学の基礎／電池／電解／金属の腐食／電気化学を基礎とする表面処理／生物電気化学と化学センサ

前京大 荻野文丸総編集

化学工学ハンドブック
25030-5 C3058　　　　B5判 608頁 本体25000円

21世紀の科学技術を表すキーワードであるエネルギー・環境・生命科学を含めた化学工学の集大成。技術者や研究者が常に手元に置いて活用できるよう、今後の展望をにらんだアドバンスな内容を盛りこんだ。〔内容〕熱力学状態量／熱力学的プロセスへの応用／流れの状態の表現／収支／伝導伝熱／蒸発装置／蒸留／吸収・放散／集塵／濾過／混合／晶析／微粒子生成／反応装置／律速過程／プロセス管理／プロセス設計／微生物培養工学／遺伝子工学／エネルギー需要／エネルギー変換／他

高分子学会編

高 分 子 辞 典 （第3版）
25248-4 C3558　　　　B5判 848頁 本体38000円

前回の刊行から十数年を経過するなか、高分子精密重合や超分子化学、液晶高分子、生分解高分子、ナノ構造体、表面・界面のナノスケールでの構造・物性解析技術さらにポリマーゲル、生医用高分子、光・電子用高分子材料など機能高分子の発展は著しい。今改訂では基礎高分子化学領域を充実した他、発展領域を考慮し用語数も約5200と増やし内容を一新。わかりやすく解説した五十音順配列の辞典。〔内容〕合成・反応／構造・物性／機能／生体関連／環境関連／工業・工学／他

上記価格（税別）は2011年9月現在